BEYOND REASON
**EMOTIONAL SPACE DESIGN**

오영근
이한석
정아영
정현원
서동연
김소희
임오연
김병수
유은미
김정욱

# BEYOND REASON
# EMOTIONAL SPACE DESIGN

이성 그 너머의
**감성공간디자인**

# 발간사

본 학회에서 학술논문 재활용사업의 일환으로 기획한 주제도서발간의 두 번째 도서가 드디어 발간되게 되었습니다. 이런 도서발간은 그 동안 분산된 학술논문을 주제별로 재통합하여 실내디자인의 학문적 분야의 이해를 높이고 타 분야와 소통하여 '실내디자인학'의 위상을 재정립하는 실용적인 논문도서로 활용하고자 하는 취지로 발간되었습니다.

'실내디자인학'에 있어서 소통의 의미는 첫째, 실내디자인이라는 학문적영역이 단순히 공간의 내부라는 물리적인 형식을 벗어버리고 다른 영역과 교감하고 융합하여 창조적인 학문으로 태어나는 것을 말합니다.

둘째, 과거와 소통이 아니라 미래와의 소통입니다. 인류의 미래를 위한 녹색분야, 정보화, 감성디자인, 지속가능한 성장 등 그 분야는 너무나 다양하고 무궁무진하다고 할 수 있습니다.

셋째, 인간과 인간과의 소통입니다. 많은 것을 가진 사람과 못 가진 사람과의 소통, 나이가 많은 사람과 젊은 사람의 소통, 가족, 이웃, 지역과의 소통, 이 모든 것은 차가운 이성이 아니라 따듯한 감성에서 이루어질 수 있습니다.

서양은 이제 동양과 같은 오래된 문화와 철학, 자연관을 가진 나라에서 미래에 대한 해법을 찾고 있으며 감성은 미래학문의 한 영역으로 주목받고 있습니다. 1970년대 일본에서부터 시작된 감성공학은 인간의 요구와 특성을 과학적으로 측정, 분석하여 이를 제품디자인에 실질적으로 적용하여 많은 관심을 받아왔으며, 지금도 많은 분야에서 연구되고 적용되고 있습니다. 그러나 감성이 공학적인분야에 집중됨으로써 중요하게 접근되어야할 철학, 인문학, 예술학 등과의 관계적 연구는 아직 이루어지지 못하고 있습니다.

이번에 발간되는 도서는 감성분야의 전문가들로 구성된 집필진이 감성에 대한 연구결과를 정리하는데 그치지 않고, 감성을 공학적인 분야뿐 아니라, 인간의 생각, 마음, 감정 등을 또 다른 시각으로 볼 수 있는 철학적, 과학적, 예술적인 눈으로 연구하고 이를 체계화하였습니다. 특히 '감성공간디자인'이라는 학문적 영역을 처음으로 개척함으로써, 실내디자인의 영역을 뛰어넘어 타 분야와 소통하고, 공간디자인에 있어서 새로운 학문적 영역을 창조하는 쾌거를 이루게 되었습니다.

마지막으로 이번 주제별 도서를 발간하기까지 격려와 협조를 아끼지 않으신 기문당 사장님과 열과 성을 다하여 집필하여주신 집필진, 발간을 맡아주신 도서출판위원회 여러분께 진심으로 감사의 말씀을 드립니다.

2009년 11월

사단법인 한국실내디자인학회
회 장 오 영 근

# 목 차

## PART 1 감성과 디자인



## PART 2 감성과 공간디자인

# PART 1

Emotion and Design

# 감성과 디자인

감성의 시대
감성디자인
감성공학
감성공간디자인

# 초 록

## 감성의 시대 ▌오영근▐

정신을 물질보다 우월하다고 본 플라톤의 철학에서부터 개인의식이 싹트게 된 르네상스를 거쳐, "순수이성비판"의 칸트, 프로이드의 인간 내적 무의식, 소쉬르와 레비스트로스의 구조주의, 메를로 퐁티의 현상학을 거쳐 현재 후기구조주의 시대의 들뢰즈에 이르기 까지 감성에 관련된 철학을 끄집어낸다.

다음으로 시민혁명과 산업혁명을 통해 오랫동안 인간의 의식을 지배해온 이성(logos)에 대한 자각을 통해 새로운 감성(pathos)에 눈을 뜨게 한 18세기 낭만주의, 현실적이고 기록적인 그림에서 작가의 눈으로 느낀 인상을 그림으로 담는 인상주의와 후기인상주의, 디오니소스적인 인간감성을 표현한 표현주의를 거쳐 피카소로 대표되는 입체파, 건축, 음악, 문학에서 큰 영향을 미친 미래파, 초현실주의 그리고 지금의 포스트모더니즘에서 감성적 현상을 시간적 흐름으로 살펴본다.

마지막으로 감성의 언어라고 할 수 있는 추상, 움직임, 기호, 마음과 같은 것을 살펴봄으로써 앞으로 감성이 단지 공학적인 것만이 아니라 인문학, 사회학, 예술, 철학 등과 소통하고 융합되어 더 발전되고 진보된 학문으로 나아가는 계기가 될 수 있을 것이다.

## The Age of Emotion ▌Oh, Young-Keun

The philosophy related to emotion is drawn from Plato's philosophy seeing that the spirit is superior to material through the Renaissance that personal awareness began to develop, through Kant of "Critique of Pure Reason", Freud's inner unconsciousness of a human being, structuralism of Saussure and Levi Strauss and phenomenology of Merleau Ponti to Deleuze of the present post-structuralism age.

Next, the emotional phenomena are viewed through temporal flow in the 18th century's romanticism making a human being become aware of new pathos through self-consciousness on logos having governed consciousness of a human being for long time by the people´s revolution and the Industrial Revolution, impressionism and post-impressionism containing impression felt with artist's eyes in a picture, rather than realistic and recording pictures, cubism represented as Picasso after passing through expressionism expressing Dionysos-like human emotion, futurism, surrealism and the post-modernism having big influence on architecture, music and literature.

Finally, by viewing the thing like abstract, movement, symbol and mind that can be said to be language of emotion, in the future, the emotion is not only an engineering thing but also could become a momentum that it moves forward to more developed and advanced study by communicating with the humanities, socialogy, arts and philosophy, etc. and fusing into one.

## 감성디자인 ▌이한석 ▌

디자인은 본래 사용자의 감성으로부터 출발한다. 디자이너는 사용자의 감성적 반응을 고려하며 사용자에게 만족을 주고자 한다. 따라서 디자인에서 감성은 가장 기본적인 주제의 하나이다. 감성디자인은 디자인에 대해 새로운 접근을 시도하고 있다. 지금까지 디자인은 디자이너의 직관적인 감성에 의존하였다면 현재의 감성디자인은 사용자의 감성에 초점이 모아지고 있다. 감성을 좀 더 객관적으로 파악하여 사용자가 원하는 감성을 제공하고자 한다. 즉 감성디자인은 사용자의 감성과 디자인의 관계에 대해 보다 체계적인 연구를 통해 사용자의 감성을 파악하고 그 결과를 제품이나 환경을 만드는데 적용한다. 최근에는 감성디자인이 사용자의 감성에 편중되던 것에서 벗어나 문화적 의미, 가치, 상징 등을 지닌 디자인을 만들어 내고 있다. 특별히 공간디자인분야에서 공간의 의미와 상징성이 풍부한 디자인을 만드는 등 감성디자인의 새로운 움직임이 두드러진다. 또한 감성디자인은 짧은 시간의 감성반응만을 목표로 하는 것이 아니라 사용자가 오랜 기간 동안 지속적으로 새로운 감성을 느끼도록 하고 있으며 사용자의 개인적 감성으로부터 사회적 타당성을 획득하고 인간 감성의 보편적 성격을 추구하는 디자인으로 변화하고 있다.

### Emotional Design ▌Lee, Han-Seok

Design initially starts from emotion of users. A designer tries to give satisfaction to users by considering emotional response of users. Accordingly, emotion is one of the most basic subject in design. An emotional design is trying new approach on design. If a design was depended on intuitive emotion of a designer, the present emotional design is focusing on emotion of users. They are trying to provide emotion that users want by understanding emotion a little more objectively.

Namely, the emotional design is applied to understand emotion of users through a systematic research on a relationship between emotion and design of users and to make its results products or an environment. Recently, the emotional design is deviated from emphasis of users' emotion and is making the design having a cultural meaning, a value and a symbol, etc.

Also, the emotional design is not just targeting emotional response of short time, is to make users continuously feel new emotion for a long period, and is changing to a design that acquires social feasibility from personal emotion of users and seeks universal characteristics of human emotion.

## 감성공학

정아영

국내에서 감성공학(KANSEI Engineering)이 소개되고 연구가 되기 시작한 것은 1990년대로, 감성의 가치와 감성디자인의 중요성에 관한 논의가 기업과 학계를 통하여 진행되고 있다. 감성공학은 획일적인 대량생산에 의한 물질 충족의 시대에서 개개인의 감성에 부응하는 감성사회로의 도래를 배경으로 "감성"이라는 철학적 용어가 "공학"이라는 물리적인 용어와 연계되어 "감성공학"이라는 신종어로 탄생되었고, 다양화된 소비자의 감성적 요구에서 비롯되었다. 이러한 소비자의 요구에 대응하기 위한 감성과 기술융합의 학문, 즉 감성공학을 본장에서 소개하고자 한다.

먼저 감성공학이론으로 감성공학의 개념, 감성공학의 필요성과 요건의 제시를 통해 감성공학의 이해를 돕는다. 또한 감성공학의 연구방법으로서 감성을 측정하는 다양한 방법과 평가수법 및 분석방법을 소개한다. 마지막으로 감성공학연구의 동향으로서 일본의 감성공학 연구의 흐름을 중심으로 국내연구경향을 살펴본다.

### Emotional Engineering ▌ Jung, A-Young

The time when the KANSEI Engineering was introduced and started to research was 1990s. Discussions on a value of emotion and importance of emotional design are progressing through enterprises and the academic world. A new type word called "emotional engineering" was born by linking a philosophic term called "emotion" to a physical term called "engineering" on the background of arrival to the emotional society responding to individual emotion. I try to introduce emotional engineering for responding to the demand of consumers in the age of emotion.

First, I help understanding of emotional engineering through suggestions of a concept and the necessity and requirements of emotional engineering second, various methods for measuring emotion, its assessment techniques and its analysis method are introduced as a research method of emotional engineering. Finally, a domestic research trend is viewed with the flow of Japanese emotional engineering researches.

### 감성공간디자인 ▌ 정현원 ▌

감성을 이해하고 이를 디자인에 반영하고자 하는 목표를 달성하기 위해서는 감성을 파악할 수 있는 다양한 방법과 새로운 도구 개발이 필요하다. 본 장은 욕실디자인과정에 감성공학기법을 적용함으로서 실내공간분야에서 감성공간디자인의 가능성과 방법을 제시하고자 한다. 감성공간디자인과정은 1) 기획 및 실험구상단계 2) 욕실이미지 CG제작 3)실물모형제작단계로 진행된다. 기획단계에서 도출된 디자인 감성어휘는 '지속가능성', '친환경적인', '효율적인', '건강하고 편안한'이다. CG 이미지 감성평가에서 디자인 변인 요소는 디자인요소들 가운데 사용자의 감성에 결정적인 영향을 미치는 것으로 판단한 벽 및 바닥의 색채와 재료를 디자인 변인으로 정하였다. 또한, 실물모형 감성평가에서는 사운드, 향기, 조명색의 3가지 요인을 변인으로 하여 8가지 조합의 감성평가를 시간대별로 진행하였다. 실험결과, 지속가능한 개념의 욕실디자인에서는 화이트계통의 밝은 색과 바닥 타일의 사용이 어두운 계통의 색과 바닥 우드의 사용보다 쾌적함, 건강함, 여유로운 공간감, 기분 좋음 등의 긍정적 감성평가를 일으키는 것으로 나타났다. 또한, 사운드가 공간감에 미치고 있었으며, 선호도에 영향을 준 변인은 사운드와 향기로 나타났다.

Emotional Space Design ▌Jung, Hyun-Won

Various methods and new tool's development capable of understanding emotion are necessary to understand emotion and achieve a goal trying to reflect this to design. The present chapter aims to suggest a possibility and a method of emotional space design in the interior design field by applying emotional engineering techniques to a bathroom design process.

An emotional space design process progresses in the stages of 1) planning & test plan, 2) CG simulation of a bathroom image and 3) full-scale mock-up production. The design emotion vocabulary induced from a planning stage is 'substantiality', 'eco-friendly', 'efficient' and 'healthy and comfortable'.

As design variable elements in emotional assessment of CG images, the color and material of the wall and the bottom judged to have decisive influence on the emotion of users among design elements were decided as design variables. Also, an emotional assessment of 8 combinations progressed according to a time zone by setting 3 factors of sound, aroma and illuminating color as variables in the full-scale mock-up emotional assessment.

As test results, it appeared that the use of bright and white tone and floor tiles in a sustainable concept of bathroom design generates more positive emotional assessment such as comfort, healthiness, leisurely spaciousness and good temper, etc. than the use of color and floor wood of a dark tone. Also, the sound affected spaciousness and the variable influencing preference was sound and aroma.

# 감성의 시대

The Age of Emotion

오영근 호서대학교 교수

## 01 철학에서의-감성

정신을 물질보다 우월하다고 본 플라톤(기원전 427 ~ 346)은 세계를 이데아계와 현상계로 나누었다. 현상계는 우리가 볼 수 있고 관찰할 수 있는 사물의 형상이지만, 이데아계는 우리가 보거나 만질 수 없는 더 높은 곳에 불변하는 실재가 있다는 것이다. 이 이상적 형상은 우리가 가진 모든 일반적 '생각'과 같은 의미라고 할 수 있다.

즉 플라톤은 이상적형상은 정신 속에 숨겨져 있으며 그 형상을 발견하고 드러내는 게 사유의 과제라고 하였다. 또한 정신적 삶의 목표를 추상적 존재에 대한 집중으로 보았으며, 일부 학자들은 이것을 '추상'이라는 관념의 탄생으로 잡고 있다.[1)]

15세기 르네상스시대는 플라톤의 보편주의[2)] 관념으로 예술과 미학에 대한 혁신으로 이어졌다. 여기서 말하는 보편주의 관념은 이상적인 미의 관념으로 지금우리가 생각하는 의미와는 다른 보편적으로 특별한 사람, 남들과 다른, 팔방미인, 조물주를 본뜬 창조자(르네상스형 인간)라는 생각이었다. 우리가 잘 아는 레오나르도 다 빈치와 알베르티가 대표적 르네상스형 이라고 할 수 있다.

레오나르도 다빈치(1452 ~ 1519)는 건축, 회화, 조각, 음악을 비롯한 예술분야에서 탁월하였

1) 피터왓슨, 생각의 역사 1, 들녘, 2009, pp.182-183
2) 보편주의는 고대그리스 피타고라스와 플라톤의 이론을 바탕으로 한 역사상 가장 오래되고 영향력 있는 관념중 하나다. 전게서, p.593

을 만 아니라 낙하산, 인쇄기, 비행체, 망원경의 발명과 같은 과학 분야, 해부학, 인체 순환의 원리, 자궁, 태아의 연구와 같은 의학 분야에서도 해박한 연구를 통해 창조성과 정신면에서 조물주를 본뜬 창조자로써의 면을 보여주었다.

르네상스의 또 다른 변화는 개인의식의 발현으로 그림이 신을 찬미하는 것이 아니라 인물들의 특징과 내면감정을 묘사하는 것으로 변화되었다. 레오나르도 다빈치의 '최후의 만찬'은 원근법과 삼각형구조로 그림의 구성을 4개로 나누어 복잡하면서도 안정감을 나타내고 있다.

예수가 제자들에게 이 중에서 자신을 배반할 제자가 있음을 말 했을 때, 모두 "그 사람이 혹시 저 입니까?"라는 제자들의 심리와 감정 상태를 다양한 표정으로 보여준 최초의 작품이다.

**그림 1 ▎** 최후의 만찬(레오나르도 다빈치 작, 1495 ~ 1498)

18세기 낭만주의는 프랑스혁명, 산업혁명, 미국혁명과 성격은 다르지만 같은 혁명이었다. 대표적 철학자 칸트는 지식을 형성하는 것은 정신이라는 것, 본능적인 직관의 과정이 존재한다는 것, 우리가 가장 확신할 수 있는 세계 속의 현상은 '아我'와 '비아非我'의 차이라는 것을 이해하는데 있다.[3] 즉 이성은 지식을 창조하는 것으로, 상황을 이해하려면 과학과 같은 이성만이 아니라 과학과 무관하게 개인에 의해 창조되는 '내면의 목소리'를 이해해야 한다고 말했다. 낭만주의시대 독일의 젊은 시인들은 이성적인 교육과 사회적 관습을 거부하고 자신의 감정을 추구하는 현상이 있었는데 가장 대표적인 작품이이 괴테의 '젊은 베르테르의 슬픔(1774)' 이다.

낭만주의의 중요한 변화는 인물의 내면에 있는 '또 다른 자아'의 관념으로 이것은 나중에

3) 전게서, p.872

언급되기 시작한 무의식이며 감상주의로 발전되었다.

칸트(Kant, 1724 ~ 1804)는 그의 가장 영향력 있는 저서 "순수이성비판"과 "실천이성비판"을 통해 철학의 학문적 중심을 서술하고 있다. 이 책에서 칸트는, 순수이성은 개념과 추상에만 관계하고 경험의 대상으로는 관계하지 않으므로, 순수 이성을 가지고 세계에 대한 어떤 진정한 지식도 얻을 수 없다고 하였다. 즉 경험이나 실제의 접촉 없이는 진정한 지식에 도달할 수 없는 것이다.

우리는 먼저 어떻게 인식이 대상과 일치할 수 있는지를 궁금해 하기보다는, 대상이 우리의 인식과 일치해야 한다는 가정을 가져야 한다. 이런 방법을 통해서야만 경험보다 앞서서 선험적으로 대상을 인식하는 것이 가능하다.

칸트는 "인간의 인식에는 두 가지 줄기, 즉 감성과 오성[4]이 있다. 아마 이 둘은 우리에게 알려지지 않은 공통의 뿌리에서 유래할 것이다. 감성을 통해서 대상은 우리에게 주어지며 오성을 통해서 대상은 사유된다...오성과 감성의 결합을 통해서 인식이 일어난다.[5]"고 말한다.

칸트는 인간감성에 필수적인 조건을 다루어 이를 "초월적 감성론"이라 하였다. 감성은 표상을 수용하는 수동적 능력으로 경험을 통해서 얻어진다. 경험에는 감각으로부터 직접적으로 얻는 질료와, 현상의 다양함이 질서를 갖추게 하는 형식으로 나뉘며, 칸트는 감성적직관의 순수형식의 두 가지인 '공간'과 '시간'을 언급하였다.

공간은 외감의 형식으로 물질, 운동, 기하학의 문제와 연관되며, 시간은 내감의 형식으로 운동과 변화, 생성, 죽음, 원인과 결과, 영혼, 의식 등과 관계되어있다.

19세기 모더니즘의 바탕에는 인간의 내적상태와 관계가 있으며 그 근저에는 프로이트의 무의식에 상당하는 심미적 요소가 깔려있다.

모더니즘은 낡은 문화양식을 변화시켜 새로운 문화가 탄생할 것을 기대하며, 예술이 과학과 더불어 새로운 정신적, 정서적 의미와 관념을 가져다 줄 것을 믿었다. 이런 영향으로 모더니즘에 속하는 아방가르드적이며 미래의식에 대한 혁명적 실험들-인상주의, 후기인상주의, 야수파, 입체파, 미래파, 상징주의, 이미지즘, 소용돌이파, 다다이즘, 초현실주의가 탄생하게 된다.[6]

4) 오성은, 감성적 직관의 대상을 사유의 대상으로 만드는 것으로, 개념과 원칙을 만든다.
5) 앤서니 케니, 서양철학사, 이제이북스, 2004, pp.249-253

20세기에 들어와 소쉬르의 구조언어학의 개념과 방법을 레비스트로스가 인류학에 도입하여 시작된 '구조주의'는 1960년대 프랑스에서 꽃을 피웠으며, 이제는 전 세계의 철학과 사상에 영향을 미치고 있다. 특히 우리가 구조주의를 관심 있게 보는 이유는 새로운 '인식론'을 제시하고 있다는 점이다.

구조 structure라는 의미는 라틴어에서 건축에 관계되는 의미로, structure=construire(건축하다)의 의미로 '건축물이 축조되는 양상'을 지칭하는 것이었다. 그 후 16세기 중반부터 '생명체의 구성요소들이 배열되는 방식', '한 문장이나 담론의 부분들이 배열된 방식을 지칭하기도 했으며, 작품의 구성을 결정하는 지적, 미학적 관점을 가리키기도 하였다. 19세기 인문사회과학에서는 사회구성체를 구조 structure와 기능 function을, 사회과학에서는 사회나 국가의 복합체계 또는 추상적인 전체를 구성하는 부분들의 배열을 의미했다. 20세기에는 '한 전체의 구성요소들 사이의 관계'라는 의미로 사용되게 된다.[7)]

소쉬르는 언어기호를 시니피앙(signifiant기호표면)과 시니피에(signifie기호내용)으로 분류했다. 우리가 길을 건널 때 신호등을 예로 들어보자. 빨간 등은 시니피앙이고 우리가 빨간 등의 의미로 '멈춤'게 되면 시니피에가 된다. 즉 시니피에 = 의미는 기호와 독립해서 존재하는 것이다.

메를로 퐁티는 현상 뒤에 숨겨진 구조적인 것을 찾아 현상을 이해하는 철학자로써 그는 인식의 줄기중의 하나로 '감성'을 꼽으며, 만약 지각한다는 것은 감각적으로 경험하는 것이며, 그 사태를 수용하는 것이라 하였다.

얘를 들어 내가 어떤 물리적인 사물을 보거나 만지거나 냄새 맡는 것은, 그것을 동일한 것으로 경험하는 나의 신체를 통해 그 신체의 운동으로 모든 것을 수용하는 것이다. 따라서 메를로 퐁티는 신체의 이론을 곧 지각이론이라고 규정한다.

"모든 외적 지각은 마치 모든 나의 신체의 지각이 외적 지각의 언어 속에서 해명되고 있듯이 나의 신체의 어떤 지각과 즉각적으로 동의어이다. 만약 이제, 신체가 투명한 대상이 아니라면 그리고(구성의 법칙에 의서) 기하학자에게 있어서의 원이 주어지듯이 그렇게 우리에게 주어지지 않는다면, 만약 신체가 그것을 수행함으로써만 배울 수 있는 표현이 풍부한 동일체라

---

6) 피터왓슨, 전게서. p.1048
7) 임봉길외, 구조주의 혁명, 서울대학교출판부, 2000, p.7

면, 이 신체의 구조는 지각가능한 세계 속에 그대로 전달되고 있다. 그러므로 신체적인 도식이론은 암암리에 지각의 이론인 것이다."[8]

메를로 퐁티는 신체적 공간성이 단순히 물리적인 위치의 공간이 아니라 세계에로의 –존재를 표현하는 것이라고 말한다. 신체가 목적을 위한 움직임과 작용이 '신체의 공간성'이 확립되는 것이다. 더 나아가 신체는 현재에 대한 과거와 미래를 실존시키는 시간을 소유한다. 우리의 신체를 통해 경험된 공간은 주관적 공간이 아니라 객관적 공간, 즉 현상학적 공간이다.

예를 들어 보자[9]. 위쪽의 그림은 이탈리아 작가 콰트로첸토의 [이상도시] 그림이며, 아래쪽의 그림은 미국의 현상학적 건축가 스티븐 홀의 [성 이나시오 채플]의 그림이다. 위의 그림은 기하학적인 방법으로 매우 정밀하게 공간의 깊이를 표현함으로써 마치 현실적인 공간을 재현하고 있는 것처럼 보인다. 반면, 아래쪽의 그림은 작가의 생각에 의해 그려져 공간의 깊이는 사라지고 추상화 같은 느낌을 준다.

**그림 2 ❙** 이상도시(콰트로첸토, 15세기)

**그림 3 ❙** 성 이나시오 채플(스티븐 홀, 1996)

위의 그림은 르네상스시대의 원근법에 의해 정확하게 기하학적인 비례원칙에 그려져 가장 현실적인 공간을 표현했다는 생각을 갖게 한다. 더 나아가 기하학적 공간은 객관적이며 절대적이라는 생각을 더한다. 아래 그림은 위의 그림과는 전혀 다른 생각을 갖게 한다. 원근감도 없으며 공간의 깊이도 잘 드러나지 않지만 심리적인 공간의 깊이는 훨씬 더 느껴지며 마음을 편하게 한다.

---

8) 리차드 M. 자너, 신체의 현상학, 인간사랑, 1993, p.234
9) 박영욱, 필로아키텍처, 향연, 2009, pp.50-95 참조

우리는 자칫 기하학적공간은 객관적 공간인 반면 체험된 공간은 주관적이라는 생각을 갖고 있다. 예를 들어 색상 표에 나타난 빨간색을 보면서 정렬적인, 따뜻하다고 느끼는 것이 주관적이라고 생각한다. 그러나 빨간색에서 느끼는 느낌은 다른 사람에게서도 공통적으로 느끼는 체험이며, 이는 몸의 체화를 통해 확인된다. 메를로 퐁티의 현상학이론으로 보면, 시각적 경험은 주관적인 눈에 의해서 만들어지는 것이 아니라, 몸 전체의 개입을 통해 시각적 경험이 발생하며 이러한 총체적 체험을 '지각'이라 한다. 이런 지각이 일어날 때 하나의 의미가 창조된다.

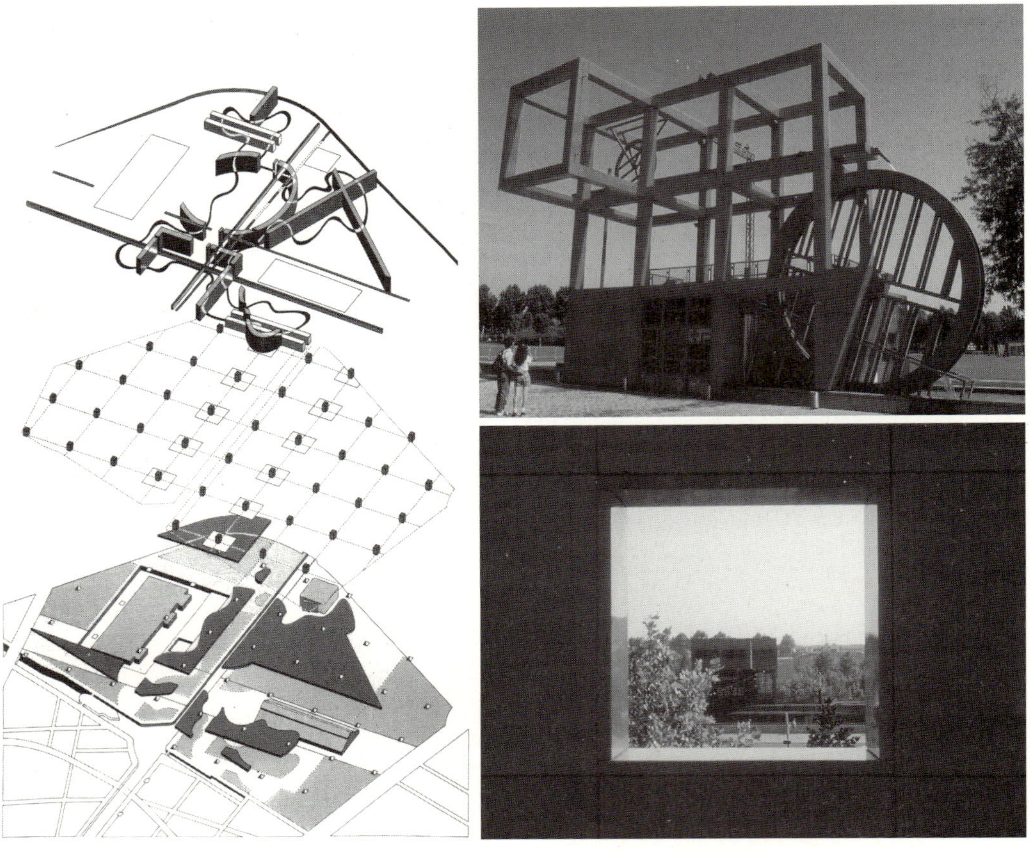

그림 4 ▌ 라빌레트 공원(베르나르 추미)

20세기 모더니즘시대에서 합리적공간의 구축으로 사용된 공간론은 르네상스시대 원근법으로 대표되는 기하학적 비례에 의해 만들어진 공간으로 모든 공간을 '보편적 공간'으로 일축해 버린다. '장소'로써의 인간의 체험으로 공간이 갖는 의미를 만들어낸 감성이 사라진 모더니즘에 대한 반발로 후기구조주의가 등장하게 된다. 후기구조주의는 문화 특히 대중문화를 끌어들여 구조주의가 가졌던 엘리트주의를 부정하며, 포스트모더니즘으로 인간의 감성을 중시하는 기반을 제시하고 있다.

공간론에서 보면, 모더니즘의 정형에서 벗어난 비정형은 들뢰즈의 '주름 le pli'의 개념으로, 자크 데리다의 해체철학은 베르나르 추미의 '분리 disjunction'와 연장된다. 베르나르 추미는 기능이나 프로그램을 고려하지 않고 영화에 나오는 장면의 인물을 설정한 후, 주인공과 이를 는 추적자의 동선을 다이어그램으로 만들었다. 프랑스 라 빌레트 공원에 세워진 좌표로서의 점 '폴리 folie'는 기하학으로 구축된 이탈과 비움의 공간이다. 기능이 제거된 공간은 이곳을 방문하는 사람들의 행위와 체험으로 채워질 '장소'이며 생각의 공간이다.

## 02 감성의 시대

### 감성의 태동-낭만주의

1760년경 영국의 산업혁명이 물질의 혁명이었다면, 1789년 프랑스혁명은 정신의 혁명이었다. 이 두 혁명을 통해 인류는 오랫동안 인간의 의식을 지배해온 '이성 logos'에 대한 자각을 불러일으켰으며, 새로운 '감성 pathos'에 눈을 뜨는 전환점이 되었다.

낭만주의시대는 인간 스스로에의 대한 의식의 변화로, 자기표현, 상상력, 열정으로 인간과 사물과의 관계를 중요시하였다. 정원술에 있어서 과거양식의 반복이 아니라 인간내면의 감성을 표현하는 정원의 미적효과를 위해 인간의 꿈과 자유를 회화적이고 동화적으로 표현하는 '픽처레스크 picturesque'가 나타났다.

### 모네의 눈에서 고갱의 눈으로

1874년 젊은 화가인 모네, 르누아르, 모리소, 시슬레 등의 최초 전시회가 열렸을 때, 저널리스트 루이 르로이가 그림에 대한 혹평을 하면서 '인상주의 Impressionism'가 세상에 알려지게

그림 5 ❙ 수련 연못(모네, 1900)

된다. 그 전까지 '현실적이고 기록적인 그림'에 익숙해 있던 많은 사람들은 화가 자신의 눈으로 느낀 인상을 그림으로 담는 것에 회의적이었다. 특히 클로드 모네는 핵심적인 인상주의 화가로 눈부시게 아름다운 자연을 화폭에 담았다. 그의 그림은 사실을 담는 것이 아니라, 빛과 찬란한 색으로 시시각각변하는 자연의 "표면의 변화"를 자신의 감정으로 해석하여 담았다.

그러나 모네를 비롯한 인상주의 화가들의 그림이 대상의 "표면"에만 집착하고 그 본질이 없다는 비평을 받았으며, 후에 고갱, 고흐, 세잔느로 넘어가는 '후기인상주의 post-impressionism'가 '작가의 정신과 감정'에 가치를 둔 예술로 발전하였으며, 이런 인간의 정신적 가치, 인간의 감성적 가치에 대한 추구는 후에 회화뿐 아니라 디자인에도 큰 영향을 끼쳤다. 특히 고갱은 감각적인 눈보다도 마음의 눈을 추구한 작가인데, 그는 회화는 단순히 눈에 보이는 세계를 재현하는 것만이 아니고 눈에 보이지 않는 세계, 내면의 세계, 혼의 영역까지 탐구적인 눈을 돌려야 한다고 주장하였다.[10] 이는 감성을 역사적으로 파악하고 분석하는데 중요한 어휘이며, 1890년대의 상징주의, 후기인상주의에서 1900년 '아르누보 art nouveau'로 이어지는 2차원적 면적어휘에서 3차원적 공간어휘로 이어지는 인간의 내면적 주관성향의 표현을 이해하는데 매우 중요하다.

## 디오니소스적 인간감성

표현주의의 뿌리는 고갱이나 뭉크의 작품세계에 나타나는 극적이고 감성적인 주제뿐 아니라 아폴론적 이성에 대한 디오니소스적인 인간감성의 우위주장에서 찾을 수 있다.

뭉크의 작품 "사춘기"는 여성이 갖는 신체의 변화와 세상에 대한 두려움, 불안, 흥분, 슬픔과 새로운 세계에 대한 동경이 잘 나타나고 있다. 소녀의 내면적 심리 상태를 절묘하게 표현

10) 이영화, 감성공간사, 한불문화출판, 2001, p.48. 임영방의 [현대미술의 이해] 재인용

하는 것은 왜소한 신체 뒤로 거대한 그림자가 유령처럼 소녀를 엄습하고 있는 것을 잘 표현하고 있다.

건축적으로 표현주의에 영향을 이론가 테오도르 립스의 미학에서 영향을 받아 '대상물로부터 받는 자극과 그 대상을 관찰하는 인간의 영혼의 생명을 적극적으로 투영하는 사이에서 일어나는 공명으로서의 상호교류'인 "감정이입"의 개념을 유기적 세계와 연결 지은 빌헤름 보링거를 들 수 있다. 그는 "추상과 감정 이입"에서 대상물로서의 건축의 매스에 인간의 상징을 투영한 감정이입을 이루려는 의인화된 공명을 주장하였다.[11]

그림 6 ▌ 사춘기(에드바르트 뭉크, 1894)

## 입체파 / 미래파

20세기 초 피카소의 "아비뇽의 처녀들"로 대표되는 입체파는, 2차원적 평면에 관찰자가 시간이 경과함에 따라 다양한 시각으로 대상을 관찰한 것을 동시적으로 표현함으로써 다시점을 하나의 평면에 공존시킨 것이다. 이번에는 공간을 다룬 조르지오 키리코의 작품[그림-영원의 나른함][12]을 보자. 언뜻 보기에는 사실적구도로 보이나 공간의 소실점은 화면 밖 A에서 만난다. 그러나 두 개의 열주는 화면의 상단 B, C에서 만나 공간의 깊이가 확장 되 보인다. 오른쪽 열주의 그림자는 D, E 로 소실되어 깊은 어두움을 나타내고 있다. 조각상은 공간과 이탈되어 바닥 위에 투영되어 보인다. 이로 인해 그림은 현실을 넘어 추상으로 확대된다.

11) 김원갑, 메트로폴리스, 열린책들, 2002, pp.194-196
12) 루돌프 아른하임, 미술과 시지각, 미진사, 1995, p.294

그림 7 | 영원의 나른함(조르지오 키리코)

입체파가 주로 시각적 영역에서 추상을 다루었다면, 미래파는 건축, 음악, 문학 등에 전체적으로 영향을 미쳤던 운동이다. 미래파는 모든 문화를 거부하고 새로운 기계적 유토피아를 꿈꾸며 훗날 모더니즘의 이론적 근간을 이루게 되는데, 특히 기계화된 건축이 미래파의 형태적 이미지의 특징을 이루게 된다.

미래파의 특징에서 '속도'는 매우 중요한 키워드가 된다. 에드워드 머이브리지의 작품 [계단을 내려오는 사람]과 에티엔 쥘 마레의 [움직이는 사람의 기하학적인 연속사진]에서 보듯이 미래파주의자들은 '기계화된 인간'은 움직임을 통해 추상화 될 수 있다고 꿈꾸었다. 몸을 기계의 본체로, 관절은 작동하고 움직이는 레버로, 동작은 힘과 속도로 추상화된다.

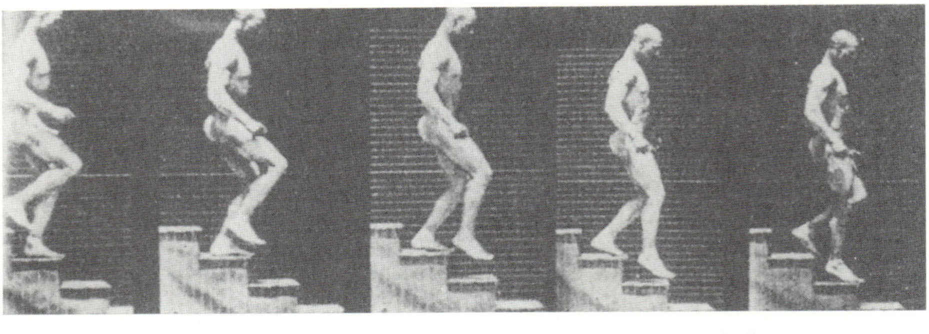

그림 8 | 계단을 내려오는 사람(에드워드 머이브리지)

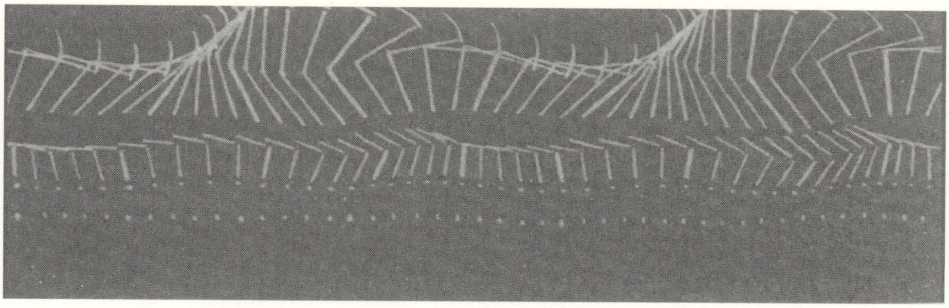

그림 9 Ⅰ 움직이는 사람의 기하학적인 연속사진(에티엔 쥘 마레)

## 초현실주의

초현실주의는 아폴리네르가 1917년 발레 "퍼레이드"의 프로그램에서 처음으로 초현실주의라는 용어를 사용하였고, 1924년 시인 브루통의 '제1차 초현실주의 선언'으로 공식화 되었다. 초현실주의는 프로이트의 "꿈의 해석"에 대한 관심과 영향, 무의식과 잠재의식을 통한 정신의 자동작용으로 그 영역을 발전시켰다.

초현실주의 예술은 크게 두 가지[13]로 나눌 수 있는데 첫째는 "영혼의 인도를 받으며 그림을 그린다"는 '자동기술법 automatism'으로 앙드레 마송과 호앙 미로가 있으며, 둘째는 에른스트에 의해 사용된 '전이법 depaysement'로써 꿈에서 보는 듯한 "부조리한 평면 위에서 전혀 관계없는 두 실재 간의 우연한 상봉"이다. 이는 서로 다른 이질적인 사물을 결합시켜 그 물체의 고유성과 관련 없는 엉뚱한 장소에 위치시킴으로써 새로운 의미를 부여하는 기법이다.

## 포스트모더니즘

포스트모더니즘과 모더니즘을 이항대립으로 보는 것은 위험한 발상이지만, 모더니즘이후 1960년대 뉴욕의 예술가와 비평가들 사이에서 태동되어 '이성'이라는 총체화된 관념을 거부한 운동이라고 할 수 있다. 예술분야에서는 예술과 일상생활 사이의 경계의 파괴, 엘리트문화와 대중문화 사이의 위계적구분의 붕괴, 형식적 절충주의와 코드들의 혼합이 특징이라고 할 수 있다.[14] 특히 건축가 젱크스의 "포스트모더니즘

13) 이영화, 앞책, pp.100-103

그림 10 ▎ 자동기술법(앙드레 마송)

그림 11 ▎ 자동기술법(호앙 미로)

건축언어"의 등장으로 건축에서 가장먼저 나타났으며, 미술에서는 라우센벅, 엔디 워홀 등이, 영화에서는 린치, 철학에서는 자크 데리다가 대표적이라고 할 수 있다. 데리다는 특히 '탈구축 deconstruction'이론을 주창하여 로고스중심의 서구존재론, 구조를 해체하고 재구축하였다.

## 03 감성의 언어-추상, 움직임, 기호, 마음

추상이 왜 감성인가에 대한 좋은 예가 있다. 1927년 피카소는 자신의 연인 마리 테레즈 발터를 스케치하게 되는데, 실재 모델은 뜨개질을 하고 있으나 피카소는 캔버스에 그녀를 그리고 있는 자신의 모습을 그렸다. 그것도 완성된 그림이 아니라 직선과 곡선으로 된 그림을 그리는 과정을 그렸다.[15)]

피카소는 모델 자신보다 그녀가 머물고 있는 공간에 주목했으며, 그녀가 뜨개질을 하면서 그녀의 손과 몸의 궤적이 공간에서 어떻게 연속적으로 움직이는가를 나타냈다. 그림에서 캔버스 외에 모델과 피카소 자신을 사실적으로 그린 것을 보면 중요한 것은 그녀와 자신의 표면적인 실제모습이 아니라 마음의 생각을 그렸다고 할 수 있다.

14) 마단 사럽, 후기구조주의와 포스트모더니즘, 조형교육, 2005, p.216
15) 로버트 루트번스타인, 미셸 루트번스타인, 생각의 탄생, 에코의 서재, 2007, p.113

피카소는 “당신들은 보고 있지만 보고 있는 게 아니다. 그저 보지만 말고 생각하라! 표면적인 것 배후에 숨어있는 놀라운 속성을 찾으라! 눈이 아니고 마음으로 보라![16]”라고 하였다.

그림 12 ▌ 화가와 모델(파블로 피카소, 1932)

육체의 아름다움은 정지된 비례에 있지 않고 움직임과 역동성에 있다. 마르셀 뒤샹의 작 [<그림 13> 계단을 내려오는 누드 No.2]에서 육체는 그림이 갖는 정지된 현실을 거부하고 연속적인 움직임의 궤적을 나타낸다. 이로 인해 움직임은 추상화된다.

그림 13 ▌ 계단을 내려오는 누드, No.2

16) 전게서, p.116

라캉은 프로이드의 무의식이론을 새롭게 규정하여 그 이론을 언어학에 도입했다. 그가 구조주의의 토대를 만든 '거울이론'에서 어린아이가 자신의 육체를 통해 '자아'를 형성하는 골격을 언어 습득을 통해 그 이론을 구축하였다. 언어는 라캉에 있어 개인의 정체성은 물론 기억, 과거, 현재와 같은 시간성의 경험을 구체적으로 나열할 수 있는, 즉 문장과 같은 것으로 보았다. 이것은 포스트모더니즘의 경험되고 읽히는 다차원적인 수사(rhetorics), 언어와도 일맥상통한다.

제임스, 듀이, 메를로 퐁티와 같은 많은 철학자들은 "몸은 마음 속에 있고 마음은 몸 속에 있으며, 몸-마음은 세계의 일부이다."[17]와 같은 주장을 나타내고 있다. 이는 오랫동안 신체에 관한 이론이 우리의 세계에 대한 표현에 있어서 중심적 역할을 하게 된 것이라 할 수 있다. 그러나 더 나아가 지금까지의 인지과학의 제 1세대라고 할 수 있는 사고와 언어, 원형, 개념적 은유, 신체적 도식과 같은 경험적 연구에 대한 의문을 제기하고 1970년대 후반에 들어 신체화된 정신에 대한 새로운 인지과학의 연구가 수행되어 오늘에 이르고 있다.

이제 감성은 더 이상 공학적인 영역에서만 머물러서는 안 된다. 학문의 발전을 위해 인문학, 사회학, 철학, 예술 등과 소통하고 융합되어 더 발전되고 진보된 학문으로 나아갈 수 있을 것이다.

## 참고문헌


1. Madan Sarup(전영백 역), An Introductory Guide to Post-Structuralism and Postmodernism, 조형교육, 2005
2. Mark Johnson(노양진 역), The Body in the Mind : The Bodily basis of Meaning, Imagination, and Reason, 철학과 현실사, 1987
3. Peter Watson(남경태), IDEAS : A HISTORY FROM FIRE TO FREUD, 들녘, 2009
4. Robert Root-Bernstein and Michele Root-Bernstein(박종성 역), SPARK OF GENIUS, 에코의 서재, 2007
5. 루돌프 아른하임(김춘일 역), 미술과 시지각, 미진사, 1995
6. 리차드 M. 자너(최경호 역), 신체의 현상학, 인간사랑, 1993


17) M. 존슨, 마음 속의 몸, 철학과 현실사, 2000, p.13

7. 아니카 르메르(이미선 역), 자크 라캉, 문예출판사, 1994

8. 앤서니 케니(김영건외 역), 서양철학사, 이제이북스, 2004

9. 움베르토 에코(이현경 역), 미의 역사, 열린책들, 2004

10. 김원갑, 메트로폴리스, 열린책들, 2002

11. 김형효, 데리다의 해체철학, 민음사, 1993

12. 박영욱, 필로아키텍처, 향연, 2009

13. 박정자, 빈센트의 구두, 도서출판 기파랑, 2005

14. 오영근, 인간척도론, 시공문화사, 2002

15. 이영화, 감성공간사, 한불문화출판, 2002

16. 임봉길외, 구조주의 혁명, 서울대학교출판부, 2000

17. 임석재, 건축과 미술이 만나다. 휴머니스트 출판그룹, 2008

# 감성디자인
Emotional Design

이한석 한국해양대학교 교수

## 01 감성과 디자인

디자인이란 인공물과 관련되어 문제를 해결하고 새로운 아이디어를 만들어 내는 지적 활동이다. 즉 디자인은 인공물을 대상으로 문제를 해결하기 위해 목표를 정하고 이를 달성하기 위해 의도적으로 진행하는 심리적 행위이며 합목적성을 지닌 창조적 행위이다. 목표지향행위로서 디자인은 목표를 달성하는 과정에서 새로운 아이디어를 만들어 낸다. 기존 상황에서 문제점들을 밝혀내고 문제해결의 구체적인 목표를 정하며 문제해결과정을 합리적으로 계획하여 창의적 해결안을 생산하는 것이다. 따라서 디자인은 일반적인 문제해결과정과 공통점이 있으나 특별히 디자인에서는 '종합하는 과정'이 포함되며 분석과정을 거쳐 종합하는 과정에서 창의적 활동이 발생한다.

디자인은 그 결과물의 유용성을 대상으로 외관에 중점을 둔 디자인, 사용에 중점을 둔 디자인, 의미에 중점을 둔 디자인 등으로 분류할 수 있다. 사물의 외관에 중점을 둔 디자인은 외관의 아름다움이나 특이함을 통해 감각적 자극을 주는 디자인결과를 목표로 한다. 반면에 사용에 중점을 둔 디자인은 사물을 사용하는 행위를 통해 효용성과 즐거움을 주는 디자인결과를 목표로 한다. 한편 의미에 중점을 둔 디자인은 상징과 의미가 포함되어 있어 사물을 통해 특별한 주제를 전달하고 생각을 자극하는 디자인결과를 만들고자 한다. 이상의 세 가지 디자인의 근본 성격은 모든 디자인에 함께 나타나며 이 세 가지 디자인 모두가 사용자의 감성에 직간접적으로 영향을 미친다.

디자인의 가장 큰 특성은 디자인문제에 있다. 디자인문제는 처음부터 완전하게 주어진 것이 아니어서 항상 디자이너는 문제상황에 대해 주관적인 해석을 해야 한다. 한편 디자인결과는 많은 대안들이 가능하고 디자인과정은 끝없이 계속될 수 있으며 절대적으로 옳은 디자인 방법이란 없다. 또한 디자인과정에서는 문제해결 뿐 아니라 숨어있던 또 다른 문제를 발견하게 되고 디자이너의 주관적인 가치판단에 따른 동기부여와 정서적 반응이 일어난다. 디자인의 대상이 되는 사물의 전체와 부분은 그 경계가 명확하지 않으며 완성된 결과에 대해서는 옳고 그름을 구별할 수 있는 분명한 기준을 설정할 수도 없다.

디자인목표는 사용자의 욕구를 충족시키는 결과물을 만들어내는데 있으며 따라서 디자인과정을 통해 사용자의 다양한 욕구를 파악하는 것이 중요하다. 사용자가 누구인가를 가능한 구체적으로 정하고 사용자의 생리적 특징이나 신체적 특성을 비롯하여 심리적 특성, 사회적 · 문화적 관계, 정신적 · 영적 필요와 같은 사항 등을 모두 고려해야 한다.

디자인은 미적 가치를 추구하는 순수미술과는 달리 실생활에서의 사용을 전제로 하기 때문에 실용성이 중요하며 이와 더불어 디자인결과물의 사용을 통해 사용자가 얻게 되는 감성적 영향을 중요하게 다루어야 한다. 지금까지 디자인은 사물의 외관을 통한 미적 체험과 사용을 위한 기능성을 조화시키려는 노력을 기울여왔으나 이제는 조형성과 기능성을 뛰어넘어서 의미가 풍부한 상징성을 가져야 하며 디자인의 조형성, 기능성, 상징성이 총체적으로 사용자의 감성에 어떤 영향을 미치는 가를 고려해야 한다. 산업혁명이후부터 지금까지 디자인은 기술과 예술을 종합하여 삶을 편리하게 하고 삶의 질을 향상시키는데 기여해 왔으며 오늘날에는 사물의 기능과 구조, 조형성과 의미, 그리고 궁극적으로는 사용자의 만족을 위한 인간 중심의 디자인이 되었다.

감성의 이해는 디자인의 본질을 이해하는데 기초가 된다. 감성이란 인간의 기본적인 심리작용이며 또한 그 결과로 나타나는 정서적 반응이다. 즉 감성은 감성작용과 그 결과인 감성반응을 포함하는 개념으로 이해할 수 있다. 감각기관이 외부의 자극을 지각하고 이 지각정보는 머리에 전달되어 감성작용이라는 심적 과정을 거친다. 이 과정에는 외부의 지각정보뿐 아니라 과거의 경험, 성격, 분위기, 인지상태 등이 영향을 미치며 이러한 감성작용의 결과로서 마음의 정서적 반응 즉 감성반응이 나타난다.

감성작용은 인간의 내부에서 일어나는 복잡한 심적 활동의 일부로서 인지작용이 사고를 통한 지적 활동이라면 감성작용은 정서적 반응을 일으키는 심적 활동이다. 인간의 심적 활동에서 인지작용과 감성작용은 따로 분리할 수 없으며 서로 깊은 영향을 미치고 있다. 지적 깨달음의 인지작용은 정서적 반응을 일으키는 감성작용에 직접 영향을 주고 반대로 감성작용의 정서적 반응은 인지작용의 결과에 큰 영향을 미친다.

인지작용이 우리를 둘러싼 환경을 이해하고 해석하게 해 준다면 감성작용은 환경에 대해 정서적 반응을 결정한다. 인지활동이 의식적인 활동이라면 감성작용은 무의식적 활동으로 상황에 즉시 반응하는 특성을 가지고 있다. 그러나 인지작용이 감성작용에 우선하여 발생하는 상황도 많이 있다. 디자인에서 발생하는 창조적 사고는 합리적 특성의 인지작용과 정서적 특성의 감성작용이 협력한 결과라고 할 수 있다.

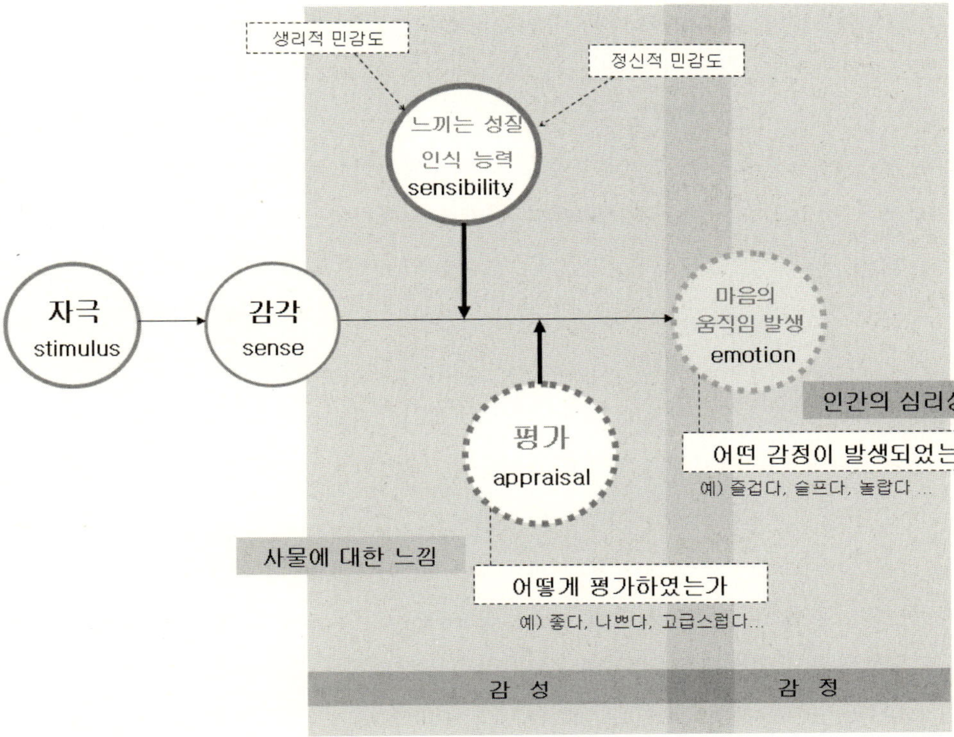


**그림 1 ▌ 감성의 개념**

(출처 : 정현원, "감성의 개념 및 어휘 체계 정립을 통한 공감각 디자인 평가 방법에 관한 연구", p.27)

감성작용은 사람의 감각기관을 통해 형성된 감각적 이미지를 이용하는 직관적 사고활동으로서 여기에는 이미지 뿐 아니라 사회적 문화체계, 개인의 가치 및 생활스타일 등 문화적 환경도 포함된다. 감성작용의 결과인 감성반응은 사물의 직접적인 사용을 통해 얻어지는 기능적 감성반응, 사물의 크기·색채·형태 등 외관에서 얻어지는 조형적 감성반응, 그리고 사물이 가지는 다양한 의미를 이해함으로서 얻어지는 상징적 감성반응 등으로 구분할 수 있다.

감성작용은 외부의 물리적 자극 뿐 아니라 내부의 기억 혹은 생각에 의해서도 일어나는 심리 체험인데 이 체험을 통해 기분이나 감정으로 표현되는 감각적 느낌과 이를 넘어선 고차원적인 정서적 반응이 일어난다.[1] 붉은 노을을 보고 단순히 "붉다"라고 느끼는 일차적인 감각반응이 일어나고 이것과 함께 장엄함, 신비함 등 고차원적 정서적 반응이 일어난다. 이러한 성질의 감성은 감각을 매개로 하여 인간이 자기 자신 및 그를 둘러싼 환경과 소통을 이루는 중요한 수단이다. 외부환경에 대해 감성반응을 일으키는 매개로서 감각은 시각을 비롯하여 다양한 감각이 복합되어 있으며 생명을 유지하는 생리적 활동에 관계된 감각과 심리적 만족과 관계된 감각 등이 얽혀 복잡한 다중 구조를 가지고 있다.

감성에는 일시적인 반응이외에도 수년간 혹은 생애 내내 지속하는 감성반응도 있으며 개인의 다양한 감성적 특성들이 조합되어 생애기간 동안 지속적으로 일관된 감성반응을 일으키는 감성적 성격이 형성되기도 한다. 감성반응은 심리적 이미지를 통해 마음속에 축적되고 이 이미지를 통해 환기되며 변형되고 새로워진다. 즉 감성작용은 무의식에 저장된 감성이미지를 의식 상태로 불러내어 감정과 정서를 환기시키고 조작하여 새로운 감성반응을 만들어 낸다. 이렇게 하여 지속적으로 반복되는 감성작용은 감성반응을 더 깊이 있게 하고 넓게 확장시키며 이러한 감성작용과 감성반응은 창조적 사고에 결정적인 영향을 미친다. 한편 감성반응은 심적 상태인 기분이나 감정을 생성하며 외부로 들어나는 태도, 표정, 동작, 언어의 반응을 일으킴으로서 의식적 혹은 무의식적으로 겉으로 표현된다.

디자인은 본래 사용자의 감성을 출발점으로 한다. 디자이너는 항상 사용자의 감성적 반응을 고려하며 사용자에게 만족을 주고자 한다. 따라서 디자인에서 감성은 가장 기본적인 주제의 하나이다. 다만 지금의 감성디자인은 디자인에서 감성에 대해 새로운 접근을 시도하고 있다.

---

1) 감정은 직접적인 상황에 대해 짧은 시간동안 반응하는 정서적 반응이며 몇 분 혹은 몇 시간 동안 지속한다. 이에 비해 무드는 몇 시간부터 수일까지 좀 더 지속적으로 존재하는 감성반응이다.

지금까지 디자인에서 감성은 일방적으로 디자이너의 직관적인 감성에 의존하였다면 현재의 감성디자인은 디자인에서 사용자의 감성에 초점이 모아지고 감성을 좀 더 객관적으로 파악하여 사용자가 원하는 감성을 제공하고자 한다.

20세기 전반의 모더니즘 디자인에서는 목적에 적합한 기능적 디자인을 중요시하고 경제성을 비롯하여 기능적인 요구를 충족시킴으로서 얻어지는 기능적 감성을 강조하고 조형적 감성이나 상징적 감성에 대해서는 다소 소홀히 취급하였다. 이러한 모더니즘 디자인은 디자인이 본래부터 가지고 있던 복합적이고 중층적인 감성적 기반을 왜곡하게 되었으며 이로 인해 심지어 디자인에서 기능과 감성을 분리하는 이분법적 사고까지 나타나게 되었다.

감성이 인지에 대립되는 개념으로서 비이성적인 반면 인지는 인간적이며 논리적인 것으로 여겨지고 있는데 이것은 논리적인 사고를 선호하는 지적 전통의 결과이다. 이런 이분법적 생각은 인간의 사고 작용에 대한 인지과학적 연구결과와 다른 것으로 감성은 인지에서 결코 불리할 수 없다. 우리가 행하고 생각하는 모든 것은 감성과 연결되어 있으며 특히 무의식에 연관되어 있다. 때로 감성이 생각과 행위의 방식을 바꾸게 되며 특히 일상생활에서는 효율성과 같은 이성적 요소와 선호, 매력, 아름다움 등 감성적 요소가 잘 조화되고 있다.

20세기 후반이 되어 포스트모더니즘 디자인이 등장함에 따라 디자인에서 감성이 기능이나 효용성보다 더 중요한 공통 주제로 등장하게 되었다. 이것은 포스트모더니즘사회에서 개인의 감성적 만족에 대한 가치가 증가하고 있으며 감성욕구를 충족시킴으로서 삶의 질이 더욱 개선된다는 사회적 의식변화와 연관되어 있다. 이러한 사회적 흐름에 따라 사용자의 긍정적 감성반응이야말로 생산과 소비를 연결하는 중요한 고리가 되었으며 따라서 긍정적 감성반응을 일으키는 제품이나 환경의 디자인이 중요하게 되었다.

디자인에서 디자이너의 주관적인 감성이 아니라 사용자의 감성이 더욱 중요시 되면서 사용자에게 만족과 즐거움을 주는 제품과 환경을 디자인하기 위해 사용자의 감성과 디자인의 관계에 대해 보다 체계적인 연구가 필요하게 되었다. 이런 연구결과로 인해 디자이너의 직관에 의존하던 디자인을 체계적이고 합리적인 방법을 이용하여 사용자의 감성을 파악하고 그 결과를 제품이나 환경을 만드는데 적용하는 감성디자인이 등장하게 되었다. 한편 사용자의 감성적 반응에 대한 지나친 강조는 제품이나 환경이 가지는 사회적, 환경적, 경제적 영향에 대해 무관심하거나 외면하는 문제점이 발생하고 있으며 또한 감성디자인은 사람과 사물 사이에 맺어지는 깊은 정신적 의미나 상징적 관계에 대해 관심을 소홀히 하고 있다.

최근에는 감성디자인이 사용자의 감성반응에만 편중되던 것에서 벗어나 다양하고 풍부한 디자인이 될 수 있도록 몇 가지 움직임이 나타나고 있다. 첫 번째는 감성디자인이 기능적이나 조형적 감성에 머무는 것이 아니라 문화적 의미, 가치, 상징 등을 포함하는 것이다. 즉 디자인이 사용자에게 정서적 만족이나 즐거움을 주는 동시에 문화적으로 다양하고 복잡한 의미를 포함하는 것이다. 특별히 공간디자인은 물리적으로나 심리적으로 쾌적하고 즐거운 환경을 만드는 것 뿐 아니라 공간의 의미와 상징성을 만들어 나가는 것이 중요하기 때문에 공간디자인 분야에서 감성디자인의 새로운 움직임이 두드러진다. 두 번째는 감성디자인이 순간적으로 발생하여 짧은 시간동안 지속되는 감정적 반응을 목표로 하는 것이 아니라 사용자가 디자인에 대해 오랜 기간 동안 지속적으로 새롭게 알아가고 색다른 감성을 느껴갈 수 있도록 하는 것이다. 세 번째는 사용자의 개인적 감성경험만을 추구하는 디자인에서 사회적 타당성과 인간 감성의 보편적 성격을 추구하는 디자인으로 변화되고 있는 것이다.

매력적으로 디자인된 사물은 사람에게 긍정적이고 좋은 감성반응을 갖게 하며 이것은 창조적 사고에 도움을 준다. 긍정적인 감성반응을 보이는 사람은 문제를 해결하기 위해 여러 대안을 찾는데 더 효율적이며 문제해결의 과정에서 어려운 난관을 만났을 때 인내력도 증가한다. 인간에게는 유전적으로 긍정적인 감성반응과 부정적인 감성반응이 내재되어 있어 어떤 상황이나 사물에 즉각적으로 감성반응을 나타내는데 인간에게 공통적으로 긍정적 감성반응을 일으키는 상황은 다음과 같다.[2)]

- 따뜻하며 쾌적하게 빛이 비치는 장소
- 온화한 기후
- 달콤한 맛과 냄새
- 밝고 채도가 높은 색채
- 진정시키는 소리와 단순한 멜로디 및 리듬
- 조화로운 음악과 소리
- 애무와 포옹
- 웃는 얼굴
- 리듬감 있는 비트
- 매력적인 사람

2) Donald A. Norman, 『Emotional Design : Why We Love (or Hate) everyday Things』에서 인용

- 대칭적인 형태의 사물
- 둥글고 부드러운 사물
- 아름다운 느낌, 소리, 형태

한편 부정적 감성반응을 일으키는 상황은 다음과 같다.

- 높은 곳
- 예상하지 못하게 갑작스런 소리나 밝은 빛
- 흐릿하게 보이는 사물(관찰자에게 부딪힐 것 같은 사물)
- 아주 뜨겁거나 찬 것
- 어두움
- 아주 밝은 빛 혹은 큰 소리
- 텅 빈 평평한 곳(사막)
- 빽빽하게 들어찬 곳(정글이나 숲)
- 군중들
- 썩은 냄새와 부패한 음식
- 쓴 맛
- 날카로운 사물
- 거칠고 비약적인 소리
- 귀에 거슬리는 부조화한 소리
- 기형적인 육체
- 뱀이나 거미
- 인간의 대변과 그 냄새
- 인간의 액체 배설물
- 구토물

디자인 측면에서 지금은 초기 감성시대라고 할 수 있다. 초기 감성시대의 특성은 즉각적인 감각적 욕구의 충족을 목표로 디자인된 제품이나 환경이 선호된다. 반면에 좀 더 성숙된 감성시대에는 일차적인 감각적 욕구를 즉각적으로 충족시키는 제품이나 환경보다는 더 깊은 차원의 정서적 욕구를 지속적으로 만족시키는 제품과 환경, 즉 인간의 심리적 반응과 지속적인 소통을 통해 새롭고 깊은 감성반응을 일으키는 제품과 환경의 디자인이 요구된다.

오늘날 감성디자인에 대한 요구는 개인의 감성을 중요시 하는 감성사회가 도래함에 따라 그 어느 때 보다 커지고 있다. 이것은 인간을 이성적 존재로서 보았던 시각의 변화에 따라 인간을 이성과 감성이 통합된 인격체로 보게 됨으로서 상대적으로 소홀히 취급된 감성의 중요성이 회복되었기 때문이다.

산업혁명 이후 대량생산하던 시대에서 시작하여 품질을 중요시하던 질의 시대를 거쳐 다품종 소량생산의 다양성 시대를 지나 오늘날은 사용자 개인의 감성에 대응할 수 있는 일품종 일품생산의 감성시대가 되었다. 감성시대의 제품과 환경은 사용자의 필요를 위해 기본적인 기능이 충족되는 것은 물론이고 사용자의 마음속에 간직하고 있는 이미지나 감성을 표현해주고 만족시켜주는 감성디자인을 요구하고 있다.[3)]

공간에 대한 소비자의 욕구도 처음에는 단순히 공간의 소유만으로 만족하였지만 그 다음에는 요구되는 기능이 충족되어 사용하기 편리하며 품질이 우수한 공간을 선호하고 최종적으로 마음에 드는 공간 즉 감성적으로 만족한 공간을 요구한다. 여기에서 공간디자인은 과거 물리적 기능의 만족에서 벗어나 인간의 감성욕구를 만족시키는 디자인이 요구되었다.

후기산업사회를 지나 정보사회가 진행될수록 제품 및 환경에 대해 사용자가 얻게 되는 감성의 중요도가 어느 시대보다 높아졌으며 소비문화에서는 제품의 물질적, 기능적 소비에서 벗어나 감성을 제품의 일부분으로 여기는 감성소비시대가 도래하였다. 감성소비시대는 제품 및 환경 그 자체의 소비에서 탈피하여 제품 및 환경의 이미지를 소비하는 시대이며 이러한 소비문화가 디자인에 반영되어 사용자의 감성을 중심으로 하는 감성디자인의 시대를 열었다.

이러한 시대의 변화에 따라 감성에 대한 본격적인 연구가 시작되었으며 공학적 이론을 바탕으로 사용자의 감성을 체계적으로 측정하고 디자인에 반영하려는 감성공학이 등장하였다. 이와 함께 디자인과정에 감성공학의 체계와 프로세스를 접목시킨 감성디자인이 생겨났다.

---

3) 김대식, 감성제품개발론, p.134 참조

# 02 감성디자인

## 2.1 감성디자인개념

여기에서 말하는 감성디자인은 사용자 감성을 체계적으로 연구하고 그 결과를 제품이나 환경의 디자인에 적용하는 하나의 디자인방식이다. 일반적으로 제품이나 환경에 대한 사용자의 감성에서는 긍정적 혹은 부정적인 반응이 분명하게 나타나며 그렇게 반응하는 원인은 제품이나 환경의 디자인요소와 밀접하게 관련되어 있다. 따라서 감성디자인은 사용자의 감성반응과 디자인요소의 관계를 합리적으로 파악하여 체계적으로 디자인함으로서 사용자 감성을 만족시키고자 한다.

감성디자인은 제품과 환경에 대한 사용자의 감성을 중심으로 하는 디자인으로서 사용자가 제품이나 환경으로부터 얻게 되는 감각정보와 기억에 축적된 이미지의 상호작용을 통해 얻어지는 정서적 반응의 과정과 결과를 측정하고 평가하여 사용자에게 만족을 주는 디자인을 만들어낸다.

감성디자인은 제품이나 환경에 대한 사용자의 감성욕구가 거세지고 다양화됨에 따라 감성욕구를 구체적이고 실제적으로 파악하여 디자인에 응용하고자 개발된 디자인방법이다. 사용자의 감성욕구에는 감각적 욕구부터 고차원적인 정서적 욕구까지 스펙트럼이 넓으며 사용자가 직접 언급할 수 있는 욕구뿐 아니라 직접 언급할 수 없는 숨겨진 욕구까지 존재하기 때문에 이것을 과학적인 방법을 이용하여 파악하고 디자인에 적용시킴으로서 제품이나 환경이 기능적 욕구는 물론 사용자의 감성욕구를 만족시킬 수 있다.[4)]

결국 감성디자인은 사용자가 어떤 제품이나 환경에 대해 가지고 있는 이미지나 감성욕구를 제품이나 환경을 구성하는 구체적인 물리적 디자인요소와 연결시켜서 디자인요소의 특성을 이미지나 감성욕구에 알맞게 결정하는 디자인기술이다.

이상에서 설명한 바와 같이 감성디자인은 감성공학의 연구방식과 결과를 응용하여 디자이너의 감성적 직관에 전적으로 의존하고 있는 기존 직관적 디자인방법을 보완하고 사용자의 감성을 디자인에 적극 반영하려는 디자인방식이다.

---

4) 오진, 감성디자인을 적용한 백화점 문화센터 실내디자인 계획, p.27 참조

감성디자인은 제품 및 환경에 대한 사용자의 감성반응을 심리적으로 또는 생리적으로 파악하여 디자인요소의 속성에 구체적으로 반영한 디자인을 의미한다. 따라서 감성디자인은 특정 제품이나 환경에 대해 사용자가 갖고 있는 감성욕구와 감성반응을 모두 파악해야 한다.

사용자의 감성반응은 사용자가 제품과 환경에 대해 가지고 있는 가치관을 반영하며 제품 및 환경의 만족도에 커다란 영향을 미친다. 또한 사용자의 감성반응은 독립된 것이 아니라 기능에 대한 반응이나 경제성에 대한 반응 등과 복잡하게 맞물려 있으며 고정된 것이 아니고 항상 변화한다.

이처럼 복합적으로 구성되고 수시로 변화하는 사용자의 감성반응을 효율적으로 디자인에 반영하기 위해서는 다양성과 변화 가운데 존재하는 감성반응의 체계를 파악해야 하며 추상적 반응을 구체화하여 디자인요소의 속성에 반영할 수 있도록 디자인과정을 합리적으로 체계화해야 한다.

사용자의 감성반응은 외부 자극에 대해 단순하고 즉각적인 감각적 반응이라기보다는 정해진 목적에 따라 발생하는 사고과정의 결과이며 이 경우 감성반응은 의미를 포함한다. 사용자는 자신의 목적을 달성하기 위하여 의미에 부합되는 제품이나 환경의 속성을 구하며 다양한 선택과 검증과정을 거쳐 제품이나 환경을 선택하고 그 결과 목적 달성에 따른 의미 부합의 여부에 따라 선택한 제품 및 환경에 대한 선호('좋음－싫음')와 만족('만족－불만족')의 감성반응을 나타낸다.

사용자가 제품이나 환경에 대해 갖게 되는 다차원적인 정서적 반응, 즉 감성반응은 감각적 자극과 개인의 경험이 종합되어 나타나며 시각적 요인에 가장 많이 의존한다. 따라서 지금은 제품이나 환경디자인이 대부분 시각적 디자인을 중심으로 이루어지고 있는데 사용자의 감성반응은 시각 이외에도 청각, 후각, 촉각, 미각 등과 관련된 디자인요소들에 깊이 연관되어 있다. 이와 같이 사용자의 감성반응이 여러 감각적 요인을 포함하고 있기 때문에 개별 감각적 자극이나 감성반응 사이의 관계 뿐 아니라 여러 감각들이 결합되는 방식이나 복합적인 감성반응에 대해 체계적인 연구와 이해가 필요하다.

감성디자인은 사용자가 제품이나 환경을 접할 때 무의식적 혹은 의식적으로 긍정적인 감성반응을 일으키도록 디자인한다. 사용자의 긍정적 감성반응 유도하기 위해서는 오감을 통한 감각적 만족을 비롯하여 요구되는 기능과 의미를 충족시킬 수 있는 조건을 연구해야 하며 다양한 감성반응을 분석하여 디자인에 직접 적용할 수 있어야 한다. 일반적으로 사용자가 느끼는 긍정적인 감성반응에는 사랑스러움, 부드러움, 따뜻함, 아름다움 등이 있으며 이러한 감성반응을 일으키는 디자인요소를 분석하여 구체적으로 디자인하는 것이 중요하다. 긍정적 감성반응을 일으키는 제품이나 환경은 사용자와 감성적으로 커뮤니케이션이 가능하며 이 소통을 통해 감성적 만족을 지속적으로 주게 되어 제품이나 환경을 소유하려는 욕구를 발생시킨다.

디자인프로세스는 디자인목표를 정하고 필요한 기능과 형태를 산출해 내며 이에 따라 디자인요소의 속성을 결정하는 과정이다. 여기서 디자인목표에는 미적 가치, 기능적 가치, 경제적 가치, 사회적 가치를 비롯하여 사용자 개인의 감성적 가치가 포함된다. 디자인은 디자인요소에서 출발하여 목표를 만들어내는 것이 아니라 디자인목표에서 출발하여 디자인요소의 속성을 결정한다. 여기서 사용자의 가치에 기반을 둔 감성반응은 디자인요소가 가지는 특성에 주로 의존한다. 즉 사용자의 감성반응을 일으키는 디자인요소는 명사로서 표현되는 디자인요소 그 자체보다 디자인요소가 가지는 형용사적 특성이다. 따라서 감성디자인은 디자인요소의 속성을 결정하는 과정에서 사용자의 감성반응을 파악하고 감성욕구를 추론하여 그 결과를 적용한다.

체계적인 감성디자인을 위해서는 디자인에 적용할 수 있는 구조화된 감성개념과 감성언어가 필요하며 또한 감성욕구나 감성반응 등 감성정보를 디자인언어로 해석하여 활용하기 위해 감성디자인의 모형이 필요하다. 즉 구조화된 감성정보를 구체적인 디자인언어로 전환하는 체계적인 방법과 프로세스가 마련되어야 한다.

감성디자인에 대한 한 가지 모형[5)][5)]을 살펴보자. 이에 따르면 외부 자극에 의해 사용자가 감성반응을 일으키며 그 결과 이미지가 떠오르게 되고 여기에는 사용자의 의식적·무의식적 감성욕구가 작용한다. 여기서 의식적·무의식적 감성욕구는 디자인요소와 속성에 의해 일어나는 감성요소와 감성요소에 영향을 주는 감성요인으로 이루어져 있다.

이 개념모형에서 감성욕구는 사용자가 의식하고 있는 부분에 대해서는 언어를 통해, 무의식의 부분에 대해서는 관찰이나 면접 등 조사기법에 의해 파악한다. 여기서 무의식적 욕구의 감성영향요인은 개인적·사회적·문화적 환경을 의미하며 사용자 욕구의 기저에 깔려있는 이 감성영향요인을 파악함으로서 감성요소를 해석할 수 있다. 감성요소의 파악은 디자인요소의 속성을 결정하기 위해 필요하고 감성영향요인의 파악은 감성요소의 파악과 이를 통해 디자인

5) 김대식, 감성제품개발론, p.149 참조

개념을 설정하데 유용하다.

대개 감성은 이성과 대비되는 개념으로 여겨지고 있으며 감성디자인은 이성적인 모더니즘 시대와 상반된 포스트모더니즘시대의 소비사회에서 개인의 감성을 중시한 디자인으로 받아들여지고 있다. 이런 의미에서 감성디자인은 제품이나 환경의 일차적인 실용적 가치에서 벗어나 상징적 의미를 부여하는 디자인 접근방식이다. 즉 감성디자인은 사용자의 경험, 상상, 꿈 등으로부터 상징적 의미를 도출하여 제품과 환경의 디자인요소에 부여함으로서 사용자에게 만족을 주는 감성반응을 얻으려고 한다.

이상과 같은 의미에서 감성디자인은 철저하게 사용자를 중심으로 한 디자인이다. 1970년대 이후 디자인분야에서 사용자 중심의 디자인이 다양하게 제시되었는데 이 가운데 감성디자인은 사용자에게 긍정적 감성반응을 불러일으켜서 정신적 욕구를 만족시키고자 하는 디자인으로서 디자인결과의 평가를 위한 기준일 뿐 아니라 새로운 디자인결과를 창조해내는 디자인방법이기도 하다. 많은 디자이너들이 각자 분야에서 끊임없는 실험과 연구를 통해 감성디자인의 방법을 찾으려고 노력하였으며 그 결과 오늘날의 감성디자인이 성립되었다.

모든 디자인분야에서 계속적인 감성디자인의 시도가 가져올 기대효과로는 먼저 사용자 감성 중심의 디자인 실현에 의해 사용자의 감성적 만족이 증가하며, 둘째로는 감성디자인에 관련된 감성정보의 데이터베이스가 축적된다. 셋째로는 감성디자인에 의해 사용자와 제품 및 환경의 커뮤니케이션이 활성화된다. 이로 인해 감성디자인은 사용자 중심의 새로운 디자인을 제시하고 감성디자인에 의해 만들어진 제품과 환경은 삶의 질 향상에 직접 기여할 수 있다.

## 2.2 감성디자인방법

사용자의 감성을 위한 감성디자인에서는 사용자의 감성에 대한 연구와 감성정보의 구축이 요구되며 감성연구의 결과와 감성정보 데이터베이스를 디자이너들에게 제공해야 한다.

감성디자인은 사용자의 감성적 행태와 심리에 대해 경험적이고 실제적인 연구방법을 적용하여 객관적인 결과를 수집하고 이론적으로 체계화하여 디자인에 응용하는 접근방식이 필요하다.

또한 감성디자인은 사용자와 사물이 상호작용하면서 형성되는 의미와 상징성을 탐구한다. 이것은 사물에 대한 사용자의 정서적 만족에 대한 본질을 탐구하는 것으로서 사물의 기능성 추구와 더불어 사용자와 사물이 소속된 사회와 문화를 역사적으로 탐구한다.

한편 감성디자인은 일상생활의 무대가 되는 환경장치 안에서 사람들의 감성반응을 연구한다. 이것은 주로 공간디자인이나 환경디자인 분야에서 주로 일어나는 것으로 정체된 환경에서 뿐 아니라 연속적인 환경에서 사용자의 움직임에 따라 끊임없이 변화하는 감성반응과 분절된 감성반응을 전체적으로 통합하여 달성하는 일관된 의미 획득에 대해 연구한다.

감성디자인은 표현 측면에서 논리적이고 구축적인 환경보다는 감각적이고 환상적인 환경을 연출한다. 이러한 연출은 사용자의 감성욕구에 대한 연구결과를 디자인을 통해 표현한 것으로서 이러한 감성적 표현으로 인해 사용자의 감성욕구가 얼마나 만족되었는가에 대한 객관적인 평가가 필요하다.

**표 1 ❙ 감성평가방법**

| | |
|---|---|
| 비언어적(non-verbal) 평가 | • 생리적 반응 측정 : 혈압, 동공반응, 피부반응, 심장반응 등 |
| | • 뇌영상 촬영기법(MRI, fMRI, EEG 등) |
| | • 감정표현(Emotional Expression) 측정 : 얼굴표정, 음성, 제스처 등 |
| 언어적(verbal) 평가 | • 자기 보고식 질문지(Self-Report Questionnaire) 평가 |
| | • 형용사 어휘(Adjective) 평가 |

(출처 : 정현원, "감성의 개념 및 어휘 체계 정립을 통한 공감각 디자인 평가 방법에 관한 연구", p.31)

사용자의 감성에 대한 연구를 통해 얻어진 감성정보를 디자인에 활용하기 위해서는 디자인 프로세스 및 디자인요소와 같은 디자인에 관한 정보가 요구된다. 최근 다양한 감성정보를 획득하기 위한 감성연구는 활발하게 진행되고 있으나 디자이너의 머릿속에서 진행되는 디자인 과정에 대한 연구는 더딘 편이다. 인지과학과 컴퓨터공학의 발달에 힘입어 디자인연구가 다양한 성과를 이루고 있으나 특별히 감성디자인에 대한 디자인연구를 통해 감성디자인프로세스의 모델이 설정되고 감성연구와 디자인연구의 협력을 통해 감성디자인 단계마다 적절한 감성정보의 제공이 필요하다.

감성연구에서 사용자의 감성 평가와 측정을 통해 감성디자인을 구현하기 위해서는 감성에 대한 보다 합리적이고 체계적인 평가 및 측정방법의 개발이 필요하다. 일반적으로 감성공학에서는 사용자의 감성욕구 및 감성반응을 디자인요소의 속성으로 형상화시키는 과정을 다음과

같이 제시하고 있다.[6)]

첫째, 디자인하고자 하는 제품이나 환경을 직접 제시하거나 모의실험을 통해 사용자의 감성반응을 대부분의 언어를 사용하여 측정한다. 특별한 감성반응에 대해서는 눈동자의 움직임이나 체온의 변화와 같은 생리적 반응을 측정하는 경우도 있다.

둘째, 형용사 어휘를 통해 사용자의 감성반응을 측정하는 경우에는 일반적으로 의미분별법(SD : Semantic Differential)을 사용하고 수집된 데이터는 인자분석, 주성분분석, 군집분석과 같은 통계기법을 사용하여 데이터에 내재되어 있는 모호함을 제거하고 감성의 구조를 파악한다.

셋째, 사용자의 감성반응과 관련된 디자인요소를 추출하고 디자인요소의 어떤 속성이 어느 감성반응과 무슨 관계를 가지고 있는지를 상세하게 분석한다. 이 경우에 특정한 감성반응에 디자인요소의 속성을 대응시키는 다변량분석을 통해 감성반응과 디자인요소를 연결시킨다.

넷째, 감성반응 측정 및 분석결과를 데이터베이스로 만든다.

공간디자인이나 환경디자인과 관련된 감성디자인에서는 특별히 사용자의 경험, 상상, 꿈 등의 상징적 의미를 환경의 디자인요소에 부여하기 위하여 내러티브(narrative)기법을 사용하기도 한다. 내러티브기법은 환경장치 안에 연속적 사건이라고 할 수 있는 이야기흐름을 집어넣어 화자의 관점에서 의미를 부여함으로서 사용자의 감성반응을 위한 상황을 제공한다. 이렇게 내러티브가 도입된 환경은 연속적 이동하는 사용자에게 감동적인 정서반응을 일으킨다.

사용자의 감성을 과학적으로 연구하는 학문이 감성공학이다. 감성공학이란 제품설계에 인간의 특성과 감성을 최대한 반영하는 공학기술로서 인간 중심의 설계이며 개인의 경험을 통해 얻어지는 복합적인 감성을 과학적 측면으로 측정하고 분석하여 제품이나 환경을 그에 맞게 안락하며 쾌적하게 개발하려는 감성연구의 하나이다.

감성공학의 연구결과는 사용자의 감성 뿐 아니라 감성을 물리적 요소로 구체화하는 공학적 기법을 포함한다. 감성공학은 감성을 공학적으로 접근하여 분석하고 그 결과를 적용해서 사용자에게 긍정적 감성반응과 만족을 줄 수 있는 제품이나 환경을 만드는 것이 목표이다. 감성공학은 사용자의 마음속에 있는 감성을 파악한다는 점에서 인지과학과 관련이 있으며 이를 물리적 요소로 형상화한다는 점에서 1980년대부터 본격적으로 시작된 디자인학 연구의 한 분야인 디자인과학(Design Science)과 관련되어 있다.

6) 오진, 감성디자인을 적용한 백화점 문화센터 실내디자인 계획, p.34 참조

감성공학의 특징은 사용자의 감성을 파악하는 것으로부터 시작하여 이를 제품이나 환경의 형태로 구체화하는 데 이르기까지 사용자의 감성에 중심을 둔 제품과 환경을 추구해 가는데 있다. 감성공학은 기존 제품이나 환경에 대한 사용자의 감각, 감성, 요구 등을 분석하여 제품이나 환경을 개발하는 방법론을 제시한다. 즉 감성공학은 감성욕구를 어떻게 물리적 요소로 실현하는 가를 제시하며 이를 위해 데이터베이스, 컴퓨터, 인터넷, 가상현실 등 첨단 정보통신 기술과 통계 및 예측기법 등 수학적 모델을 사용한다.

감성공학은 외부에 존재하는 사물과 사용자의 감성의 관계를 연구대상으로 하는 반면에 감성디자인은 디자이너와 사용자의 심리 내부에 존재하는 감성을 디자인요소의 속성으로 구체화해 나가는 과정을 중요하게 생각한다. 감성디자인은 사용자의 감성 가치에서 출발하여 디자인요소의 물리적 속성을 결정하는 것이기 때문이다.

감성디자인은 감성공학의 연구결과를 적용하여 디자인요소의 물리적 속성과 사용자의 감성 반응을 결합시킴으로서 사용자의 감성욕구에 맞는 제품이나 환경을 디자인한다. 한편 감성디자인은 공학적 차원에서 이루어지는 감성공학과 달리 사용자의 감성욕구로부터 구체적인 디자인목표를 정하고 정의된 디자인개념을 심미적이고 감성적 접근방식을 통해 디자인결과를 만들어낸다.

감성연구 측면에서 감성디자인과 감성공학의 차이점을 살펴보면 감성공학의 경우 제품이나 환경의 특성과 사용자의 감성반응 사이에 연결고리를 정량적으로 찾고자 하는 반면에 감성디자인은 사용자의 감성욕구와 반응을 디자인과정에서 정성적으로 이용한다.

사용자의 마음속에서 발생하는 감성작용을 직접 측정할 수는 없다. 관찰가능한 것은 감성작용이 아니고 그 원인과 결과일 뿐이다. 따라서 감성작용은 간접적으로 그리고 부분적으로 측정할 수밖에 없으며 언어반응, 심리적 반응, 정신생리학적 반응, 행위반응 등 외부로 드러나는 반응의 측정을 통해 가능하다.

감성정보연구의 최근 성과인 감성구조평가모델링(MESK : Modeling the Evaluation Structure of Kasei)[7]은 감성디자인에 새로운 접근방식을 제공하고 있다. 감성정보디자인(Kansei Information Design)분야의 연구결과인 이 평가구조모델링 작업은 감성과정(Kansei process), 감

---

7) Pierre Levy, Seung Hee Lee, Toshimasa Yamanaka, On Kansei and Kansei Design : A Description of Japanese Design Approach, p.15 참조

성수단(Kansei means), 감성결과(Kansei result) 등을 분석하여 감성디자인에 새로운 디자인방법, 디자인지식, 디자인평가방법 등을 제공하고 있다.

감성정보(Kansei Information)의 연구발전에 힘입어 최근 개발된 감성디자인방법의 하나가 EM(Evoked Metaphor)디자인이다. 이것은 감성디자인과정에 EM단계를 집어넣어 은유적 차원에서 디자인 구성원들 사이에 의사소통 을 향상시켜 창의적 디자인을 생성하고자 하는 것이다. 여기서 EM이란 디자인과 연관되어 메타포(metaphor)들이 생성되고 또한 상호작용이 일어나는 곳이다. 이러한 EM단계를 통해 디자인의 모든 측면을 디자인 구성원들이 직관적으로 이해하고 서로 전달한다. 이와 같은 새로운 감성디자인방법을 고안해내기 위해서는 디자이너와 사용자의 마음속에서 감성정보가 구체적으로 어떻게 처리되는 가를 이해하는 것이 중요하다.

이외에도 감성정보연구는 색채디자인과 같이 기본적인 감성디자인분야에 많은 도움을 준다. 예를 들어 디자이너는 좁은 범위의 자연색에 집중하여 사용하는 반면에 일반사용자들은 사용하는 색의 분포가 넓으며 일상생활에서 경험하는 색들을 주로 사용하는 것으로 나타났다. 이러한 디자이너와 일반사용자의 색채감성의 차이에 대한 감성정보는 공간 및 환경의 감성디자인에 적용할 수 있는 중요한 정보가 된다.

## 03 감성디자인 흐름

### 3.1 지금까지 감성디자인

감성이 우리나라 디자인, 경영, 공학 등 다양한 분야의 연구자들로부터 관심을 얻게 되는 직접적인 동기는 일본의 감성공학이 소개된 1990년대 후반이다. 그 이전에 미국에서는 인간공학(Ergonomics) 연구의 한 분야로서 1940년대부터에서 감성에 대한 연구가 진행되었다.[8] 일본에서 감성연구가 시작된 중요한 동기는 사용자의 감성을 고려한 제품이나 환경을 디자인하는 것이었다. 일본의 덴츠(Dentsu) 및 마쯔다(Mazda)와 같은 제조업 회사들이 당초 사용자의 감성에 관심을 가진 데에는 새로운 제품을 디자인하고 마케팅을 하려는데 목적이 있었다.

감성연구의 발전을 위해 중요한 사건이 1970년대부터 시작된 이른바 '감성공학'이다. 감성

8) 정현원, 감성의 개념 및 어휘 체계 정립을 통한 공감각 디자인 평가 방법에 관한 연구, p.3 참조

공학이 시작된 이후로 감성공학의 연구결과를 이용한 많은 디자인프로젝트들이 국제적으로 성공을 얻게 되었으며 이에 따라 감성에 대한 연구가 더욱 활성화되었고 산업 및 상업분야에서 감성을 적용할 수 있는 가능성에 대해 많은 탐구가 있었다.

감성공학이 가장 활발한 일본에서 감성이란 용어가 대중화되기 시작한 것은 1984년부터이며 이것은 1983년 간행된 카메이 히데오(Kamei Hideo)의 『The Reform of Kansei』와 1984년 간행된 후지오카 와카오(Fujioka Wakao)의 『Goodbye, mass-How to read Kansei Age?』 등 두 권의 책에 크게 영향을 받았다. 이어서 1985년 출간된 덴츠(Dentsu)의 『Kansei consumption, Logic consumption』에서 여성과 10대 청소년들의 소비행위가 논리적 원칙이 아니라 감성을 따른다고 주장하였으며 당시 경제성장이 빠르게 진행되었던 일본에서 감성이란 소비행위의 변화를 설명하는 새로운 용어가 되었다.[9)]

감성이란 용어가 디자인분야에서 나타나기 시작한 것은 감성공학을 창시한 미츠오 나가마치(Mitsuo Nagamachi) 교수와 마쯔다자동차회사의 사장인 케니치 야마모토(Kenichi Yamamoto)의 덕분이다. 케니치 야마모토는 1986년 미국 미시간대학에서 행한 제품설명회에서 처음으로 '감성공학'이란 용어를 사용하였으며 그 이후로 감성공학은 연구와 실무분야에서 발전하였다. 연구와 실무의 지속적인 협동이야말로 감성공학을 성공으로 이끈 주원인이며 마쯔다(Mazda), 샤프(Sharp), 와콜(Wacoal)과 같은 대기업들은 감성공학을 적용하여 세계적으로 성공한 제품을 만들어내었다. 이러한 성과가 인정되어 1988년 시드니에서 열린 국제인간공학학회에서 '감성공학(Kansei Engineering)'이란 용어가 국제적으로 인정되었다.[10)]

1998년에는 일본 츠쿠바대학에서 감성평가구조모델링프로젝트가 시작되어 감성연구가 감성공학을 뛰어넘어 인간의 경험, 행위, 의사소통, 창조성, 예술 등 인간의 감성이 영향을 미치는 모든 분야로 확장되는 계기를 맞이하였다.

1999년 네덜란드 델프트(Delft)에서 '디자인과 감성'을 주제로 제1차 국제회의가 개최되었고 이 회의에서는 1980년대 전후 제품디자인분야에서 나타난 디자인 감성화 추세에 대해 논의하는 동시에 '감성디자인'이라는 단어가 사용되었다.[11)] 최근에는 감성디자인이 감성을 기반으로 하는 새로운 디자인방법이란 의미를 가지며 많은 디자인 분야에서 적용되고 있다. 그동안 감

9) Pierre Levy, Seung Hee Lee, Toshimasa Yamanaka, On Kansei and Kansei Design : A Description of Japanese Design Approach, IASDR07, p.2 참조

10) Pierre Levy, Seung Hee Lee, Toshimasa Yamanaka, 전게서, p.3 참조

11) 진전만, 노트북에 있어서의 감성디자인 모델 구축 연구, p.7 참조

성공학과 감성디자인은 특별히 제품디자인분야에서 많은 발전을 이루었으나 지금은 공간디자인 및 환경디자인을 비롯하여 모든 디자인 분야에서 적용되고 있다. 1998년에 설립된 일본감성공학학회(The Japan Society of Kansei Engineering)에는 2007년에 세계적으로 1,200명의 연구자와 산업계 인사들이 회원으로 활동하고 있다.

현재 감성연구는 뇌와 감성, 감성철학 등 감성정보분야에서 활발히 이루어지고 있으며 특히 아시아와 유럽에서 더욱 활발한데 2006년 처음 열린 '감성공학과 인텔리전트시스템 2006(KEIS'06)' 학술대회에서는 공학, 철학, 정보, 경영, 디자인, 로보틱스 등 20개 분야에서 진행되고 있는 최근 감성연구가 소개되었다.[12] 또한 일본에서는 2007년에 정부차원에서 '감성과 가치창조 운동'을 전개하여 일본인의 감성을 바탕으로 한 제품생산과 서비스 활동을 통해 일본인의 라이프스타일을 향상시키고 경제를 활성화하려 하고 있다. 이것은 국가적으로 일본 산업의 미래 경쟁력을 위해 감성이 중요한 분야의 하나임을 공식적으로 인정한 것이다.

미국에서는 미시간대학 교통연구소에서는 운송수단과 관련된 감성공학을 연구하였으며 최근에는 여러 대학에서 가상현실기술, 인간컴퓨터상호작용(HCI) 기술 등을 이용한 감성공학의 연구를 진행하고 있다. 유럽에서도 주로 자동차와 컴퓨터 관련 분야에서 첨단기술을 응용한 감성공학을 연구하고 있다.

한국에서는 1987년 한국표준과학연구원에 인간공학연구실이 설립되었고 1992년 G7후보과제로서 감성공학이 선정되었으며 1992년부터 표준과학연구원 특성화 사업의 하나로 연구가 진행되었다. 그 후 가전제품, 자동차, 컴퓨터, 건축디자인 등 분야에서 감성연구와 응용이 활발하게 이루어졌으며 이 결과 많은 감성디자인제품들이 탄생하였다.

감성연구는 1990년대 부흥기를 맞이하여 디자인 실무 및 연구에서 새로운 분야로 등장하였다. 지난 시기에는 디자인 실무와 이론의 주된 관심사가 물리적 형태와 기술적 성능의 관계였다면 이제는 디자인의 관심이 사용자에게로 옮겨졌다. 즉 기술 중심의 디자인에서 사용자 중심의 디자인으로 바뀌었다.[13] 최근에는 인문학에서도 감성에 대해 본격적으로 연구하기 시작하였다. 2008년에 전남대학교 호남학연구원에서 '세계적 소통코드로서 한국 감성체계 정립'이라는 아젠다(agenda)를 가지고 인문한국사업을 시작하여 10년 동안 본격적으로 감성에 대해

12) Pierre Levy, Seung Hee Lee, Toshimasa Yamanaka, 전게서, IASDR07, p.4 참조

13) Artemis Yagou, Critical reflections on design and emotion, 2006 Design Research Society International conference, IADE, Lisbon, 0250 참조

연구하고 있다.

감성연구는 마음속에서 일어나는 감성작용과 이 작용에 영향을 주는 요인들 그리고 그 작용의 결과인 감성반응에 대해 연구한다. 감성에 관한 주제는 1742년 독일 철학자 바움가르텐(Alexander Gottlieb Baumgarten)에 의해 처음으로 언급되었으며 그가 1750년 출간한 에스테티카(Aesthetica)는 순수예술의 미학적 이론에 관한 것이기보다는 감성인식에 관한 책이었다. 그러나 이 책의 내용은 현재 논의되고 있는 감성과 직접적인 연관이 없으며 오히려 1921년 일본의 철학자 테이유 아마노(Teiyu Amano)가 칸트(Immanuel Kant)의 『순수이성비판』을 번역 출간하면서 '진리히카이트(Sinnlichkeit (cognito sensitiva))'를 '감성'으로 번역함으로서 오늘날 논의되고 있는 감성의 개념이 출발한 것으로 보고 있다.[14)]

칸트의 철학에서 Sinnlichkeit는 인간이 실세계와 교류할 때 일어나는 기본적인 심적 과정을 의미하며 Sinnlichkeit를 포함한 감각적 경험만이 명백하게 실제에 대한 확증을 얻을 수 있다. 이와 같은 감성의 철학적 성찰은 Sinnlichkeit에 대한 철학적 이해를 목적으로 한 것인 반면에 감성연구에서의 감성은 감성작용을 이해하고 인공물에 대한 감성의 영향력을 높이기 위한 것이다. 즉 감성연구에서는 감성의 불변하는 본질을 이해하기보다는 인공물과 사용자의 관계에 따라 지속적으로 변화하고 진화하는 개인적인 감성반응과 감성작용에 초점을 두고 감성을 측정하여 제품이나 환경을 디자인하는데 이용하고자 한다.

감성은 20세기 전반의 미학적 관심사이기도 했지만 두 차례 세계대전을 겪고 난 뒤 이성적 존재로서의 인간에 대한 회의와 함께 무의식과 감성적 존재로서의 인간에 대한 관심이 더욱 증대하게 되었다. 이러한 사상이 문학과 예술의 포스모더니즘과 연계되고 대중예술과 접목되어 20세기 후반에 이르러서는 감성이 인류의 중요한 관심사항 및 가치로 자리매김하게 되었다.[15)]

인류가 지금까지 겪어보지 못했던 대중적 부와 물질의 풍요는 감성에 대한 관심을 더욱 증폭시켰으며 이에 따라 기능적이고 효율적이며 절제되고 이성적인 것들로 여겨졌던 제품이나 환경이 감성에 초점을 맞추어 재조명되었고 감성을 위한 디자인이 인간을 위한 디자인으로 환영받게 되었다.

칸트 이후에 이성에 의해 과소평가되었던 감성은 20세기 후반에 와서 회복되었고 인간 본성

14) Pierre Levy, Seung Hee Lee, Toshimasa Yamanaka, 전게서, IASDR07, p.11 참조
15) 양정종, 감성디자인이 접목된 도심공원 내 외식공간에 관한 연구, p.17 참조

의 일부로서 인간성 회복이라는 측면에서 긍정적으로 평가를 받고 있으며 제품과 환경의 디자인은 기능을 위한 디자인에서 발전하여 풍요로운 감성을 중시하는 감성디자인으로 변화되고 있다.[16)]

감성디자인 분야는 새로운 테크놀로지의 개발과 더불어 미지의 영역으로 발전을 모색하고 있다. 감성을 디자인한다는 새로운 패러다임의 감성디자인은 다양성을 인정하는 다원주의에 기초하고 있으며 현상적으로는 이미지 중심적 경향을 나타낸다.

오늘날에는 모더니즘시대에 지배적이었던 이성적 기준, 객관적 질서, 보편적 미(美)라는 규범이 해체되고 포스트모더니즘의 다원화 경향 속에서 재구성되고 있으며 이성과 감성, 합리주의와 개성이 서로 연합하여 가치 있고 풍부한 디자인문화를 만들어 가고 있다.[17)]

## 3.2 미래 감성디자인

감성디자인은 제품이나 환경이 제공하는 감각적 자극과 정보가 사용자에게 긍정적 감성반응을 형성해야만 비로소 성공적이다. 이를 위해 감성디자인은 제품이나 환경에 의해 주어지는 감각적 자극과 정보 뿐 아니라 사용자가 해석하는 다양한 의미와 사용자의 개인적인 특성을 고려해야 한다. 따라서 감성디자인에서는 디자인분야별로 제품이나 환경의 특성과 사용자의 감성에 대한 연구가 진행되고 있다.

의식적 행위로서 구매를 통해 소유하게 되는 제품의 경우와는 달리 공간 및 환경은 디자인 결과에 대한 이용이 강제적이고 무의식적으로 이루어진다는 점에서 사용자에 대한 심리적, 행동적 영향력은 더욱 크다. 한편 사용자는 공간 및 환경과 교류하면서 기능적인 충족에 그치지 않고 감성적 만족을 구하며 감성디자인은 사용자의 정서적 만족을 목표로 공간 및 환경을 디자인한다.

공간 및 환경에 대한 사용자의 감성정보는 물리적인 동시에 심리적인 복합구조를 띠고 있으며 미래 공간 및 환경 분야의 감성디자인은 사용자의 감성정보를 디자인요소를 중심으로 체계화한 데이터베이스의 구축을 통해 발전해 나갈 것이다.[18)]

---

16) 양정종, 전게서, p.18 참조
17) 양정종, 전게서, p.24 참조
18) 이미경, 테마파크 환경연출기법에 있어서 감성디자인 경향에 관한 연구, p.85 참조

한편 공간디자인은 거주자의 감성에 반응하는 공간을 디자인하는 분야이다. 공간이 거주자의 감성에 반응하여 욕구를 충족시키기 위해서는 공간이 살아 있는 유기체처럼 작용해야 한다. 이러한 공간의 감성디자인을 위해 가상현실의 모델을 구축하여 시뮬레이션하는 기법이 개발되고 있다. 가상현실기법을 이용하여 디자이너와 사용자는 공간을 항해하는 가상체험을 할 수 있고 공간에 사용된 색채나 재료를 생생하게 감성적으로 체험할 수 있다.[19]

미래 가상현실기법을 이용한 감성디자인을 위해 다양한 상황에서 사용자의 감성을 파악하여 가상공간의 변화에 대한 감성반응의 종류를 다양화시켜야 하며 또한 미래 가상현실시스템은 감성을 기반으로 하는 가변 유저 인터페이스를 가지게 될 것이다.

한편 감성을 기반으로 한 가상현실시스템은 사용자와 가상공간의 실질적인 교감을 위해 사용자 중심의 가상공간시스템을 구현할 것이며 이러한 시스템의 구현을 통해 사용자는 가상공간에서도 감성적 몰입과 만족감을 얻게 될 것이다. 결국 미래에는 사용자와 가상공간이 상호 밀접하게 교감하는 감성중심의 가상공간시스템이 개발될 것이다.

기술발전에 따라 미래 감성디자인은 순수한 디자인 측면 뿐 아니라 발전된 기술을 통해 감성만족을 시도하게 될 것이다. 즉 감성디자인은 내부적으로 발전된 기술을 표현하고 동시에 외부적으로 감성적 스타일을 표현하는 방향으로 진행될 것이다. 이러한 첨단기술 중심의 감성디자인의 대표적 사례는 주거공간에서 저소음을 통한 사용자 감성만족이다. 이를 위해 새로운 공간형태와 패턴, 공간배치 방식과 조합의 변화, 그리고 첨단구조 및 설비시스템을 통해 공간디자인이 발전하고 있다. 한편 21세기는 디지털시대이며 디지털 개념은 미래 사회의 패러다임에 중요한 요소 중 하나이다. 따라서 미래 감성디자인은 첨단 디지털 컨셉의 이미지를 표현하고 디지털로 인한 소비자 라이프스타일의 변화를 반영하는 감성디자인이 될 것이다.[20]

또한 미래는 친환경적인 감성디자인이 소비자 감성에 호소하게 될 것이다. 향후 감성디자인의 중요한 컨셉은 친환경적 개념을 바탕으로 한 자연 중심의 디자인에 있다.

미래의 소비자는 기능과 품질 중심의 소비에서 벗어나 감성 중심의 소비로 변하고 있으며 이러한 측면에서 볼 때 기술 및 공학 중심의 제품이나 환경은 더 이상 소비자의 감성욕구를 충족시키지 못한다. 따라서 가까운 미래의 감성디자인은 기술 중심의 디자인에서 벗어나 새로운 감성이미지로서 차별화를 꾀하며 또한 변화하는 소비자의 감성욕구에 부합할 수 있는 새로

19) 김주연, 이현수, 감성반응 가상현실 모델에 관한 연구, pp.64-65 참조
20) 황영성, 이진렬, 손장완, 임효선, 감성디자인을 적용한 트레드패턴 디자인개발, p.218 참조

운 감성이미지를 구축할 것이다.[21)]

향후 지속적으로 감성디자인이 활성화되면 그만큼 경쟁은 더욱 치열해 질 것으로 예상되며 이러한 상황에서 감성디자인은 단순한 제품 및 환경의 디자인에 그치는 것이 아니라 브랜드 가치의 설정을 의미하며 차별화된 브랜드아이덴티티의 형성에 이바지하여 감성디자인이 조직의 새로운 전략 및 비전을 설정하고 이를 선도하는 역할을 하게 될 것이다.

## 참고문헌


1. 김대식, 감성제품개발론, 형설출판사, 2007
2. 김주연, 이현수, 감성반응 가상현실 모델에 관한 연구, 한국실내디자인학회논문집 31호, pp.64-70, 2002. 4
3. 양정종, 감성디자인이 접목된 도심공원 내 외식공간에 관한 연구, 홍익대학교 석사학위논문, 2008. 6
4. 오진, 감성디자인을 적용한 백화점 문화센터 실내디자인 계획, 홍익대학교 석사학위논문, 2008. 6
5. 유은미, 건축공간의 색채 이미지 평가모형 연구, 홍익대학교 박사학위논문, 2009. 6
6. 이미경, 테마파크 환경연출기법에 있어서 감성디자인 경향에 관한 연구, 한국실내디자인학회논문집 제38호, pp.83-90, 2003. 6
7. 이성미, 공간디자인의 감성에 대한 개념적 연구, 한국실내디자인학회논문집 제17권 1호, 통권66호, pp.102-109, 2008. 2
8. 이순요, 양선모, 감성공학, 청문각, 1996
9. 이해준, 디지털 제품에서의 아날로그적 감성디자인 요소 연구, 중앙대학교 석사학위논문, 2006. 6
10. 임채명, Home Theater System의 감성디자인적 요소 분석 연구, 중앙대학교 석사학위논문, 2006. 6
11. 전영일, 이한석, 건축디자인이론, 기문당, 1997


21) 황영성, 이진렬, 손장완, 임효선, 전게서, p.219 참조

12. 정현원, 감성의 개념 및 어휘 체계 정립을 통한 공감각 디자인 평가 방법에 관한 연구, 홍익대학교 박사학위논문, 2008. 6

13. 진전만, 노트북에 있어서의 감성디자인 모델 구축 연구, 동서대학교 석사학위논문, 2008. 2

14. 황영성, 이진렬, 손장완, 임효선, 감성디자인을 적용한 트레드패턴 디자인개발, 디자인학연구, 통권78호 Vol.21 No.4, 2008

15. 황영성, 이진렬, 손장완, 임효선, 전게서, p.219 참조

16. Artemis Yagou, Critical reflections on design and emotion, 2006 Design Research Society International conference, IADE, Lisbon, 0250, 2006

17. Donald A. Norman, Emotional Design : Why We Love (or Hate) everyday Things, New York : Basic Books, 2004

18. Pierre Levy, Seung Hee Lee, Toshimasa Yamanaka, On Kansei and Kansei Design : A Description of Japanese Design Approach, IASDR07, Hongkong Polytechnic University, pp.12-15, 2007. 11

# 감성공학

Emotional Engineering

정아영 연변과학기술대학교 겸직교수

## 01 감성공학

### 1.1 감성공학의 개념

감성이 일본에서 공학, 기술의 대상으로 주목받기 시작한 것은 1970년대 후반으로 생산 공정과 산업형태, 컴퓨터발전과정이 오늘날의 감성사회로의 도래에 중요한 역할을 해왔다고 할 수 있다. 컴퓨터가 주역이 된 이래 이것을 가장 유용하게 활용해온 분야인 생산 분야는 1960년대~70년대 자동화를 바탕으로 한 대량생산중심의 양의시대에서 질이 좋은 제품을 추구하게 되었고 이로서 70년대 후반~80년대 초반을 장식하는 질의시대가 도래하였다. 이러한 질의 시대의 배경과 생활수준의 향상은 목적별로 제품을 다품종소량생산해온 다양성의 시대로, 90년 후반에는 개인의 기호와 감성에 대응하는 감성의 시대를 맞이하게 된다. 이러한 개별대응 생산시스템의 변천과 함께 컴퓨터역시 수치계산－기호처리－지식처리에서 인간을 위한 인터페이스개발을 목표로 하는 감성정보처리의 제5세대까지 발전을 보이고 있다. 산업형태의 변천 역시 노동집약적 산업에서 시작하여 제1차, 제2차 산업이 국가산업이었던 설비집약시대를 거처, 제3차 산업 즉 정보, 지식집약산업으로 변천을 통해 오늘날에는 개성을 존중하는 감성적 기업 활동을 중심으로 감성집약산업이 발달하고 있다.[1)] 이러한 획일적인 대량생산에 의한 물

---

1) 長町三生, 이순요, 情報化時代의 感性工學에서 인용

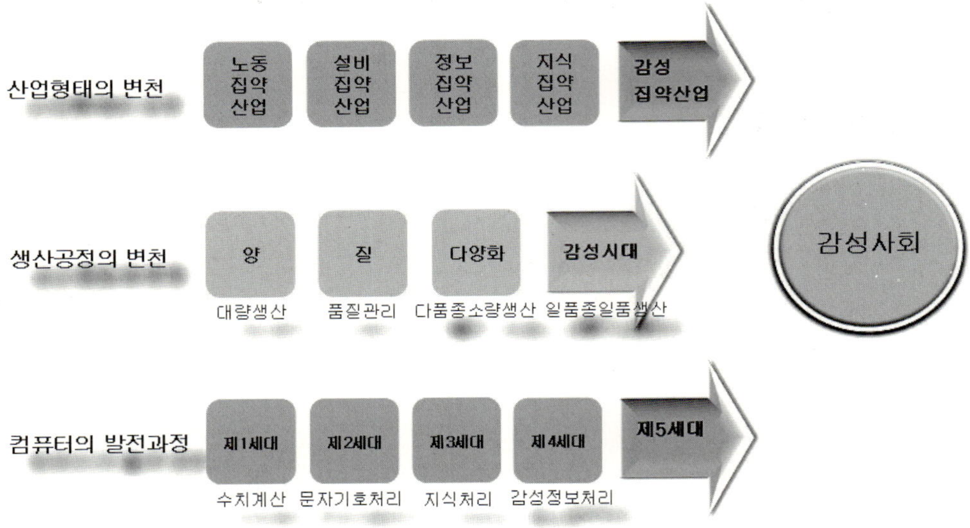


그림 1 ▎ 감성사회의 도래

질 충족의 시대에서 개개인의 감성에 부응하는 감성사회로의 도래는 '감성'이라는 철학적 용어가 "공학"이라는 물리적인 용어와 연계되어 '감성공학'이라는 신종어 탄생의 계기가 되었으며 감성을 제품의 다양화와 개성적 제품의 디자인에 반영시키자는 소비자의 요구에서 비롯되었다. 이러한 소비자의 요구에 대응을 위한 감성과 기술융합의 학문, 즉 감성공학은 1986년 MAZDA자동차의 켄이치 야마모토 (山本健一, Yamamoto Kenichi)사장이 미국 세계자동차기술회의, 자동차산업경영자세미나, 미시간대학특별강연에서 그가 주창한 '자동차문화론'을 설명하기 위한 방법의 하나로 KANSEI Engineering이라는 용어를 처음 사용한데에서 유래되었다.[2] 이후 1970년대 일본 히로시마대학 공학부 미츠오 나카마치(長町三生, Nakamachi Mitsuo)교수는 물질문명의 다음 단계로 마음의 만족을 추구하는 시대가 도래할 것을 예측하여 창설된 정서공학(情緖工學, Emotion Technology)의 연구 성과를 바탕으로 1989년 정서공학을 감성공학으로 개칭하여 사용하였으며, 이것이 오늘날 감성공학의 근간이 되었다. 나카마치 교수는 '감성공학'[3]을 인간의 감성・이미지를 물리적인 디자인요소로 재해석하여 감성적인 상품을 설계하

---

2) 山本健一, トップが語る経営, 亜細亜大学経営学部総合講座トップ・マネジメント特別講義 亜細亜大学経営学部, 1992에서 인용
3) 長町三生, 感性工學에서 인용
4) 長町三生, 感性工学のおはなし-おはなし科学・技術シリーズ, 1995에서 인용

**표 1 | 감성공학의 정의와 관련분야**

| 출전 | 감성공학의 정의 |
|---|---|
| 感性工學, 長町三生, 1989<br><br>感性工學のおはなし,<br>長町三生, 1995[4] | • 인간의 감성 · 이미지를 물리적인 디자인요소로 재해석하여 감성에 적합한 상품을 설계하는 기술<br>• 감성과 공학을 연계하는 기술이며, 인간의 감성을 분석하여 그것을 상품설계에 적요함으로서, 인간에게 기쁨과 만족을 주는 상품제작을 공학적으로 행하는 분야<br>• 분야 : KANSEI의 측정과 수량화, 설계요소의 측정, 설계와 KANSEI의 관계 표현, KANSEI의 설계적용에 있어서 공학적 기술적용 |
| 感性工學への招待-感性から暮らしを考える,<br>篠原 昭 他 編, 1995[5] | • 인간상호의 마음을 주고받는 능력으로서 행복을 추구하기 위한 생활향상에 적용할 기술<br>• 분야 : 감각분자생리학(감각분자공학, 감각생리, 감각시뮬레이션, 감각계측등),감성정보(감성정보처리, 예술정보, 생체정보처리), 감성창조공학(감성미디어, 감성 조형학, 감성재료학, 감성제품설계) |
| 平成9~11年　文部省科學研究費補助金公募要領,<br>文部省科學研究費時限付き分科「感性工學」, 1997[6] | • 인간과 인공 환경의 조화를 위하여 인간의 감성을 공학적으로 연구하는 분야<br>• 재료, 제품 등의 인공물과, 이와 관련한 인간생활에 대하여 감각에서 심리까지의 반응을 정보공학,인간공학,인지과학,심리학,디자인학 등의 영역의 학제적 교류를 통해 편리하고 안전한 생활환경개발을 지원<br>• 분야 : KANSEI의 계측과 정량화법의 개발, KANSEI와 생리적지표의 대응, KANSEI 정보처리, 재료, 제품, 생활공간에 있어서 KANSEI평가 개발 지원 |

는 테크널러지라고 정의하며, '感性'을 'KANSEI'로, '感性工學'을 'Kansei Engineering, Kansei Ergonomics'로 표기하여 국제적인 용어로 알리는데 노력하였다. 이러한 나카마치의 감성공학의 개념은 이해하기 쉽고 많이 알려져 있어 국내에서도 그 인용이 많으나, 그 개념의 대상이 제품 설계의 범위로 한정되어있다. 또한 감성공학이라는 용어가 국내의 학계에 대두되기 시작한 것은 1990년 이후로, 나카마치 교수의 저서 『感性工學』[7]이 소개되면서 부터로 이후 다양한 분야에서의 연구적인 접근이 이루어지고 있다.

5) 篠原昭他, 感性工学への招待-感性から暮らしを考える, 1996에서 인용
6) 일본 문부과학성 홈페이지 http : //www.mext.go.jp/ 참조
7) 長町三生, 感性工學, 1989

## 1.2 감성공학의 필요성과 요건

21세기 정보사회는 세계인을 대상으로 하는 감성의 시대를 맞고 있다. 오늘날 모든 서비스와 제품에서의 부가가치의 원천은 가격, 품질 등 양적가치를 우선하는 일차원적인 요구보다 고객에게 새로운 경험과 체험을 제공하고 더욱 독창적이며 질 높은 감성적 부가가치를 제공하는데 있다. 이에 글로벌 선진 기업들은 디자인을 통한 새로운 감성적 가치를 창출하기 위한 많은 노력을 기울이고 있다. 이러한 감성적 가치 창출은 소비자의 요구와 특성을 과학적으로 측정·분석하여 이를 제품설계에 실질적으로 적용함으로 인간 삶의 윤택함을 추구하는데 궁극적인 목적이 있으며 구체적인 필요성은 다음과 같다.

첫째, 신제품개발은 'Product-out'과 'Market-in'의 두 가지의 방향으로 전개된다. 전자는 제조자가 생활자의 만족도 예상을 통하여 개발하는 기업중심 제품개발이며, 후자는 생활자군의 요구를 이해하여 개발하는 방법이다. 예전에는 전자의 발상을 통한 개발이 일반적이었으나, 품질을 중시하는 종합품질관리(TQC)개념이 대두되면서 그 적용사례는 적어지고 있다.

둘째, 오늘날과 같이 생활자 대부분이 생활용품을 소유하고 있는 풍요 속에서 생활자의 요구를 출발점으로 신기술을 첨가해가는 신제품개발이 환영받는 시대이기 때문이다. 이처럼 마켓 인(생활자군 안으로)사상 즉, 생활자의 감성을 근간으로 하는 신제품개발이 요구되어지는 시대로 감성공학이 필요하다. 이는 휴먼인터페이스, 유저빌리티, 유니버설디자인 등의 개념을 포함하고 있다.

감성공학의 요건은 다음과 같다.

1) 인간척도에 적합한가-도구, 기기의 조작부분이 인간의 생체 크기와 손발의 움직임에 적합한 형태
2) 과도한 에너지를 요구하지 않는가-도구, 기기의 자체가 조작에 있어서 여분의 힘이라든가 에너지를 필요로 하지는 않는가
3) 이해가 쉬운 도구인가-도구, 기기의 조작이 알기 쉬운가
4) 스테레오 타입에 적합한 조작방식인가-도구, 기기의 조작방법과 움직임이 인간본래의 신체적 움직임과 감각에 적합한가
5) 도구, 기기의 사용방법에 위험요인이 없는가
6) 환경의 쾌적성-인간의 동작과 관계하는 환경 특성이 인간의 오감의 시점에서 허용의 범

위에 들어있는지 등에 관계하며, 1)~5)에 부합할 때에 사용성이 있다고 할 수 있다. 감성공학은 인간의 감성에 적합한 제품을 개발하는 기술이자, 1)~6)의 조건을 만족시킬 수 있어야 한다.[8)]

## 02 감성공학의 연구방법

### 2.1 감성의 측정

감성은 인간이 시각·청각·촉각·후각·미각 즉 감각기관을 이용하여 자극을 수용함으로서 느끼는 감정과 인식으로서 이를 통해 상기되는 이미지 또는 느낌이기도 하다. 이러한 감성, 느낌, 이미지 등은 어떠한 기준을 기반으로 하는 조사를 통하여 수치화되고, 디자인에 구체적으로 표현하는 것이 가능하다. 이렇듯 감성공학을 통해 디자인된 제품, 공간이 성공을 거두는 사례가 많아지고 있는 현실에서 인간의 감성을 정확하게 파악하는 것은 감성공학의 단계에 있어서 중요한 단계이다.

인간의 생리, 심리, 동작 또는 언어는 상호간에 밀접한 관계를 가지고 있다. 인간은 익숙하지 않은 사물을 보거나 만지게 될 경우, 안구의 동공이 커지고 심장박동이 높아져 놀라움을 표현하는 탄성을 내 뱉는다. 맛있는 것을 입에 넣으면 '맛있다'라는 말을 하며 표정이 바뀌기도 한다. 이와 같은 인간의 감성, 느낌, 이미지를 보다 정확하게 파악하기 위해서는 감성이 표출되는 생리현상, 심리현상, 동작, 언어 이외에도 감성과 관련하는 특성을 예측 하는 것에서부터 시작된다.

8) 石原 茂和 외, 商品開発と感性, 2005에서 인용

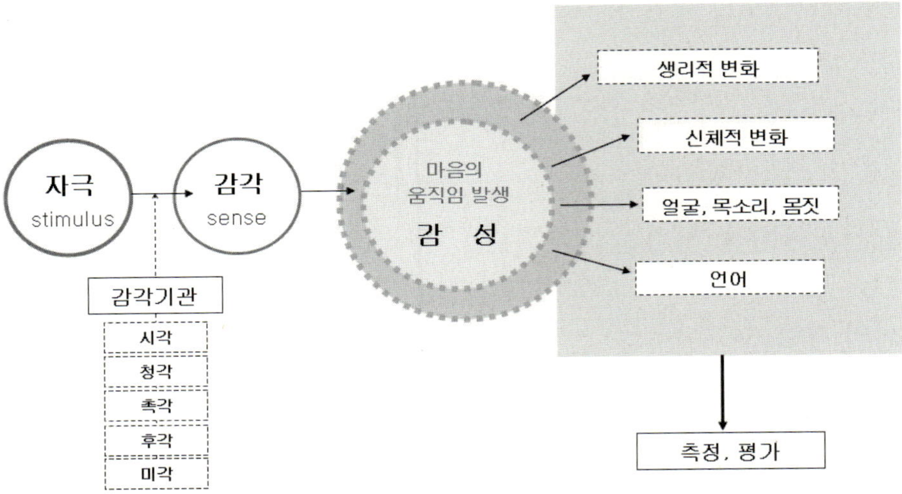


**그림 2 ▎ 감성의 평가**

(출처 : 정현원, 한국실내디자인학회 감성환경행태위원회 제1회 세미나 "감성, 공학 그리고 디자인" 발표자료 "감성의 개념, 정의, 방법론" 중에서)

### 1) 생리학적 측정

인간공학과 관련한 생리측정은 뇌파(EEG), 근전(EMG), 맥박(EKG), 피하전위반사(GSR), 심박수(HR)과 심전도(ECG), 피하전위반사(GSR), 안구의 움직임, 자기공명영상법(MRI, Magnetic Reonance Imaging), 기능성자기공명영상법(f MRI), 양전자방상단층촬영법(Pet), 자기뇌조영법(MEG), 다중모드화상(Multi-modal Imaging) 등 자율신경계(ANS, Autonomic Nervous System) 활동의 변화를 측정함으로서 이루어지며, 목적과 연구대상에 따라 선택하여 사용한다.[9)]

(1) 뇌파(EEG)

대뇌의 활동레벨을 계측하여 뇌파를 측정한다. 신경세포가 활성화하면 베타파가 검출되며, 눈을 감고 안정을 취하고 있을 경우에는 알파파가 검출된다. 알파파의 FFT분석을 통한 주파수 파워스펙토르 수침<그림 3>의 1 / f 여부 조사를 통해 특정 과제나 분위기가 쾌적한지 혹은 스트레스를 주고 있는지를 알 수 있다.[10)]

---

9) 都甲 潔, 坂口 光一 編 感性の科学—心理と技術の融合, 2006에서 인용

10) Flash : Flexible Adjustable Surface Holder, http : //www.med.shimadzu.co.jp/

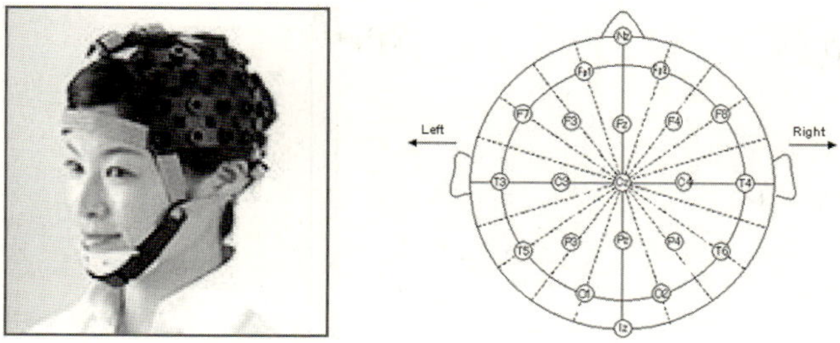


**그림 3 ❙** 뇌의 활동을 측정, 출력하는 근적외광이미지 장치

(2) 근전(EMG)

근육을 움직이면 근전이 발생한다. 활동레벨이 높으면 그것만으로 근전이 높게 측정되므로 적극적인 활동의 유무가 판단 가능하여, 미세한 표정 등을 측정해 낼 수 있다.[11)]

(3) 심박수(HR)과 심전도(ECG)

심박은 심장 움직임의 정도가 표출되는 것으로, 심전도는 심장의 박동프로세스를 표시한 그래프이다. 심장의 움직임 회수를 계측하면 동작정도가 추정가능하다. 심박은 교감신경계의 발동과 관련하며, 흥분하면 심박이 상승한다. 흥분, 긴장 등 심박이 고저에 따라 쾌적성의 정도가 판단된다.

(4) 피하전위반사(GSR)

손바닥에 약한 전압을 가하여 전류를 흐르게 하면 땀 분비 정도에 따라 전류가 많이 흐르게 된다. 이에 따라 흥분성, 김장성의 교감신경계의 변화를 읽어낼 수 있다.

(5) 안구운동(EOG)

안구영상화상처리 <그림 4>를 이용하여 안구의 움직임을 측정할 수 있다. 시야 내에 있는 사물에 관한 관심의 정도에 따라 안구의 주시정도 등을 조사할 수 있다.[12)]

---

11) EMG : equipment evaluates muscle tension through sensors that are placed over the head

12) JUNG, A-Young, Research the evaluation method for the environment design factor through the sensibility, International Conference on Research, JSKE, 2007에서 인용

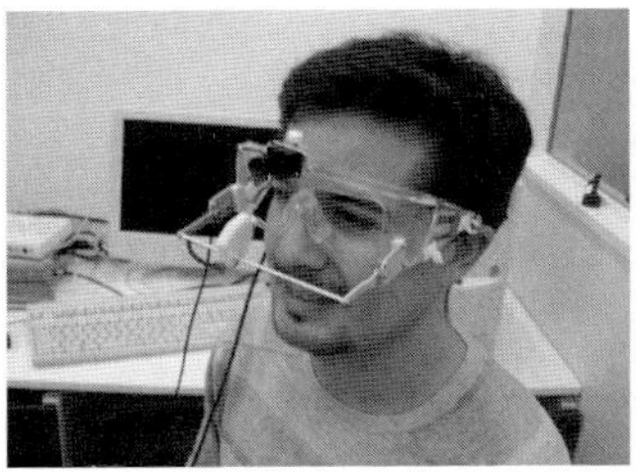

안경형태의 안구움직임 측정 장치

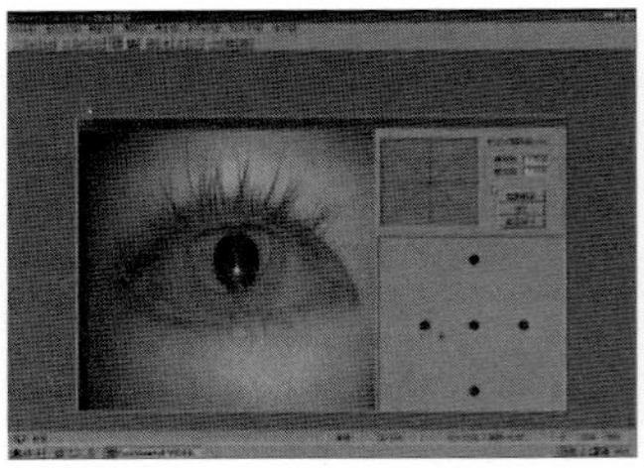

안구운동 초점 데이터

안구운동 추적 그래프

그림 4 ❙ 안구영상 화상처리를 이용한 환경요소 측정 실험

이외에도 사용자의 감정을 인식하고 반응하는 컴퓨터로 알려져 있는 IBM의 감정마우스(IBM's Emotion Mouse)13)와 MIT의 Affective Computing Group에 의해 디자인된 웨어러블 센서(Wearable Sensor)14)와 같은 도구들은 컴퓨터와 연결되어 사람들이 감정을 경험하고 있는 동안에 다양한 생리적신호를 모을 수 있다. 이러한 생리측정은 신중하게 측정하면서 진행된다는 점과 서로 다른 문화권에서도 공통적으로 사용된다는 점이 장점이다. 또한 스스로 측정, 평가되지 않으므로 보다 객관적이다. 연구보고에 의하면 이러한 도구들은 6개~8개에 이르는 기본감정의 60~80%의 정확성을 인정받고 있으나, 기본감정과 같은 제한된 감정들의 측정에 유효하며, 혼합된 감정들(mixed emotions)을 평가할 수는 없다.

### 2) 심리학적 측정

인간의 행동, 동작, 태도, 표정, 언어, 음성 등으로 집단이라든가 사회가 측정조사의 대상이 된다. 제품을 다룰 때 말로서 표현되는 발화, 즉 자연스러운 기분을 표현하는 언어적 측정방법이 알려져 있으며 이는 감성을 심리적으로 접근하는 중요한 방법이다.

#### (1) 언어(Verbal)

인간은 언어를 통해 주관적인 느낌을 표현한다. '행복하다' 또는 '고양되었다'와 같은 주관적인 느낌은 어떤 사람이 처해진 상태에 대한 의식적인 인식으로 각각의 감정은 특별한 느낌, 기본적이고 더 이상 축소할 수 없는 종류의 전신적 요소를 포함한다. 이러한 주관적인 느낌들

13) Wendy S. Ark, D. Christopher Dryer, Davia J. Lu : The Emotion Mouse. HCI (1) 1999 : pp.818-823에서 인용

14) R. Picard, Affective Computing, MIT Press, 2000에서 인용

은 자기보고(self-report)를 통하여 측정될 수 있으며, 가장 많이 사용된 자기보고식 도구는 응답자에게 점수 스케일이나 어휘를 사용하여 그들의 감정을 보고하게 하는 것으로, 감성용어(감성어휘)를 이용한 감성척도 평가비교이다. 감성공학에 있어서 이러한 척도화 작업을 통한 감성어휘평가는 인간의 심리공간을 이해하는데 매우 중요한 측정법 가운데 하나로, 혼합된 감정을 측정할 수 있는 장점이 있다.[15)]

(2) 표정(Facial Expression)

인간은 '희노애락'과 같은 기본적인 감정들은 상황에 적합한 생리적 변화를 보이며 사람들의 얼굴 표정에 가시적으로 나타난다. 얼굴표정에 관한 연구는 다윈(1872)이래 감정 상태를 나타내는 지표 또는 감정정보의 전달방법으로서 <그림 5>에서와 같이 연구되어왔다.[16)]

그림 5 ❙ 인간과 동물의 감성 표현(Charles Darwin)

기본감정들은 특정한 표정을 보여준다. 예를 들면 화가 났을 때는 고정된 응시, 찌푸린 눈썹, 굳게 다문 입술, 격렬한 움직임, 고조된 음성, 큰소리 등이다. 최근에는 이러한 감정의 상태를 나타내는 지표 또는 감정정보의 전달방법으로서의 표정을 정지화면 캡처, 비디오 녹화, 근전도 측정 등을 통해 수치적으로 파악한다.[17)]

(3) 음성(Voice)

평균적인 음높이, 음높이의 변화, 음색(intensity colour), 말의 속도, 목소리 특성과 빌음과

15) 정현원, 감성의 개념 및 어휘 체계 정립을 통한 공감각 디자인 평가 방법에 관한 연구, 2008에서 인용
16) Charles Darwin, The Expression of the Emotions in Man and Animals, 1872 참조
17) Charles Darwin, 전게서에서 인용

같이 다양한 음성 단서에 근거하여 감정결과를 측정한다. 이처럼 인간의 생리적 특성과 심리적 특성은 종합적으로 측정, 평가 분석되어 질 때 디자인요소 즉 물리적 특성과 조화하여, 이용자의 감성을 명확하게 이해하는 감성공학을 적용한 신제품개발로서 이를 성공으로 이끄는 포인트가 될 수 있다.

## 2.2 감성의 평가척도와 평가수법

### 1) 심리척도

감각 등의 심리현상을 양적으로 구분하여 측정하는 경우, 심리측정치는 다음과 같은 4가지의 척도수준으로 분류된다.[18)]

(1) 명명척도(nominal scale)

간단한 카테고리로 정리 가능한 분석대상의 경우 사용하는 척도로서 연구자가 어떤 현상에 대해 임의로 값을 부여하는 척도이다. 명명척도의 경우 분로항목은 상호배타적 이어야한다.

| (예) 귀하의 성별은 무엇입니까?　1. 여성　2. 남성 |
|---|

(2) 서열척도(ordinal scale)

연구자가 어떤 현상을 순위에 따라 등급을 매겨 수량화하는 척도이다. 명명척도와는 달리 서열척도의 값은 수학적인 의미를 가진다.

| (예) 귀하의 키는 어느 정도 입니까?　1. 상　2. 중　3. 하 |
|---|

18) Stevens, S. S. Mathematics, measurement and psychophysics In S.S. Stevens (ed.) Handbook of experimental psychology. New York : Wiley, 1-49,1951.///On the theory of scales of measurement, 1946에서 인용
최현철, 사회통계방법론, 2007 pp.33~35 참조

(3) 등간척도(interval scale)

연구자가 어떤 현상에 인접 점수간의 간격을 같도록 만들어 수량화하는 절대영점이 없는 척도이다.

| (예) 귀하는 다음 요소들에 만족하십니까? |
|---|
| 그렇지 않다　　　　　　　그렇다 |
| 1　　2　　3　　4　　5 |

(4) 비례척도(ratio scale)

등간척도의 속성과 함께 절대영점을 가지고 있는 현상에 값을 부여하는 척도이다.

| (예) 귀하는 하루 평균 어느 정도 책을 봅니까?　(　　)시간 |
|---|

### 2) **매그니튜드 추정법**(magnitude estimation)

감각척도 구성법의 한 종류로 감각의 강약을 측정하기 위해 스티븐스(Stevens)가 사용한 방법이다. 하나의 표준 자극을 설정하고 이것과 동일한 물리적척도를 가지는 자극을 비교하게 하여, 평가자 자신이 느끼는 감각의 정도차이를 수량적으로 표현하는 것이 가능하다. 예를 들어 어느 공간에서 느끼는 넓이의 기준을 100으로 두고, 비교되는 공간의 넓이가 어느 정도를 느껴지는지를 숫자로 회답한다.

감성평가의 경우, 표준적인 대상과 비교하여 비교되는 대상이 어느 정도 매력적인가하는 질문을 던지는 등에 사용된다. 한편 매그니튜드 추정의 경우, 감각차이가 그다지 크지 않은 경우 감지 가능한 한계의 차이 즉, JND(Just Noticeable Difference)가 작아 재차 실험을 반복한다고 하여도 의미가 없는 단점을 가지고 있다.[19)]

19) Stevens, S. S. (1957). On the psychophysical law. Psychological Review, 64, pp.153-181에서 인용

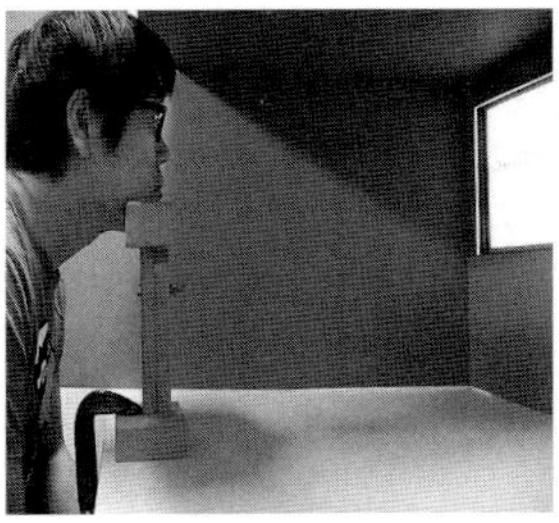

실험전경

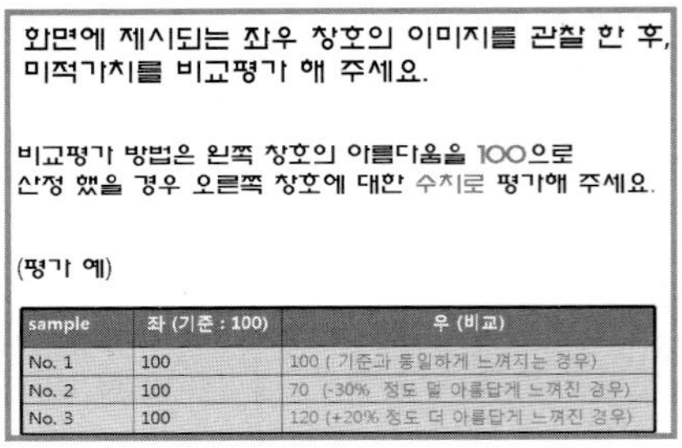

화면에 제시되는 좌우 창호의 이미지를 관찰 한 후,
미적가치를 비교평가 해 주세요.

비교평가 방법은 왼쪽 창호의 아름다움을 100으로
산정 했을 경우 오른쪽 창호에 대한 수치로 평가해 주세요.

(평가 예)

| sample | 좌 (기준 : 100) | 우 (비교) |
|---|---|---|
| No. 1 | 100 | 100 ( 기준과 동일하게 느껴지는 경우) |
| No. 2 | 100 | 70 (-30% 정도 덜 아름답게 느껴진 경우) |
| No. 3 | 100 | 120 (+20% 정도 더 아름답게 느껴진 경우) |

감성평가 시트

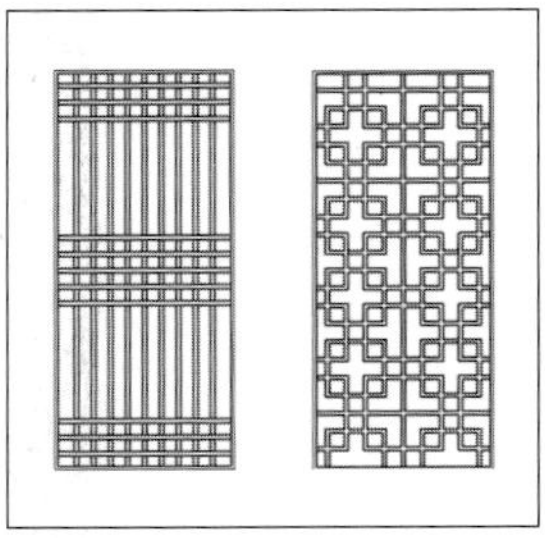

표준자극과 물리척도의 예

**그림 6 ❙ 한국전통창호의 미적가치 실험시트**

### 3) 리커트 척도(Likert Scale)

리커트(Likert, 1932)에 의해 고안된 척도로서 측정치가 그대로 수치로서 구해지므로, 기술식의 질문과 비교하여 질문에 대답하는 시간이 단축되며, SD법에 리커트척도를 적용하는 경우보다 다차원의 측정이 가능해진다. 리커트 척도에서는 응답자가 하나의 주제와 관련된 질술문에 대해 "매우찬성, 찬성, 중립, 반대, 매우반대" 5점 중에서 한 점수를 선택하게끔 한다. 흔히 다음과 같은 5단계법의 경우, 1부터 5까지의 직선위에 나열하여 표시한다.[20]

(예) 세대간 교류를 촉진하는 활동의 시행이 필요하다.

| ① 매우필요 | ② 필요 | ③ 어느 쪽도 아님 | ④ 별로 필요 없음 | ⑤ 전혀 필요 없음 |
|---|---|---|---|---|

20) Likert, R. A Technique for the Measurement of Attitudes Archives of Psychology, 1932, p.140 참조

### 4) SD법(Semantic Differental scale method)

SD법, 즉 의미분별 척도는 사회 정치 심리학자인 오스군, 수시, 탄네바움(Osgood, Suci & Tannenbaum, 1957)에 의해 개발된 심리학조사 어휘평가도구이다.[21] SD는 어떤 대상 또는 사건에 대한 함축적인 의미(connotative meaning) 즉 대상이 인간에게 미치는 의미를 측정하기 위해 고안된 비율척도(rating scale)로서 연구자는 측정대상의 개념을 제시하고 그에 대한 양극화된 태도를 5점, 7점...등으로 측정한다.

구체적인 평가방법은, 두 개의 서로 상반된 형용사를 양 방향의 끝점에 표시하고, 응답자들로 하여금 해당하는 항목에 마크하도록 한다. 응답지는 본인의 생각과 느낌에 해당하는 위치에 표시하게 되는데, 5점 척도의 경우 일반적으로 0의 위치는 '중립(neutral)', 1의 위치는 '약간(slightly)', 2의 위치는 '상당히(quite)', 3의 위치는 '매우(extremely)'에 해당한다. 이와 같은 스케일은 반응의 방향성 '(예) 좋다 vs 나쁘다' 뿐 아니라 정도 '약간에서 매우'까지 측정이 가능하다.

| 세련된 | □ | □ | □ | □ | □ | □ | □ | 어색한 |
|---|---|---|---|---|---|---|---|---|
| | −3 | −2 | −1 | 0 | 1 | 2 | 3 | |

| 욕실공간의 크기 | ←전혀 중요하지 않다 | | | | | | 매우 중요하다→ |
|---|---|---|---|---|---|---|---|
| | 1 | 2 | 3 | 4 | 5 | 6 | 7 |
| | | | | | | | |

**그림 7 ❙ 의미분별 척도체크시트**

21) Osgood, C.E. The nature and measurement of meaning. Psychological Bulletin, 49, 1952, pp.197-237에서 인용 Osgood, C.E., Suci, G.J., & Tannenbaum, P.H. The Measurement of Meaning. University Of Illinois Press, 1957에서 인용

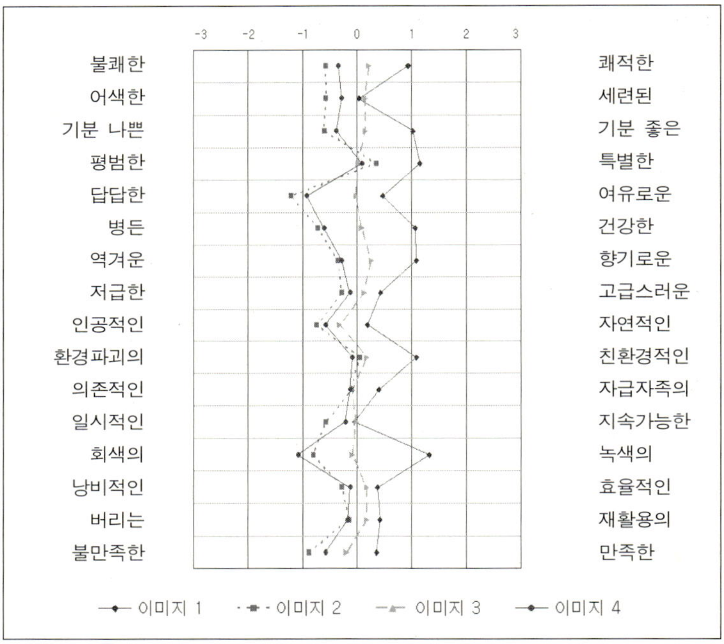


**그림 8 ▌ 의미분별에 의한 프로파일**

(출처 : 이한석 외, "감성공학기법을 적용한 욕실디자인에 관한 연구", 한국실내디자인학회논문집, 2009 참조)

## 2.3 감성의 분석

감성공학은 이용자의 감성을 설계에 적용함으로서, 인간 감성에 보다 적합한 성공적인 디자인을 목표로 한다. 이러한 감성을 디자인에 적용하기위해서는 감성이 내포하고 있는 많은 요인을 다양한 통계수법과 컴퓨터과학을 이용하여 구조화, 수치화를 해야 한다. 이에 본 절에서는 감성공학적 분석을 위한 관련 통계분석에 관하여 알아본다.[22)]

### 1) 주성분분석(principal component analysis)

인간의 감성은 매우 복잡다단하여 다양한 척도를 사용하여 분석하게 된다. 이때 측정된 다양한 차원의 데이터를 인간이 이해할 수 있게 하기위해서는 차원의 압축, 즉 다차원의 변수 데이터 특성의 수를 줄여서 표현해야하는데 여기에 주성분분석을 사용하는 목적이 있다.

---

22) 石原 茂和 외, 商品開発と感性, 2005에서 인용

**표 2 ❙ 감성공학 관련 통계수법**

| 목적 | 양적데이터 | 질적데이터 |
|---|---|---|
| 외적기준의 예측 | • 중회귀분석 : 외적기준의 예측방법<br>• 판별분석법 : 설명변수로서 분류척도의 외적기준을 분류함 | • 수량화이론1류 : 질적데이터로부터 간격척도의 외적기준을 예측함<br>• 수량화이론2류 : 질적데이터로서 질적데이터의 외적기준을 판별함 |
| 구조의 명확화 | • 주성분분석 · 인자분석 : 외적기준이 없는 경우 변수를 합성하거나 잠재요인을 찾아냄<br>• 다차원척도구성법 : 거리데이터를 기본으로 유의성을 찾아냄<br>• 클러스터[cluster]분석 : 샘플간의 유의성을 기본으로 분류함 | • 수량화이론3류 : 질적데이터로부터 데이터구조를 명확히 밝힘<br>• 수량화이론4류 : 질적데이터의 유의성에 따라 분류함 |
| 그 외 | • 정준상관분석<br>• 로지스틱[logistics]회귀분석<br>• 콘조인트[cone joint]분석<br>• AHP | • 뉴럴 네트워크(neural network)<br>• 유전적알고리즘<br>• 퍼지로직[fuzzy logic]<br>• 러프[rough]집합 |

### 2) 인자분석(Factor Analysis)

인자분석방법은 특정 대상들에 대해 사람들이 가지는 다양한 생각이나 태도, 가치관 등을 유사한 항목들로 묶어서 몇 개의 공통인자(commom factor)로 축약하는 방법으로 방대한 데이터를 취급하여 감성공학적으로 분석하는 경우 유용하게 사용 되고 있다. 즉 상관관계가 깊은 여러 변인들 간의 밑바탕에 깔려있는 공통인자를 발견하여 방대한 데이터를 축약 할 수 있다. 또한 변인들 간의 인과관계를 분석하는 것이 아닌 공통인자를 찾아내기 때문에 변인들 간의 독립변인과 종속변인의 구분이 없고, 두 개 이상의 변인을 가지며, 측정은 등간척도(또는 비율척도)이어야 한다. 인자분석방법은 주성분분석과 그 계산수법에 있어서는 유의점이 많아 혼동되어 이해되기도 하지만, 분석구조에 있어서는 반대의 성향에 있다.[23)]

23) 최현철, 전게서, 2007, p.327 참조

### 3) 군집분석(Cluster Analysis)

군집분석방법은 여러 대상을 잘 구별 할 수 있는 여러 변인을 이용하여 동질적인 혹은 이질적인 집단을 찾아내는 방법이다. 이 방법은 연구대상이 어느 집단에 속해 있는지, 또는 몇 개의 집단으로 나누어질지 알려져 있지 않은 경우 이 대상을 집단으로 구분 할 때 유용하게 사용할 수 있다.

### 4) 다차원척도구성법(MDS, MultiDimensional Scaling)

사람들이 특정대상을 어떻게(유사하게 또는 다르게) 생각하는지, 또한 그러한 판단의 기준은 무엇인지를 알아내는 방법이다. 즉 특정연구대상들에 대한 사람들의 주관적인, 또는 각종 지표 등과 같이 객관적인 근접성의 정도를 보여주는 데이터를 분석하여 이 데이터 속에 감추어져 있는 구조를 발견한다. 근접성 데이터는 사람들이 대상들에 가지는 심리적인 거리(psychological distance)를 질문하는 것으로 구해진다.

### 5) 수량화1류(Hayashi's Quantification Methods Ⅰ)

수량화방법론은 정도, 상태의 유무 또는 네, 아니오 와 같은 질적 자료에 수량을 부여하여 중회귀분석, 주성분분석, 군집분석과 같은 다차원적 해석을 하는 방법이다. 1950년대 일본의 하야시 치키오(Hayashi Chikio)박사가 개발한 다차원데이터분석법의 하나로 Ⅰ류, Ⅱ류, Ⅲ류, Ⅳ류, Ⅴ류, Ⅵ류의 여섯 종류가 있으며 근래에는 Ⅰ류에서 Ⅳ류가 많이 알려져 있으며 이 밖에도 아직 고유번호로 언급되지 않고 있는 K-L형 수량화, 최소차원분석 등의 수량화법이 있다. 감성공학에서 수량화Ⅰ류는 감성어휘와 디자인요소의 관계를 수량화하는데 사용된다. 수량화Ⅰ류의 결과는 감성데이터베이스로서 사용되기도 하고, 지식베이스로 변환하여 감성공학시스템에 적용하기도 한다.

## 2.4 감성공학의 접근방향

감성공학의 접근방향은 인간의 이미지에 따른 구체적인 디자인을 위한 물리적 특성과의 연계를 실시하는 데 있어 그 추진방향을 살펴보는 데 따라 전방향성(前方向性, Forward KANSEI Engineering System)감성공학과 후방향성(後方向性, Backward KANSEI Engineering System)감

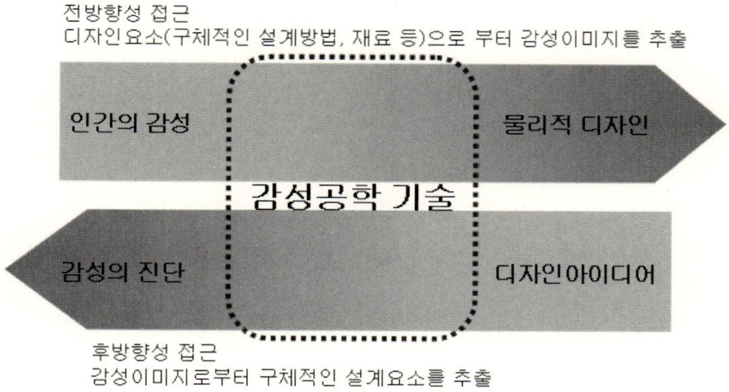


그림 9 Ⅰ 감성공학의 접근방향과 프로세스

성공학으로 구분된다.

전방향성 감성공학은 순향성(順向性)이라고도 하며, 인간의 감성을 분석하고 이에 적합한 형태의 디자인을 추구하는 프로세스이다. 즉 인간이 이미지로서 가지고 있는 사물에 대한 욕구를 인간이 느끼는 감성으로 표현하고, 또한 이 감성을 좀 더 알기 쉽게 분해, 분석함으로서 점차적으로 인간의 감각기관과 연계하여 궁극적으로는 구체적인 물리적 특성으로서의 변환을 실현하는 접근방향이다.

인간이 이미지로서 가지고 있는 제품에 대한 욕구를 어떤 정형화된 감성이라고 하는 심리적, 정서적인 표현의 어감으로 표현하고 이러한 어감은 인간이 쉽게 이해할 수 있을 정도의 수준으로 세분화되어야 한다. 그리고 이러한 어감을 시각, 청각, 미각, 후각, 피부감각 등의 연상되는 감각기관에 따라 분류하면서 실제로 이 감각적인 감성이 구체적인 제품의 물리적 특성으로서의 디자인 요소와 어떻게 결부되어지는지를 파악하여 대상물의 설계로 추진되어가는 방향으로서의 접근을 의미한다.

이와 같은 전향성 감성공학은 감성을 분석하여 구체적인 디자인사양을 묘사해야 한다는 점에서 컴퓨터시스템의 활용이 유리하며, 시스템은 감성분해분석을 위한 데이터베이스와 구체적인 디자인사양에 맞추기 위한 지식베이스, 그리고 지정된 사양을 그래픽으로 묘사하기 위한 그래픽 모듈로 구성된다.

후방향성 감서공학은 역향성(逆向性)이라고도 하며, 디자이너가 인간감성에 적합하다고 생각하는 감성개념에서 자기의 해석에 따라 디자인요소를 추출하고 이를 통합하는 것으로, 디자이너의 해석결과가 인간의 감성에 얼마만큼 적합한가를 진단하는 과정이 필요하다. 또한 개발하고자 하는 대상의 물리적 특성을 설정해 놓고 이를 인간의 감각기관에 따른 특정감각과의 연계 속에서 주요 감성개념을 정립하여, 이러한 감성개념의 의미공간을 파악하고 이들의 감성특성화를 이루기 위해 감성카테고리를 실현하는 접근방향이라 할 수 있다.

앞에서 설명한 전방향성 접근방향과 달리, 개발하고자하는 사물의 물리적 특성에 따라 그 특성에 관계되는 인간의 감각을 조사하여 이 감각에 따라 표현되는 인간의 감성구조를 추출, 그에 따른 감성어휘로서의 감성적욕구의 의미를 파악하고 이를 디자인을 위한 물리적 디자인요소와의 인터페이스에 의해 관련디자인요소의 재설계를 시도하는 방향이다. 후방향성 감성공학 시스템 역시 전방향성시스템의 컴퓨터 시스템데이터 베이스를 활용할 수 있다.[24)]

이렇게 컴퓨터상에서 종합된 시스템을 하이브리드 감성공학 시스템(Hybrid Kansei Engineering System)이라고 하며 다음절에서 자세한 설명을 하기로 한다.

## 2.5 감성공학의 방법론

감성공학은 '인간(생활자)의 감성・이미지를 적절한 방법을 통하여 평가, 정보화, 수치화 함으로서 물리적인 디자인요소로 재해석하고 생활자에게 만족감을 주는 제품제작 테크널러지 <그림 10>'로서 본 절에서는 나카마치 교수가 개발한 하이브리드 감성공학, 비주얼 감성공학, 협조형 감성공학, 감성공학 시스템 방법론을 소개한다.

### 1) 하이브리드 감성공학(Hybrid Kansei Engineering)

감성공학 시스템은 전문가시스템을 감성공학 프로세스에 이용하는 컴퓨터기술로, 컴퓨터에 의한 데이터베이스에 의존해야하는 단점이 있다. 하이브리드 감성공학은 이러한 단점을 전방향성감성공학과 후방향성감성공학으로 보완한다. 전방향성감성공학은 감성공학시스템을 통해 제안된 안을 디자이너의 수정을 통한 스케치의 재입력을 통해 창조성을 가미하고 이를 감성공학적으로 진단하는 접근방법이다.

24) 長町三生, 이순요, 情報化時代의 感性工學, 1995, pp.45-47 참조

### 2) 비주얼 감성공학(Virtual Kansei Engineering)

현실적으로 구현이 어려운 디자인계획의 경우, 그와 관련한 구상을 컴퓨터상에서 가상으로 구축해 봄으로서 실제 현상에서의 필요조건을 해명해내는 기술이다. 먼저 감성공학적으로 설계를 실행하고, 이를 가상현실(Virtual Reality)기술을 이용한 컴퓨터 유사 공간에서의 체험을 통해 분석을 한다. 감성공학과 가상현실기술을 접목하여 이용자의 감성에 적합한 디자인을 구출하는 컴퓨터시스템이다.

### 3) 협조형 감성공학 시스템(Collaborative Kansei Engineering System)

협조형 감성공학이란 감성제품 강화설계 지원시스템(Internet Kansei Group Designing System)이라고도 하며, 다양한 통신기술을 활용하여, 원거리에서도 협조를 통한 실행이 가능한 타입이다. 인터넷상에서 감성데이터베이스와 감성추론기능을 가지는 컴퓨터의 연계로 감성공학을 활용한 디자인 활동이 가능하다. 그 종류로는 협조형 감성디자인(Collaborative Kansei Designing), 협조형 감성실험 시스템(Collaborative Kansei Experiment), 제품선택감성시스템(Product Choice Kansei System)이 있다.

### 4) 감성공학 시스템(Kansei Engineering System)

감성공학 시스템(Kansei Engineering System) 구축은 이러한 감성공학연구의 효율적인 접근의 하나로 감성공학 시스템은 감성에서 설계에 적용하는 프로세스를 전문가 시스템(Experts System)[25]을 이용하는 컴퓨터시스템이다.

1. 감성워드를 인식하는 감성워드데이터 베이스
2. 감성워드로 부터 이미지를 만들어내는 이미지 데이터베이스
3. 감성워드로 부터 디자인을 추정하는 지식베이스
4. 이와 같은 추론기능을 운용하는 추론엔진

---

25) 전문가 시스템(experts system)은 생성시스템의 하나로서, 인공지능 기술의 응용분야 중에서 가장 활발하게 사용되고 있는 분야이다. 이는 인간이 특정분야에 대하여 가지고 있는 전문적인 지식을 정리하고 표현하여 컴퓨터에 기억시킴으로써, 일반인도 이 전문지식을 이용할 수 있도록 하는 시스템이다.
최초의 전문가 시스템은 1956년 Carnegie-Mellon University의 Allen Newell & Hebert Simon이 Rand Corporation의 J.C. Shaw와 공동으로 개발한 Logic Theorist로, 이외 의료 진단 시스템, 설계 시스템 등이 개발되어있다. Neeta Deshpande, Nanda Yadav, Artificial Intelligence, Technical Publications, 1966, p.71 참조

5. 추론엔진에 의해 계산된 결과로부터 특정영상을 검색하는 그래픽모듈
6. 모듈의 하위개념 디자인을 병합하는 디자인데이터베이스와 컬러데이터베이스
7. 이러한 기능을 연계하여 전체를 운용하는 시스템 컨트롤러로 구성된다.

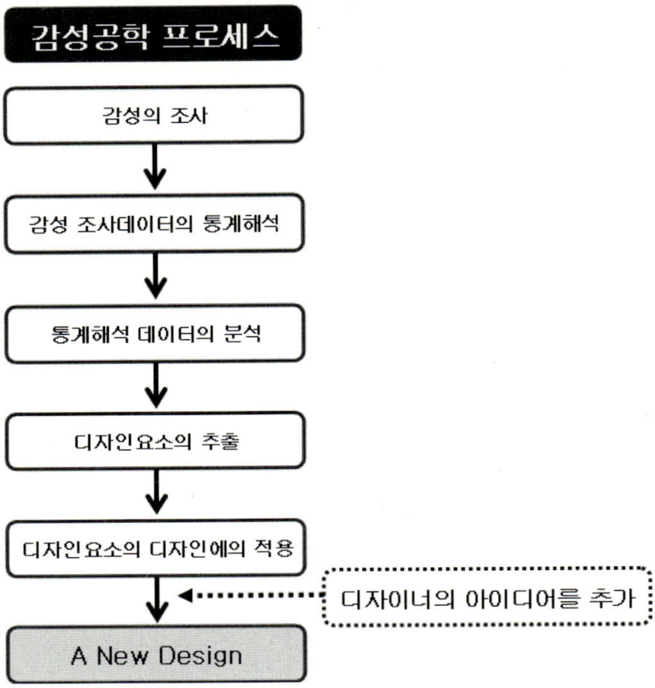


그림 10 ❙ 감성공학의 프로세스[26)]

그 활용 방법으로 디자이너 지원시스템(Designer-Assisted System)과 고객지원시스템(Customer-Assisted System)이 있다. 이러한 감성공학 시스템은 <그림 10>의 감성공학 프로세스를 응용한 시스템으로 감성공학시스템에 있어서 전문가시스템의 이용은 감성어휘에 관한 인자분석결과와 수량화1류를 이용한 계산결과의 감성, 아이템, 카테고리의 관계가 이용되고 있으며, 이러한 적용을 통해 인간의 감성에 적합한 디자인을 생성하는 것이 궁극적인 목표이며, 감성공학타입 A형과 B형이 있다.

26) 篠原昭他, 感性工学への招待_感性から暮らしを考える 1996에서 인용

• 감성공학타입 A형

신제품개발의 의사결정 → 신제품컨셉의 설정 → 감성워드수집 → 평가표의 작성 → 샘플수집 → 감성평가실험 → 아이템 및 카테고리분류 → 인자분석 또는 주성분분석 → 수량화 I 류에 의한 분석 → 신제품의 설계

• 감성공학타입 B형

감성공학타입A에서의 감성워드수집단계를 보다 면밀하게 설계하는 경우 사용하는 타입으로서, 인자분석의 수순에 따라 분석되어진 감성공간을 보다 면밀히 파악할 수 있다. 구체적인 순서는 다음과 같다.

개발 제품분야가 결정이 되면, 그 분야의 감성언어를 적극적으로 수집, 조사하여 100개에서 200개정도의 워드로 정리한다.

→ 워드는 SD법척도표를 구성하여, 같은 분야제품을 10종류이상 수집하여 평가실험을 실행한다.

→ 실험결과를 인자분석하여, 감성워드의 인자구조를 읽어내고, 누적기여율이 0.8정도까지의 인자수를 주목한다.

→ 각 인자축의 높은 누적율의 감성워드를 추출하여, 일람표로 작성하여 감성공학타입A의 감성SD척도로서 사용한다.[27)]

## 03 감성공학연구의 동향

1980년대 나카마치 교수에 의해 탄생한 '감성공학(Kansei Engineering)'은 1990년대 전반에 국가적인차원의 프로젝트대상으로서 주목을 받았으며, 후반에는 관련학과와 국가소속 연구부회 등 연구기관의 설립을 통해 연구적 기반을 갖추었다. 특히 일본감성공학회의 창립은 다양한 분야에서의 감성에 관한 접근을 위한 계기를 마련하였다.

---

27) 都甲 潔, 坂口 光一 편저, 感性の科学—心理と技術の融合, 2006에서 인용
長町三生, 感性工学の役割とその方法論,特集 感性工学とは何か, 日本感性工学学会誌, 第1巻1号, 1998, pp.24-30 참조

**KNSEI Engineering 탄생**

1970 長町 三生, 정서공학 을 창설

1986 야마모토 켄이치, 강연에서 [KANSEI Engineering]을 사용

1988 나카마치 미츠오, 정서공학을 감성공학으로 개칭

1989 나카마치 미츠오, 감성공학, 해문당, 출판

**국가 프로젝트**

1991 통산성 공업기술원 대형프로젝트 [인간감각계측 응용기술](1998년까지)

1992 문부성 과학연구비보조금 중점영역연구 [감성정보처리학·심리학적연구] (1994년까지)

1993 [소프트계 과학기술에 관한 연구개발기본계획] 내각총리대사결정
일본학술회의 재료공학연구연결 위원회 감성공학 소위원회 설치

**학문의 연구대상**

1995 신슈대학 섬유학부 감성공학과 설치
일본학술회의 제1회 감성공학심포지엄 개최

1996 야마구치대학 공학부 감성디자인공학과 설치
일본학술회의 제2회 감성공학심포지엄 개최
감성공방부회 발족

1997 문부성 과학연구비보조금 기한분과 [감성공학]설치
일본학술회의 감성공학전문 위원회 설치
츠쿠바대학 [감성평가구조 모델구축 특별프로젝트](2001년까지)

1998 일본감성공학회(JSKE)설립

그림 11 ▎ 감성공학의 연구동향

1991년부터 1998년도의 8년간에 걸쳐 국가적인 차원의 프로젝트인 [인간감각계측응용기술]이 통산성 공업기술원의 지원으로 진행되었으며, 이는 국가적 지원을 통한 감성공학프로젝트 즉, 국가프로젝트 제1기를 맞이하는 계기가 되었다.

1992년부터 1994년도에는 문부성과학연구비 보조금의 중점영역연구로서 컴퓨터과학 분야 및 심리학 연구 분야가 동참하는 다학제적 성격의 [감성정보처리의 정보학・심리학적 연구][28]가 진행되었으며, 이는 정보과학분야와는 연계가 없었던 감성을 적용한 정보처리에 관한 연구의 시작으로서의 의의를 갖는다. 화상, 회화, 음악, 음색, 환경음, 표정, 디자인, 공간지각, 가상현실 등을 중점영역 대상으로 설정하여, 감성정보의 표현, 생성, 모델화, 감성데이터베이스에 관한 연구를 진행하였다.

1995년에는 이러한 국가적인 프로젝트 진행을 배경으로 신슈(信州, SHINSHU)대학 섬유학부에 감성공학과가 설치되었으며, 이를 시작으로 1996년 야마구치(山口, Yamaguchi)대학의 공

28) 辻 三郎, 感性情報処理の情報学・心理学的研究, 文部省重点領域研究成果報告書, 1996에서 인용
都甲 潔, 坂口 光一 編, 感性の科学—心理と技術の融合, 2006에서 인용

학부에 감성디자인공학과가 설치되는 등 감성연구에 관한 학계의 구체적인 움직임이 시작되었다.

1996년에는 통산성공업기술원의 휴먼미디어 프로젝트(2001년까지 5년간) 분야 가운데 감성미디어기술, 가상미디어기술, 지식미디어기술을 포함하는 휴먼미디어 데이터베이스기술의 확립을 목적으로 감성공방부회(感性工房部會)가 발족하였다.

1997년부터 2001년까지 5년간, 특별프로젝트연구로서 츠쿠바(筑波, Tsukuba)대학에 의해 [감성평가구조 모델구축 특별프로젝트]가 진행되었다. 예술과 디자인에 대한 인간의 태도는 이론적이 아닌 감성적인 것으로서 종래 과학기술분야에서는 인간감성을 수량화하는데 여러가지 한계를 안고 있었다. 이에 감성평가구조 모델구축 특별프로젝트에서는 인간의 작품 감상에 있어서의 심리적・감성적 태도모델을 밝힘으로서 인간감성의 수량화를 목표로 하였다.29)

1998년 21세기 정보화 사회를 이끌어갈 문화・과학기술을 감성을 중심으로 발전시키겠다는 목적으로 창설된 일본감성공학회(日本感性工學會, JSKE)는 감성의 계측과 수량화에 관한 수법개발, 새로운 해석방법의 도입 그리고 이러한 성과의 사업화 가능성에 관한 조사 등, 기존 연구영역의 경계를 허물고 적극적이고 다학제적인 연구의 장을 여는 계기를 마련하였다. 이에 일본감성공학회는 2009년 현재 36개의 연구부회를 통해 감성연구를 진행하고 있다.

국내에서 감성공학이 소개되고 연구가 되기 시작한 시점은 1991년도부터이며, 최근에도 감성의 가치와 감성디자인의 중요성에 관한 논의가 기업과 학계를 통하여 진행되고 있다 . 그 대표적인 연구업적으로 G7프로젝트를 들 수 있으며, 이는 1992년도 당시의 정부가 선진국진입을 위한 전략기술개발 프로젝트인 G7프로젝트 후보과제에 감성공학을 선정하여 연구기획사업을 추진하면서 감성연구 분야가 기업과 학계의 관심으로 부각되기 시작하였다. 감성분야가 1992년도 G7프로젝트 연구기획과제에는 선정되었지만 연구여건이 성숙되지 않았다고 판단한 정부에 의해 연구수행이 보류되었고 이어 1995년 G7프로젝트 2단계과제로 선정되어 표준과학연구원(Kriss)주관, 25개 기업, 17개 대학의 87명으로 구성된 공동연구기획으로 7년에 걸친 연구개발 사업이 진행되었다.

---

29) 岡崎 章 編, 「感性評価1」 1997～「感性評価5」 2001, 筑波大学感性評価構造モデル構築特別プロジェクト研究報告集, 1997-2001에서 인용

표 3 ▎ 일본의 학술단체 등 감성관련연구

| 학술단체 등 | 연구회 등 |
|---|---|
| 일본 학술회의 재료공학연구연결위원회 | 감성공학소위원회 |
| 일본 기계학회 | 감성계측, 응용조사연구분과회 |
| 정밀공학회 | 정밀공학의 인간감성과년 연구협력분과회 |
| 섬유학회 | 감성연구포럼 |
| 일본인간공학회 | 감성,관능평가부회 |
| 패션비지니스학회 | 감성과 비지니스연구회 |
| 일본공업기술진홍협회 | 감성공학과 비지니스개발연구위원회 |
| 통산성 | 감성비지니스연구회 |
| 통산성 생활산업국 | 감성사회에 있어서 기업,산업네 관한 연구회 |
| 통산성 공업기술원 | 대형프로젝트[인간감각계측 응용기술] |
| 과학기술회의 | 소프트계 과학기술에 관한연구 개발 기본계획 |
| 신슈대학섬유학부 | 감성공학과 설치 |
| 야마구치대학 | 감성디자인공학과 설치 |
| 문부성 | 감성비지니스연구회 |
| 문부성생활사업국 | 감성사회에 있어서 기업, 산업권련 연구회 |
| 일본품질관리학회 | 감성공학연구회 |
| 일본관능평가학회 | 1996년 설립 |
| 일본감성교육학회 | 1997년 설립 |
| 일본감성공학회 | 1998년 설립 |
| 휴먼인터페이스학회 | 1999년 설립 |

G7프로젝트의 감성공학 1단계(1995년부터 1998년까지)의 목적은 오감에 의한 감성측정평가, 휴먼인터페이스기술, 감성디자인프로세스기술개발, 5종의 데이터베이스구축을 통하여 감성요소기술을 개발하고, 감성측정평가 시뮬레이션을 개발하여 개념설계 및 모의환경 제시시스템을 구축, 감성디자인프로세스 기반기술 개발 및 16종의 시제품개발에 있었다. 곧이어 시작된 2단계(1998년에서 2001년까지)에서는 시제품 개발 및 소비자반응 측정에서 얻어진 자료

를 토대로 감성기술체계를 확립하고 기업체의 제품생산에 실제로 활용하는 수준도달을 목표로 하였다. 연구내용은 주관적, 심리적인 반응측정기술을 개발하는데 있으며 적합한 분석기법을 연구하여 얻어진 최적의 기법과 데이터베이스를 구축하여 향후의 감성요소개발 연구에 사용할 수 있는 표준화체계 작성이다.30)

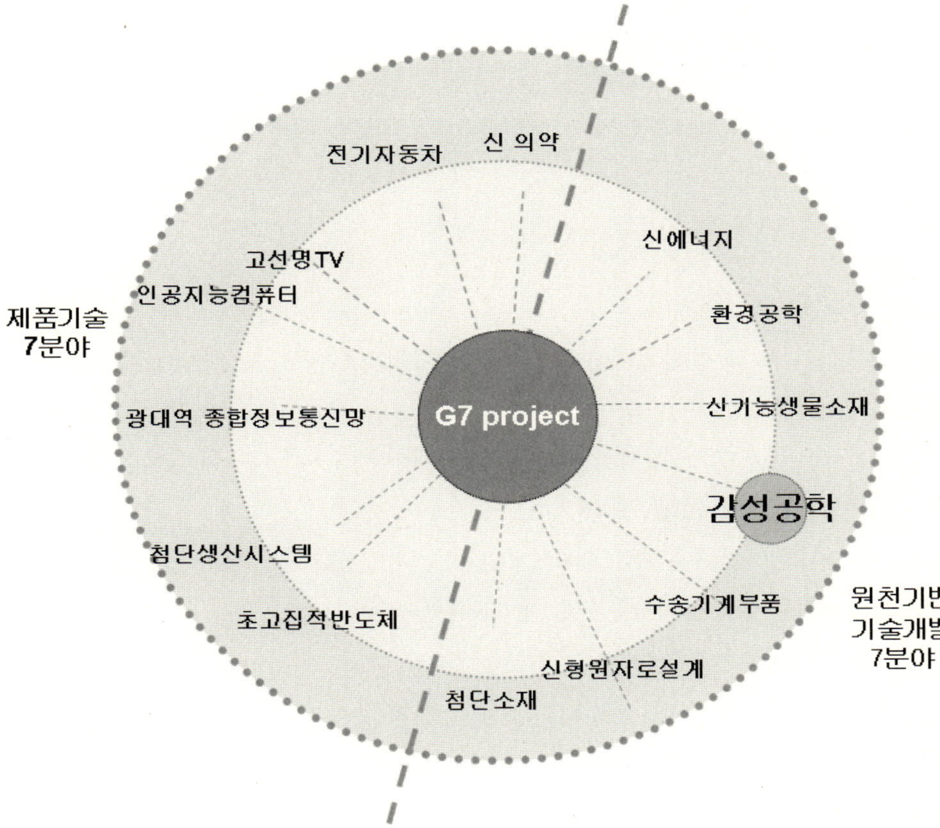


그림 12 ❙ G7프로젝트 적용 범위

30) G7은 과학기술분야에서 가장 앞선 미국, 일본, 영국, 독일, 프랑스, 캐나다, 이탈리아 등 7개국을 표현하는 말로, G7프로젝트는 21세기를 선도할 기술개발사업의 일환으로 감성공학을 들고, 1992년부터 2000년 사이에 2차례의 사업을 통하여 진행되었다.
과학기술처 과학기술정책관리연구소 『G7기술개발 동향자료집』에서 인용.
Seong Bae, Park, Tendency and implementation of Kansei Scientific Research - A Comparative Study between Korea and Japan, Kansei Engineering International vol.1, no.2, p.25 참조

이와 같이 G7 프로젝트는 제품기술개발 · 원천기반기술 분야(산업공학, 인간공학, 기계공학, 산업디자인, 의류학, 물리학, 정보통신학, 심리학, 인지공학 등)를 중심으로 진행되었으며 그 중 디자인분야는 제품 · 산업디자인영역이 사업의 지원 대상이 되었다.

| G7 project 감성공학분야 | | | |
|---|---|---|---|
| | 산업공학 | 인간공학 | 기계공학 |
| | 의류학 | 물리학 | 정보통신학 |
| | 심리학 | 인지공학 | 산업디자인 |

**그림 13** ▎ G7프로젝트 감성공학 분야 지원 대상

## 참고문헌


1. 오영근, 몸의 움직임에 따른 감성표현과 공간특성에 관한 연구, 한국실내디자인학회 논문집, 통권66호, 2008
2. 정현원, 감성의 개념 및 어휘 체계 정립을 통한 공감각 디자인 평가 방법에 관한 연구, 홍익대학교 대학원 박사학위논문, 2008
3. 최현철, 『사회통계방법론』 나남, 2007
4. 長町三生, 이순요, 情報化時代의 感性工學, 養英閣, 1995
5. 長町三生, 感性工學, 海文堂, 1989
6. 長町三生, 感性工学のおはなし _ おはなし科学 · 技術シリーズ, 日本規格協会, 1995
7. 長町三生, 感性工学の役割とその方法論, 特集 _ 感性工学とは何か, 日本感性工学学会誌, 第1巻1号, 1998
8. 山本健一, トップが語る経営, 亜細亜大学経営学部総合講座トップ · マネジメント特別講義 亜細亜大学経営学部, 1992
9. 篠原昭他, 感性工学への招待_感性から暮らしを考える, 森北出版株式会社, 1996
10. 辻 三郎, 感性情報処理の情報学 · 心理学的研究, 文部省重点領域研究成果報告書, 1996
11. 石原 茂和 외, 商品開発と感性, 2005
12. 都甲 潔, 坂口 光一 編, 感性の科学—心理と技術の融合, 朝倉書店, 2006

13. 岡崎 章 編, 「感性評価1」 1997～「感性評価5」 2001, 筑波大学 感性評価構造モデル構築 特別プロジェクト研究報告集, 1997-2001
14. 日本建築學會, 建築都市計劃のための調査分析方法, 井上書院, 2002
15. Aoki Hiroyuki, Present State and Movement of KANSEI Engineering, Japanese Society for the Science of Design, vol.143, 2005. 6
16. Charles Darwin, 『The Expression of the Emotions in Man and Animals』, 1872
17. Chapanis, A., Some reflection on progress, Proceedings of the Human Factors Society 29th Annual Meeting, Santa Monica, CA : Human Factors Society, 1985
18. H. Lee and Y. Oh, Body-Scale Visual Judgment on the Ceiling Height of Interior Space, International Ergonomics Association, Manufacturing Agility and Hybrid Automation-2, 1995
19. JUNG, A-Young, Research the evaluation method for the environment design factor through the sensibility, International Conference on Research, JSKE, 2007
20. Likert, R. A Technique for the Measurement of Attitudes, Archives of Psychology 140, 55, 1932
21. Osgood, C.E. The nature and measurement of meaning. Psychological Bulletin, 49, 1952
22. Osgood, C.E., Suci, G.J., & Tannenbaum, P.H. The Measurement of Meaning. University Of Illinois Press, 1957
23. Park, Seong-Bae, Tendency and implementation of Kansei Scientific Research-A Comparative Study between Korea and Japan, Kansei Engineering International vol.1, no.2, 2003
24. Wendy S. Ark, D. Christopher Dryer, Davia J. Lu : The Emotion Mouse. HCI (1) 1999
25. R. Picard, Affective Computing, MIT Press, 2000
26. Stevens, S. S. Mathematics, measurement and psychophysics. In S.S. Stevens (ed.) Handbook of experimental psychology. New York : Wiley, 1951
27. Neeta Deshpande, Nanda Yadav, Artificial Intelligence, Technical Publications, 1966

# 감성공간디자인

Emotional Space Design

정현원 김포대학 교수

## 01 감성공학의 적용

1980년대 말 이후에 나타난 감성을 디자인에 응용하고자 하였던 학계와 산업계에서의 시도는 일본의 감성공학(Kansei Engineering)과 유럽의 디자인 & 감성 컨퍼런스(Design and Emotion Conference)[1]에서 찾아볼 수 있다. 감성디자인의 목적은 감성적으로 가치로운 제품-사용자간 관계를 창조할 수 있도록 디자이너를 지원하는 '도구와 방법'을 개발하는 것이다(Overbeeke and Hekkert, 1999).

소비자의 감성을 이해하고 이를 디자인에 반영하고자 한 공학적 접근의 출현은 과거 생산자 중심의 시장체제가 소비자 중심의 시장체제로 전환되었기 때문이다. 공급과잉의 경제체제에서 제품의 기능적 측면만으로는 경쟁력을 갖기 어려워졌으며, 구매결정, 사용 후 평가, 브랜드 충성도에 영향을 미치는 소비자의 감성이 마케팅에서 더욱 중요한 요인으로 부각되었다. 그러나, 소비자의 감성을 과학적인 방법으로 측정하고 평가하는 것은 그리 쉬운 일은 아니다. 왜냐하면, 감성은 외부자극으로 인한 내면의 심리적 반응으로 그 결과가 외부로 잘 표출되지 않고, 주관적이며, 상황에 따른 변화가 심하기 때문이다. 따라서, 소비자의 감성을 이해하고 이를 디자인에 반영하고자 하는 목표를 달성하기 위해서는 감성을 파악할 수 있는 다양한 방법과 새로운 도구 개발이 필요하다.

1) Design & Emotion Society (http://www.designandemotion.org)

다음의 예들은 제품 또는 디자인을 개발할 때 소비자의 감성적인 측면을 반영하기 위한 분석방법들이다[2].

• Semantic Differential Methods (Osgood et al., 1957)

오스굳에 의해 창안된 의미분별법(SD 스케일법)은 원래 정치추세가 유권자들에게 어떤 정서적인 영향력을 미치는지를 파악하기 위한 방법으로 고안되었다. SD법은 만족도나 선호도 평가, 이미지 평가, 디자인 평가 등 디자인 분야에서 오래전부터 사용되어온 방법이다. 또한, 감성공학 등장 이후 사용자의 감성을 파악하기 위한 도구로서 많이 활용되고 있다.

• Conjoint Analysis (Green and Srinivasan, 1978)

컨조인트 분석방법은 마케팅에서 많이 사용하는 기법이다. 타겟 그룹의 고객들이 어떤 제품의 특징에 얼마나 많은 비용을 지불할 지를 예측하기 위하여 고안된 방법이다.

• Semantic Description of Environments (SMB) (Küller, 1975)

SMB 방법은 미적인 외관에 따르는 건축적인 구조들을 평가하기 위한 방법으로 고안되었다. 이 방법은 원래 예술적이고 비상업적인 이익(가치)를 다룬다.

• Ouality Function Deployment (QFD) (Akao, 1990)

품질기능전개기법(QFD법)은 일본인 품질 기술 전문가들에 의하여 개발된 공학적인 툴이다. 이 방법은 소비자의 제품에 대한 기능적 요구들과 공학적인 특징들 간의 관계들을 규명한다.

• Kansei Engineering (Nagamachi, 1989)

감성공학은 공학적인 툴이다. 이 방법은 사용자의 감성적인 요구들을 모으고 이러한 감성적인 요구들이 선택된 제품특성들과 어떻게 연관되는지에 대한 통계적 예측을 확립하고자 한다.

---

2) Schütte, S. “Engineering emotional values in product design : Kansei Engineering in development”, Linköpings University, Department for Human Systems Engineering, Sweden, 2005, pp.4-5

아래의 <그림 1>은 감성공학의 기본 개념을 설명한다. 사물이 주는 정보개념을 물리적 특성 공간 (부피, 무게, 색상, 형태, 재료 등)과 의미적 공간 (좋은, 멋있는, 편안한 등)로 구분하며, 이 두 정보공간 요소들 간의 관계를 파악하고자 한다. 즉, 어휘로 표현된 감성 요소에 영향을 미치는 디자인 구성요소의 특성이 무엇인지를 규명하고자 한다. <그림 2>는 감성공학 프로세스를 그림으로 보여준다.

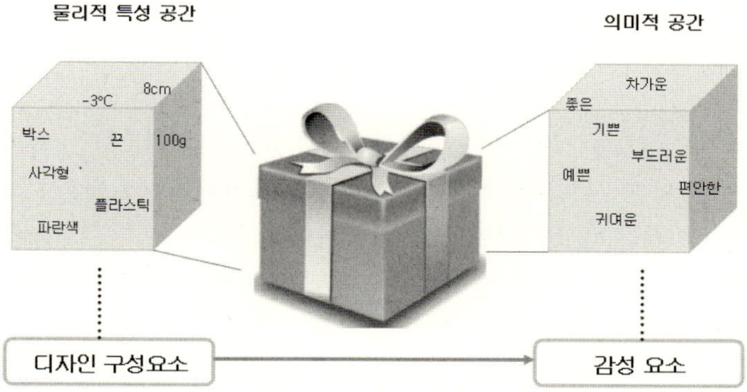


그림 1 ❙ 감성공학의 기본 개념

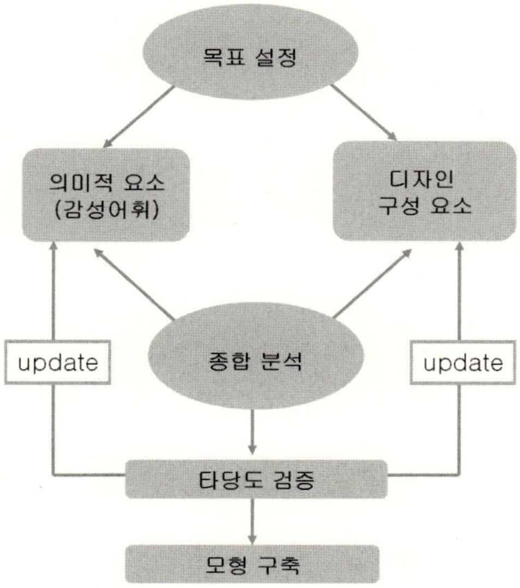


그림 2 ❙ 감성공학 프로세스(Schütte, 2002 참조)

## [감성공학 프로세스]

• 목표설정

- 신제품의 특성, 타겟 그룹, 시장 등의 범위를 설정하는 단계이다. 어떤 제품 개발의 목적이 되는 이상적인 컨셉 설정의 의미로서 이해될 수도 있다. 관련 정보에 근거하여 이러한 범위를 대표할 수 있는 제품의 샘플들(products, drawings, samples 등)을 수집한다.

• 의미적 요소 (감성어휘 수집)

- 제품을 설명 또는 묘사할 수 있는 어휘들(예, 편안한, 훌륭한, 부드러운 …)을 수집 한다. 문헌, 광고, 전문가 인터뷰, 사용자 의견 등을 통해 제품과 관련된 가급적 많은 어휘들을 수집한다. 그리고, 수집한 어휘 모두를 평가어휘로 사용할 수가 없으므로 요인분석(factor analysis)이나 친화도법(affinity diagram)을 사용하여 대표어휘를 추출한다. 이때 사용자의 마음에 가장 임팩트한 어휘 또는 전략적인 어휘를 대표어휘로 선택하다.

• 제품특성요소 추출

- 제품의 특성을 공학적 용어(예, 20℃, 1m, 156kg …)로 설명하는 것이다. 이러한 특성은 전 단계에서 추출된 감성어휘와 연결될 것이다. 목표하는 제품들로부터 대표적인 제품 특성이 수집되고 사용자에게 가장 의미있는 임팩트한 제품 특성을 선택(예, 손목시계-계기판, 재료, 색, 시계줄, 정확성 …)한다. 제품의 특성은 설명서, 전문가 인터뷰, 문헌 등의 자료에서 수집한다.

• 종합분석

- 감성공학에서 가장 중요한 단계로 감성어휘와 제품의 특성을 연관시키는 것이다. 제품의 감성평가는 SD법에 의해 이루어지고, 통계분석을 이용하여 분석한다. 사용되는 분석방법은 선형회귀분석(Linear regression), 일반선형모형(General Linear Model), 수량화 분석(QT1), 신경망 분석(Neural Networks), 유전자 알고리즘(Genetic Algorithm), 개략집합분석(Rough set analysis) 등이 사용된다.

## 02 감성공간디자인(욕실디자인)

다음의 내용은 앞서 설명한 감성공학 기법을 욕실디자인 과정에 접목시킨 디자인 연구 사례이다.3) 본 연구는 디자이너의 직관에 의존했던 공급자 중심의 디자인 방식에서 벗어나 소비자의 감성, 느낌, 인상 등을 파악해서 소비자들에게 만족을 줄 수 있는 사용자 중심의 디자인을 목적으로 한다. 또한, 욕실디자인 과정에 감성공학 기법을 적용함으로서 실내공간분야에서 감성공간디자인의 가능성과 방법을 제시하고자 한다.

감성공간디자인 과정을 대략적으로 설명하면, <그림 3>과 같이 크게 ① 기획 및 실험구상, ② 욕실이미지 CG제작, ③ 실물모형 제작단계로 진행된다. 기획 및 실험구상단계에서는 미래 욕실 디자인에 대한 개념을 설정하였고, 사용자의 감성을 파악하기 위한 실험 을 구상하였다. 이를 바탕으로 CG 평가도구를 제작하였으며, 인테리어 전문가 그룹을 대상으로 감성평가를 하였다. 평가결과를 분석하여 가장 우수한 디자인 대안을 선정하였으며, 그 대안을 기준으로 하여 실물모형 욕실을 제작하였다. 또한, 제작된 욕실에서 일반인을 대상으로 하여 감성평가를 진행하였다.

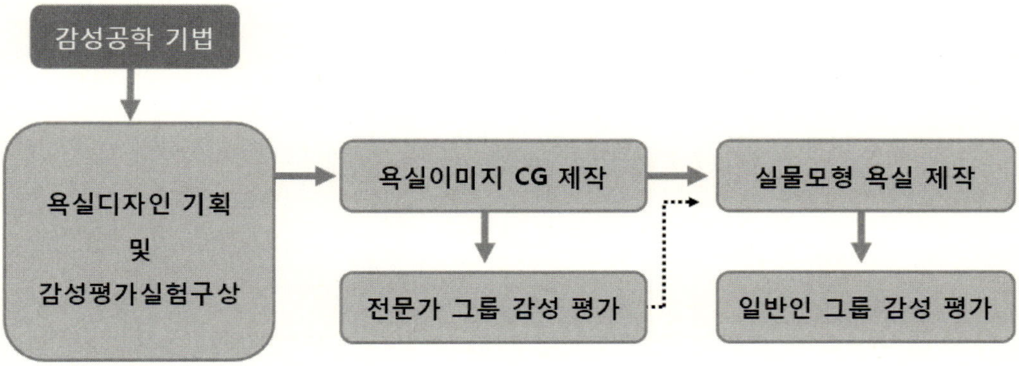


그림 3 ▌ 감성공간디자인 과정

3) 본 감성공간디자인 연구는 실내디자인학회 감성환경행태위원회에서 진행하였다. 디자인 결과물은 '2009년 리빙디자인페어' (2009. 3. 23.~3. 29.)에서 전시되었다.

## 2.1 욕실디자인 기획

### 1) 목표설정

본 감성공간디자인 연구는 미래지향적 욕실디자인 제안을 목표로 한다. 이와 관련된 다양한 자료들을 수집 분석하였고 수차례에 걸친 아이디어 회의를 통하여 이러한 목표를 실현할 수 있는 컨셉으로 지속가능성, 친환경적, 편안한, 쾌적한 등의 키워드를 도출하였다. <그림 4>는 미래지향적 욕실디자인의 상위 컨셉인 '지속가능성'을 구체화시키기 위한 개념화 과정을 보여준다.

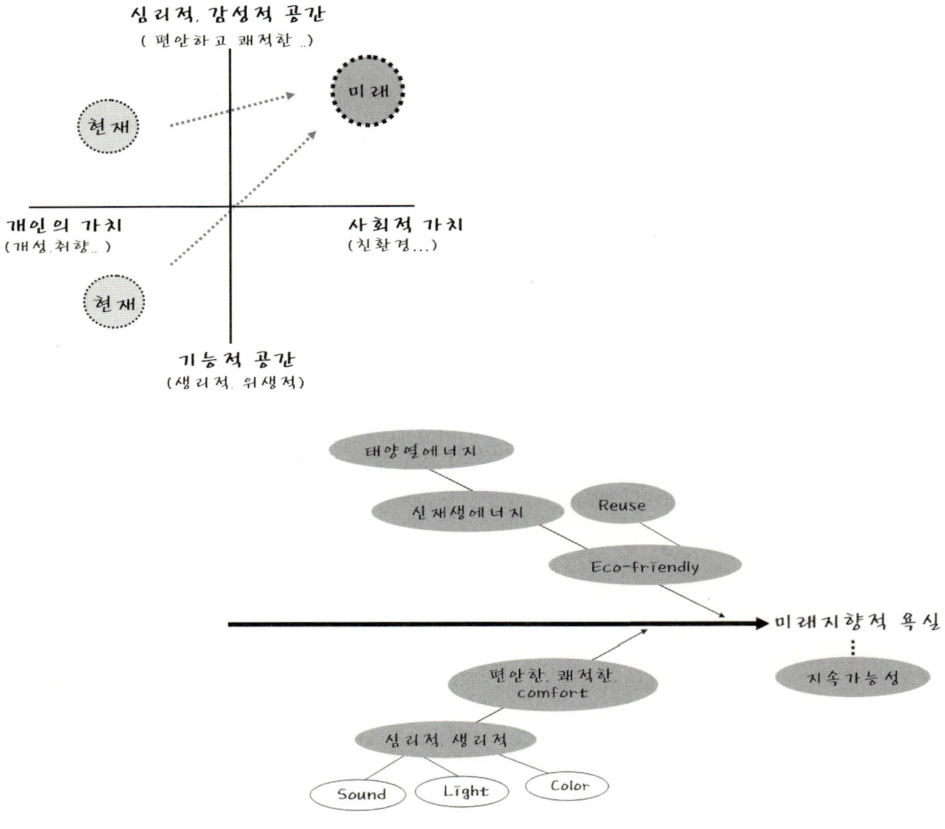


그림 4 ▎ 미래지향적 욕실디자인 개념화 과정

### 2) 의미적 요소 (감성어휘)

의미적 요소 설정단계에서 감성어휘 수집은 욕실을 설명 또는 묘사하는 어휘와 지속가능성과 관련 어휘를 수집하였다. 먼저 욕실과 관련된 감성어휘는 국내 아파트 카타로그 50개[4]에서 욕실 이미지를 설명 또는 묘사하고 있는 감성어휘 60개를 수집하였다. 또한 지속가능성과 관련된 감성어휘는 이 분야의 대표적 저서인 『월드체인징(2009)[5]』에서 70개를 수집하였다. 수집된 총 130개 어휘를 친화도법(affinity diagram)을 사용하여 분류하고 그 안에서 중복된 의미는 삭제하여 최종적으로 감성어휘 16개를 추출하였다<표 1>. 최종 선정된 16개 감성어휘는 형용사어휘로서 반대 의미의 형용사쌍을 양극에 두고 그 사이를 7점 스케일로 만든 설문도구를 작성하였다<그림 5>.

**표 1** ▌ 감성어휘추출 과정

| 욕실 감성어휘 | 친환경 감성어휘 | 만족도 | 최종 추출 어휘 |
|---|---|---|---|
| 쾌적한<br>청결한<br>고급스러운<br>감각적인<br>섬세한<br>세련된<br>모던한<br>향기로운<br>특별한<br>넓은<br>편안한<br>아늑한<br>편리한<br>여유로운<br>기분좋은<br>친환경 / 내츄럴한 | 자연적인 / 자연스러운<br>쾌적한 / 편안한 / 건강한<br>멋진 / 좋은<br>삶의 질을 높이는<br>독특한<br>단순한<br>살아 숨쉬는 / 녹색의<br>친환경적인<br>지속가능한<br>효율적인<br>낭비가 없는 / 절약적인 /<br>자급자족이 가능한<br>재생 / 재활용 / 재사용<br>생태친화적<br>환경부담을 줄이는 | 만족한 | 쾌적한<br>세련된<br>기분좋은<br>특별한<br>여유로운<br>건강한<br>향기로운<br>고급스러운<br>자연적인<br>친환경적인<br>자급자족의<br>지속가능한<br>녹색의<br>효율적인<br>재활용의<br>만족한 |

4) 국내 도급순위 10위권 이내 브랜드 아파트 건설사 카타로그

5) Alex Steffen, Worldchanging, 월드체인징, 김명남 외 2인, 바다출판사, 서울, 2009

| | −3 | −2 | −1 | 0 | 1 | 2 | 3 | |
|---|---|---|---|---|---|---|---|---|
| 불쾌한 | □ | □ | □ | □ | □ | □ | □ | 쾌적한 |
| 어색한 | □ | □ | □ | □ | □ | □ | □ | 세련된 |
| 기분 나쁜 | □ | □ | □ | □ | □ | □ | □ | 기분 좋은 |
| 평범한 | □ | □ | □ | □ | □ | □ | □ | 특별한 |
| 답답한 | □ | □ | □ | □ | □ | □ | □ | 여유로운 |
| 병든 | □ | □ | □ | □ | □ | □ | □ | 건강한 |
| 역겨운 | □ | □ | □ | □ | □ | □ | □ | 향기로운 |
| 저급한 | □ | □ | □ | □ | □ | □ | □ | 고급스러운 |
| 인공적인 | □ | □ | □ | □ | □ | □ | □ | 자연적인 |
| 환경파괴의 | □ | □ | □ | □ | □ | □ | □ | 친환경적인 |
| 의존적인 | □ | □ | □ | □ | □ | □ | □ | 자급자족의 |
| 일시적인 | □ | □ | □ | □ | □ | □ | □ | 지속가능한 |
| 회색의 | □ | □ | □ | □ | □ | □ | □ | 녹색의 |
| 낭비적인 | □ | □ | □ | □ | □ | □ | □ | 효율적인 |
| 버리는 | □ | □ | □ | □ | □ | □ | □ | 재활용의 |
| 불만족한 | □ | □ | □ | □ | □ | □ | □ | 만족한 |

**그림 5 ❙** SD법 7점 스케일 설문도구

### 3) 공간디자인 구성요소

지속가능한 욕실디자인의 개념에 부합하는 공간 디자인요소를 선정하였다. <그림 6>과 같이 디자인개념을 나타내는 '지속가능성', '친환경적인', '효율적인', '건강하고 편안한'의 감성어휘에 대응하는 디자인요소를 개념의 위계구조에 따라 세 그룹으로 정하였다.

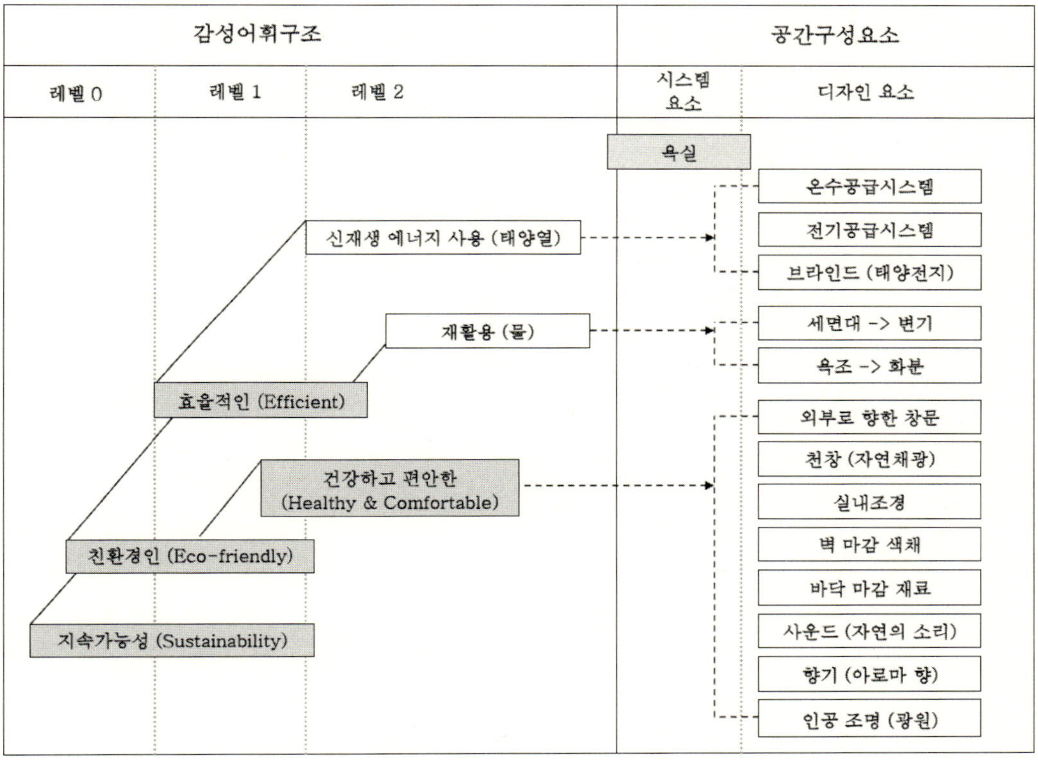


그림 6 ▎ 디자인 개념 및 공간디자인 구성요소

### 4) 종합분석

감성어휘와 공간디자인 구성요소의 관련성 분석을 위한 감성평가는 SD법 어휘평가로 진행되었다. 감성평가결과는 통계패키지 SPSS 14.0을 이용하여 기초통계량분석, 상관관계분석, 요인분석, 중회귀분석, 독립표본 T검정, 분산분석 등의 통계분석방법으로 분석하였다.

## 2.2 감성평가 실험 구상

### 1) 디자인 구상 및 실험변인요소 설정

미래지향적 욕실공간디자인 컨셉('지속가능성', '친환경적인', '효율적인', '건강하고 편안한')을 구현할 수 있는 구체적인 공간 계획을 하였다. 친환경 욕실 이미지 자료와 태양에너지 이용 사례 등 관련 자료를 수집하였으며, 스케치, 평면계획 등 아이디어를 전개하였다. 또한, 욕실 디자인과 사용자 감성의 관계를 파악하기 위한 감성평가 실험 구상도 함께 진행하였다 <표 2>.

**표 2 ❙** 디자인 전개 및 실험 구상

– **미래지향적 (-〉 지속가능성)**

–Eco-friendly

1. reuse : 물의 재사용
   (세면대물 -〉 변기, 욕조의 물 -〉 화분)
2. 대체 에너지 : 태양광 에너지
   (집열판 설치 -〉 온수공급, 전기공급)
   (태양전지 브라인드 설치)
3. 광천장, 창문 설치 : 자연과 소통
4. 벽면 재료 : 식물
5. 화분, 소규모 정원

–쾌적한

1. 색채, 재료 등 변인 (-〉1차 감성평가 : CG 이미지 조사)
2. 사운드 변인 (-〉 2차 감성평가 : 실물모형 실험조사)
3. 향기 변인 (-〉 2차 감성평가 : 실물모형 실험조사)
4. 조명색 변인 (-〉 2차 감성평가 : 실물모형 실험조사)

감성평가 실험구상에서 욕실공간을 구성하는 디자인 요소 가운데 변인요소를 선정하는 것은 중요한 부분이다. 초기의 구상은 <표 3>과 같이 사용자의 감성에 결정적인 영향을 주는 요소로 색채, 재료, 그리고, 창문 요소까지를 변인요소로 선정하였으나, 조합의 수가 너무 많아지게 되어, 디자인목표, 욕실기능, 시공조건 등을 감안하여 벽 및 바닥의 색채와 재료 요소를 변인요소로 한정하였다<표 4>. 마감색채와 재료 선정기준은 아파트 브랜드 건설사 카다로그 자료의 욕실에서 주로 사용하고 있는 대표적인 색채와 재료를 기준으로 하였다.

한편, 실물모형 감성평가의 변인 요인으로는 사운드, 향기, 조명색의 3가지 요인으로 한정하였다. 실험환경은 8가지 조합이 만들어지며, 시간대별로 환경세팅을 조정할 수 있도록 구상하였다<표 5>.

**표 3 ❙ CG이미지 감성평가 변인요소 (초기 구상)**

| 고정 요소 | 변인 요소 | | | |
|---|---|---|---|---|
| | Floor | Wall Color | 창문 | 광천창 |
| 공간 크기, 시설물 배치, 시설물 Style(세면대, 변기, 욕조), 배관 color 등 | Wood, Tile / Stone | White, Beige Dark Brown, Grey, Black | O X | O X |

**표 4 ❙ CG이미지 감성평가 변인요소 (수정안)**

| 고정요소 | 변인요소 | | | | 고정요소 | |
|---|---|---|---|---|---|---|
| | Floor | | Wall Color | | 창문 | 광천창 |
| | 재료 | 색채 | 재료 | 색채 | | |
| 공간크기, 시설물 배치, 시설물 Style(세면대, 변기, 욕조), 배관 color 등 | Wood, Tile / Stone | White, Beige, Dark, Brown, Grey | 도장 | White, Beige, Dark, Brown, Grey | O | O |

**표 5 ❙ 실물모형 감성평가 변인요소**

| 고정 요소 | 변인 요소 | | |
|---|---|---|---|
| | 사운드 (자연음향) | 조명색 | 향기 (아로마향) |
| 공간 크기, 시설물 배치 시설물 Style(세면대, 변기, 욕조), Floor, Wall Color, 배관 color, 창문, 광천창 등 | O X | Warm Cool | O X |

### 2) 평면도 및 CG 욕실이미지 제작

본 디자인연구의 결과물은 리빙디자인 페어전시 참여를 목적으로 한다. 3x3x3 부스 2개 중 하나는 실험공간(욕실 공간 크기 3x3m, 천정고 2.1m)이며, 다른 하나는 실험을 위한 대기 또는 실험 예비설명을 위한 공간으로 계획하였다. 욕실 입구는 문을 달아 감성실험을 할 때 실제 욕실공간으로 인식될 수 있도록 계획하였다.

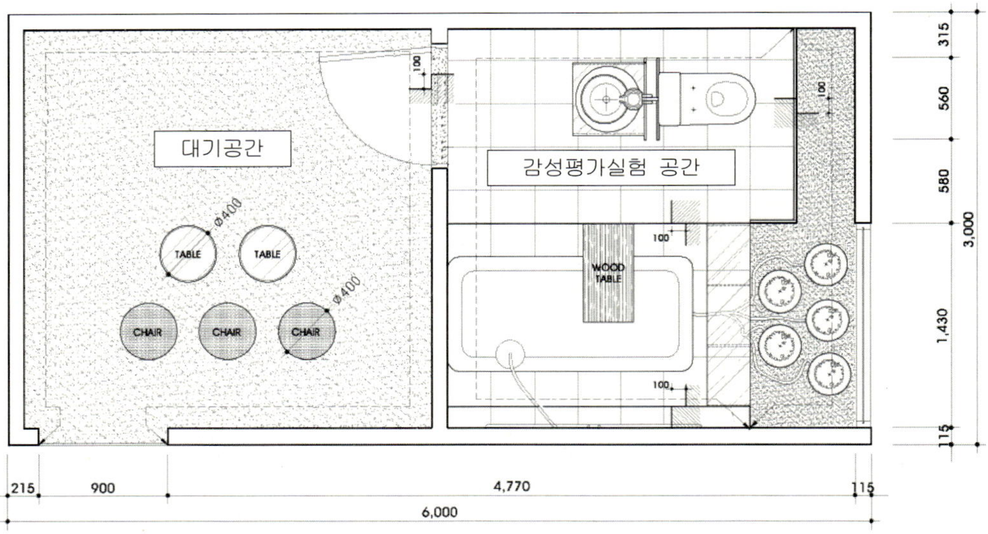


그림 7 ❙ 감성평가 실험공간 평면도

평면계획 후, 3D Max를 사용하여 <그림 8>과 같이 4가지 타입의 욕실 이미지를 제작하였다. 각 욕실이미지의 변인 요소로 사용된 색채와 재료구성은 <표 6>과 같다.

표 6 ❙ 욕실 디자인 감성평가 변인요소

| 타입 | 벽 (재료) | 벽 (색채) | 바닥 (재료) | 바닥 (색채) |
|---|---|---|---|---|
| 이미지 1 | 페인팅 | 화이트 | 타일 | 화이트 |
| 이미지 2 | | 다크 브라운 | 우드 | 베이지 |
| 이미지 3 | | 베이지 | 타일 | 그레이 |
| 이미지 4 | | 그레이 | 우드 | 다크 브라운 |

| | | |
|---|---|---|
| 이미지 1 |  |  |
| 이미지 2 |  |  |
| 이미지 3 |  | 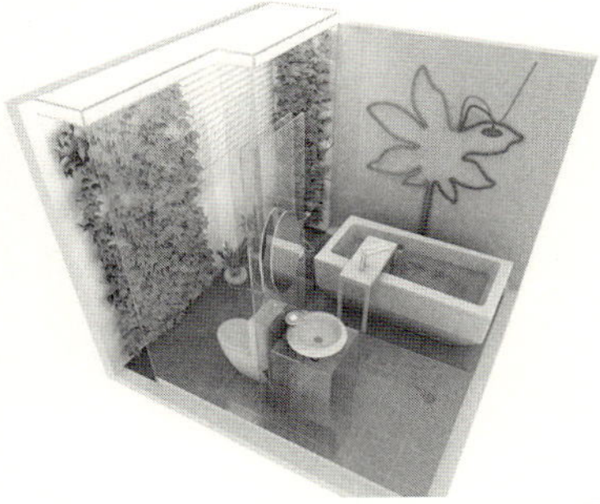 |
| 이미지4 |  |  |

**그림 8** ┃ 디자인 대안의 3D 욕실이미지

### 3) 실물모형제작

인테리어 디자이너 전문가 그룹을 대상으로 한 감성평가 결과<그림 11 참조>, 만족도가 가장 높은 디자인 대안으로 화이트계통의 밝은 색과 타일바닥이 사용된 욕실 이미지 1이 선정되어 실물모형으로 제작되었다. 앞서 설명하였던 '지속가능성' 디자인 개념을 욕실디자인 구성요소에 반영한 내용은 <그림 9>에서 설명한다.

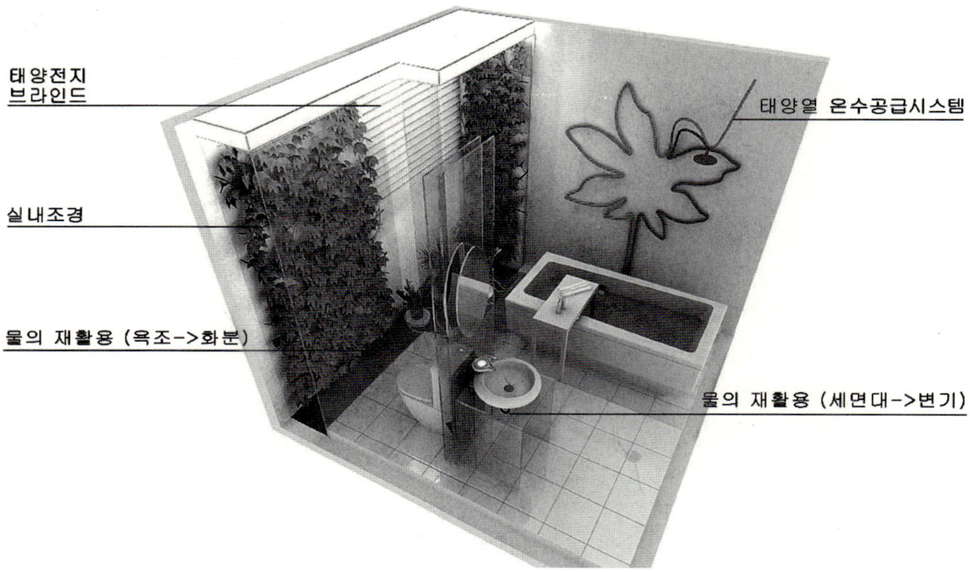

• 태양열 에너지 사용 : 온수공급 시스템

태양전지를 지붕위에 설치하여 온수를 공급한다. 나뭇잎의 형태는 물이 공급되는 배관을 디자인한 것이다. 주황색은 태양열에 의한 온수가 공급되며, 파란색은 냉수가 공급된다.

• 태양열 에너지 사용 : 전기공급 시스템

태양전지 브라인드를 창문밖에 설치하여 조명전기에너지로 사용한다.

• 물의 재사용 : 세면대 -> 변기

세면대에서 사용한 물은 변기로 보내진다. 세면대의 짙은 녹색 배관은 변기로 연결된다.

• 물의 재사용 : 세면대 -> 화분

욕조에서 사용한 물은 정화되어 화분 및 실내조경 식물의 물 공급을 위해 재사용된다.

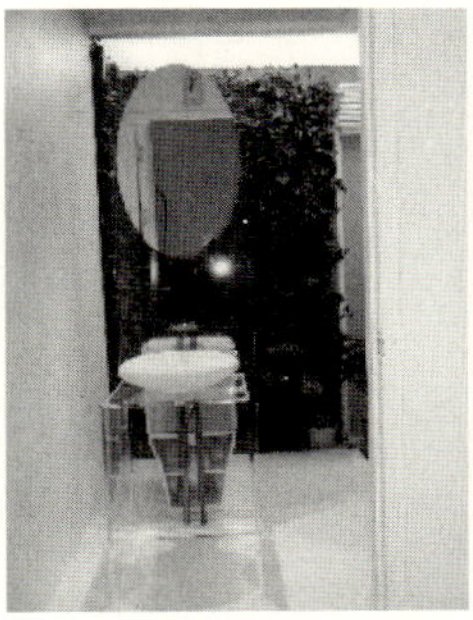

• 실내조경, 외부로 향한 창문, 천창

실내조경, 외부로 향한 창문, 천창 등이 디자인 컨셉 구현요소로 사용되었다.

그림 9 ▎'지속가능성' 개념이 반영된 욕실 시공사진

# 03 욕실디자인 감성평가

## 3.1 CG 욕실이미지 감성평가

CG 욕실 이미지 감성평가는 53명의 인테리어 디자이너를 대상으로 진행하였다. 앞서 설명하였던 4가지의 디자인 이미지를 <그림 8 참고> 프로젝터를 통한 영사방식(화면크기 5x7m)으로 제시하였다. 먼저 연구자가 평가자들에게 평가목적과 설문지 작성에 관해 전반적인 설명을 하였으며, 다음으로 준비된 영상이미지를 한 장면씩 2분간 제시하였다. 평가자들은 영사된 각각의 이미지에 대한 느낌을 감성평가 설문지에 표시하였다. 감성평가 작업에 소요된 시간은 약 20분이었다.

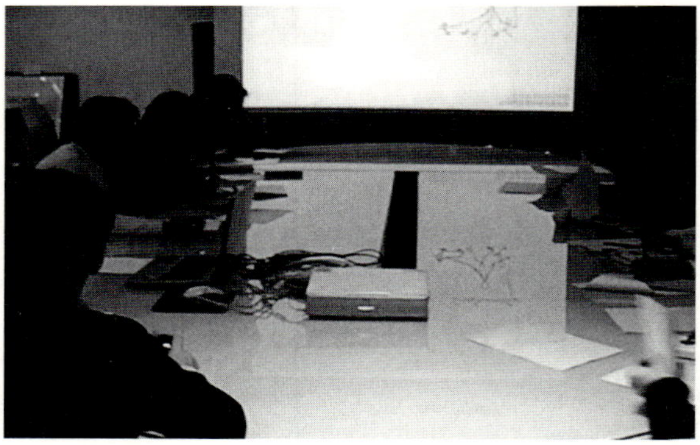

그림 10 ❙ 감성평가 장면

### 1) 프로파일 분석

- 4개의 욕실이미지를 대상으로 16개 형용사쌍에 대한 감성평가의 결과를 프로파일로 나타내 보면 <그림 11>과 같다. 여기서 이미지 2와 이미지 4의 프로파일이 매우 유사한 형태와 값을 보이고 있어 둘 사이에 상관관계를 분석한 결과 모든 형용사쌍에서 유의미한 상관관계를 나타내었다. 따라서 이미지 2와 4는 하나의 그룹으로 묶어서 분석하였다.

- 이미지 2-4그룹은 16개 형용사쌍 가운데 '평범한-특별한'을 제외한 15개에서 가장 부정적 평가를 받고 있다. 반면에 이미지 1은 16개 형용사쌍 가운데 15개에서 가장 긍정적인

평가를 받고 있는 것으로 나타났다. 한편 이미지 3은 이미지 1의 값과 이미지 2-4그룹의 값 사이에서 중간에 위치한다. 따라서 전체적으로 이미지 1은 긍정적 감성평가를, 이미지 3은 중간의 감성평가를, 이미지 2-4그룹은 부정적 감성평가를 받는 것으로 나타난다.

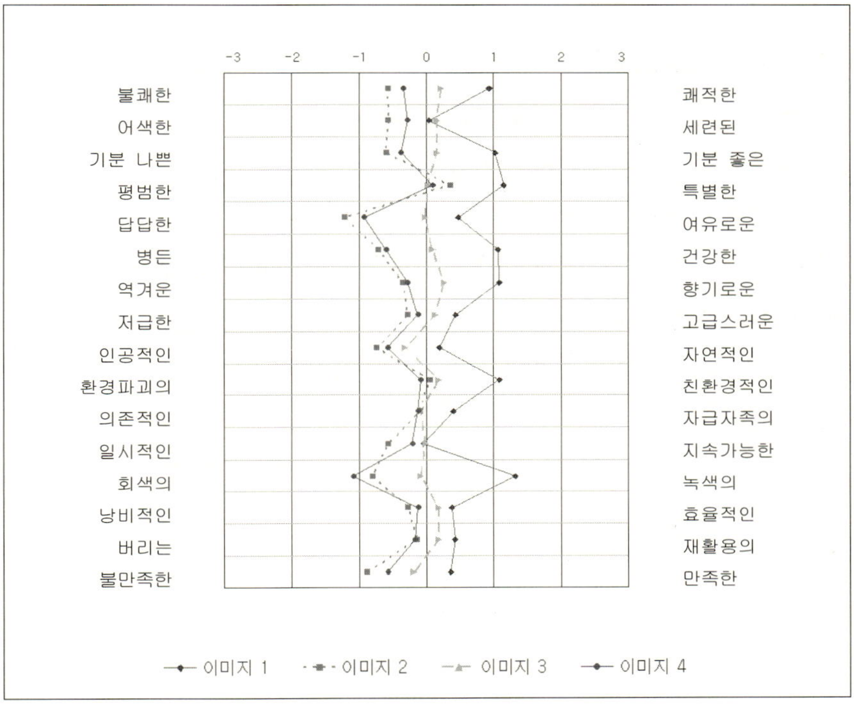


**그림 11 ▎ 이미지별 감성 평가 프로파일 비교**

- 감성평가에서 중요한 요소인 만족도 ('만족한-불만족한')와 선호도 ('기분 좋은-기분 나쁜')에 대해 두 개 모두에서 이미지 1이 가장 높은 평가를, 이미지 3이 중간 평가를, 이미지 4가 가장 낮은 평가를 받았다. 이러한 감성평가결과에 따라 이미지 1을 최종 욕실디자인으로 선정하여 실물모형을 제작하였다.

- 감성평가의 결과에서 차이가 분명하게 나타난 이미지 1, 이미지 3, 이미지 2-4그룹에 대해 디자인요소 가운데 디자인 변인을 살펴보면, 이미지 1은 바닥과 벽 모두에 화이트 색채를 사용하였고, 이미지 3은 바닥과 벽의 재료의 경우 이미지 1과 같으나 색채에서

벽에 베이지 그리고 바닥에 그레이를 사용하였으며, 이미지 2-4그룹은 바닥 재료로서 모두 우드를 사용하고 색채는 다크 브라운을 공통적으로 사용하였다.

- 따라서, 이미지 1, 이미지 3, 이미지 2-4그룹의 감성평가의 차이에 가장 큰 영향을 미친 디자인 요소는 바닥과 벽의 색채, 그 중에서도 특히 명도임을 알 수 있으며 이와 더불어 바닥 재료도 감성평가의 차이에 일부 영향을 미치고 있다.

표 7 ❙ 형용사쌍별 분산분석결과

| | | 이미지 2 | 이미지 3 | 이미지 4 |
|---|---|---|---|---|
| 불쾌한-쾌적한 | 이미지 1 | 1.528* | .736* | 1.283* |
| | 이미지 2 | | .792* | - |
| | 이미지 3 | | | - |
| 기분 나쁜-기분 좋은 | 이미지 1 | 1.623* | .868* | 1.396* |
| | 이미지 2 | | .755* | - |
| | 이미지 3 | | | - |
| 답답한-여유로운 | 이미지 1 | 1.679* | - | 1.396* |
| | 이미지 2 | | 1.189* | - |
| | 이미지 3 | | | .906* |
| 병든-건강한 | 이미지 1 | 1.774* | .962* | 1.660* |
| | 이미지 2 | | .811* | - |
| | 이미지 3 | | | .698* |
| 역겨운-향기로운 | 이미지 1 | 1.453* | .830* | 1.377* |
| | 이미지 2 | | .623* | - |
| | 이미지 3 | | | - |
| 회색의-녹색의 | 이미지 1 | 2.132* | 1.415* | 2.415* |
| | 이미지 2 | | - | - |
| | 이미지 3 | | | 1.000* |

* p<.05

### 2) 형용사쌍별 비교분석

- 분산분석은 3가지 이상의 평균값의 차이를 검증하기 위한 통계방법이다. <그림 11>의 평균값의 차이 검증을 위해 4개 이미지에 대한 16개 형용사쌍 각각에 분산분석(One-Way ANOVA)을 실시하였다.

- <표 7>과 같이 유의미한 차이를 나타내는 형용사쌍은 6개로서 '불쾌한–쾌적한', '기분 나쁜–기분 좋은', '답답한–여유로운', '병든–건강한', '역겨운–향기로운', '회색의–녹색의'이다. 이러한 분석결과는 지속가능한 욕실의 디자인요소 가운데 색채와 바닥 재료의 변화가 디자이너의 감성 가운데 쾌적성, 건강성, 공간감, 선호도 등에 영향을 미치고 있음을 의미한다.

- 즉, 지속가능한 개념의 욕실디자인에서는 화이트계통의 밝은 색과 바닥 타일의 사용이 어두운 계통의 색과 바닥 우드의 사용보다 쾌적함, 건강함, 여유로운 공간감, 기분 좋음 등의 긍정적 감성평가를 일으키는 것으로 해석할 수 있다.

### 3) 감성구조 분석

- 요인분석은 변인들간의 상관관계를 이용하여 변인을 축소하는 기법으로 변수들간의 어떤 구조가 존재할 수 있는지를 발견할 수 있다. 4가지 이미지의 평균값을 요인분석한 결과는 <표 8>과 같다.

- 즉, 지속가능한 욕실디자인에 대한 디자이너의 감성구조는 건강성, 친환경성, 세련성의 축으로 구성된다. 결국 디자이너의 감성구조를 반영한 지속가능한 욕실디자인의 디자인 개념은 앞서 제시하였던 <그림 6>에서 '친환경적인(Eco-friendly)'와 '건강하고 편안한(healthy & comfortable)'을 동등 레벨의 독립된 요소로 구성하는 것이 바람직하다.

표 8 ❙ 이미지 1～4의 평균값 요인분석 결과

| | 요인 1 | 요인 2 | 요인 3 |
|---|---|---|---|
| 병든-건강한 | .898 | .233 | .141 |
| 불쾌한-쾌적한 | .876 | .247 | .057 |
| 답답한-여유로운 | .865 | .071 | .111 |
| 기분 나쁜-기분 좋은 | .864 | .185 | .079 |
| 저급한-고급스러운 | .751 | .377 | -.024 |
| 역겨운-향기로운 | .722 | .448 | -.042 |
| 불만족한-만족한 | .705 | .463 | .206 |
| 인공적인-자연적인 | .693 | .376 | .145 |
| 회색의-녹색의 | .685 | .428 | .085 |
| 평범한-특별한 | .661 | .181 | -.124 |
| 버리는-재활용의 | .204 | .917 | .068 |
| 낭비적인-효율적인 | .327 | .889 | .007 |
| 의존적인-자급자족의 | .162 | .864 | -.106 |
| 환경파괴의-친환경적인 | .507 | .720 | -.168 |
| 일시적인-지속가능한 | .480 | .553 | .397 |
| 어색한-세련된 | .065 | -.082 | .931 |
| 아이겐 값 | 9.245 | 1.863 | 1.071 |
| 설명변량(%) | 57.783 | 11.641 | 6.693 |
| 누적변량(%) | 57.783 | 69.424 | 76.117 |
| 요인명 | 건강성 | 친환경성 | 세련성 |

## 3.2 실물모형 감성평가

실제모형으로 제작된 욕실은 일반인을 대상으로 한 실험공간으로 사용되었다. 실험실 환경의 변인요소는 사운드, 인공조명 색채, 아로마 향기의 3가지 요소이다. 이들을 조합하면 실험유형이 <표 9>와 같이 8가지가 된다. T1 ~ T8의 실험유형 스케줄표를 작성하여 시간대별로 변인요소를 다르게 세팅하였다.

**표 9 ❙** 8가지 타입의 실험유형

| 실험유형 | 실험실 세팅 | | | | | |
|---|---|---|---|---|---|---|
| | 사운드 | | 인공조명 색채 | | 아로마 향기 | |
| | 있음 | 없음 | 따뜻한 색 | 차가운 색 | 있음 | 없음 |
| T1 | V | | V | | V | |
| T2 | V | | V | | | V |
| T3 | V | | | V | V | |
| T4 | V | | | V | | V |
| T5 | | V | V | | V | |
| T6 | | V | V | | | V |
| T7 | | V | | V | V | |
| T8 | | V | | V | | V |

* 사운드 : FOREST (숲), Della Network Inc, Japan * 아로마 향 : 라벤더 자동분사형 방향제

감성평가는 전시회를 관람하는 일반인 그룹을 대상으로 이루어졌다. 8개 실험유형에 따라 각 유형별로 59 ~ 62명의 응답을 받아 총 487명의 응답자를 얻었다. 실험 참여자들에게 연구의 기본 취지와 디자인 개념, 설문지 작성요령 등을 프리젠테이션 자료를 통하여 설명하였다. 실험참여자는 기본문항을 작성한 후 실험 공간으로 안내되어 욕실을 둘러보고 평가도구 설문지에 응답하였다<그림 12>. 감성평가는 2 ~ 3인 그룹별로 진행되었으며 소요된 시간은 약 10분이었다.

그림 12 ❙ 실물모형 감성평가 실험 장면

### 1) 프로파일 분석

- 8개의 실험유형에 대한 16개 형용사쌍 감성평가의 결과를 프로파일로 나타내보면 <그림 13>과 같다. 선호도가 가장 높은 것은 T2 (사운드 있고 따뜻한 색채조명 그리고 아로마향기 없음)이고 가장 낮은 것은 T7 (사운드 없으며 차가운 색채조명 그리고 아로마향기 있음)로 나타났다.

- 8개 실험유형의 평균값을 살펴보면, '녹색의-회색의'에서 가장 긍정적 평가를 얻고 있으며, 다음으로 '고급스러운-저급한', '재활용의-버리는', '친환경적인-환경파괴의'에서 긍정적 평가를 얻고 있다. 반면에, '세련된-어색한'에서 유일하게 부정적 평가를 얻고 있

으며 다음으로 '여유로운-답답한', '자연적인-인공적인'은 낮은 평가를 얻고 있다.

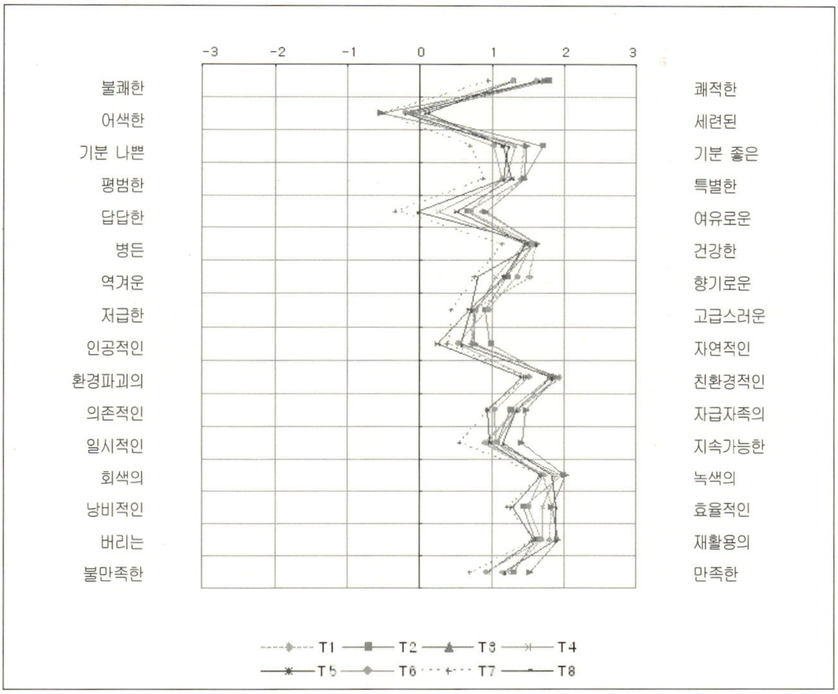


그림 13 ▌ 실험유형별 감성 평가 프로파일 비교

- 8개 실험유형에 대한 16개 형용사쌍의 평균값 차이에서 유의미한 차이가 나타나는 형용사쌍은 F-검증을 실시한 결과 <표 10>과 같이 '만족스런-불만족한', '기분 좋은-기분 나쁜', '쾌적한-불쾌한', '여유로운-답답한', '효율적인-낭비적인' 의 다섯 쌍으로 나타났다. 즉, 지속가능한 욕실디자인에서 사운드, 조명색채, 향기 요소를 조절함으로서 만족도, 선호도, 쾌적성, 공간성, 효율성에서 사용자 감성의 차이를 만들어내고 있다.

표 10 ❙ 실험유형별 분산분석결과

| | 변산원 | 제곱합 | 자유도 | 평균제곱 | F |
|---|---|---|---|---|---|
| 불쾌한-쾌적한 | 집단-간 | 34.285 | 7 | 4.898 | 3.015** |
| | 집단-내 | 774.924 | 477 | 1.625 | |
| | 합계 | 809.208 | 484 | | |
| 기분 나쁜-기분 좋은 | 집단-간 | 41.190 | 7 | 5.884 | 3.451*** |
| | 집단-내 | 816.745 | 479 | 1.705 | |
| | 합계 | 857.934 | 486 | | |
| 답답한-여유로운 | 집단-간 | 85.397 | 7 | 12.200 | 4.498*** |
| | 집단-내 | 1296.490 | 478 | 2.712 | |
| | 합계 | 1381.887 | 485 | | |
| 낭비적인-효율적인 | 집단-간 | 29.222 | 7 | 4.175 | 2.588* |
| | 집단-내 | 770.985 | 478 | 1.613 | |
| | 합계 | 800.208 | 485 | | |
| 불만족한-만족한 | 집단-간 | 28.988 | 7 | 4.141 | 2.116* |
| | 집단-내 | 937.341 | 479 | 1.957 | |
| | 합계 | 966.329 | 486 | | |

*** p 〈.001, ** p 〈.01, * p 〈.05

표 11 ❙ Scheffé 사후검증 결과

| | | T7 |
|---|---|---|
| 여유로운 | T1 | 1.205* |
| | T3 | 1.259* |
| 기분 좋은 | T2 | 0.995* |

* p 〈.05

• 이러한 차이가 어떤 실험유형 간의 차이에서 기인한 것인지 알아보기 위하여 Scheffé 사후검증을 실시한 결과는 <표 11>과 같이 ‘여유로운-답답한’에서 T3, T1, T7사이에 유의미한 차이가 나타난다. 즉, 사운드가 지속가능한 욕실의 공간감에 분명히 영향을 주고

있음을 알 수 있다. 또한, '기분 좋은-기분 나쁜'에서 T2와 T7사이에 유의미한 차이가 나타나 사운드와 향기가 지속가능한 욕실의 선호도에 영향을 주고 있음을 알 수 있다.

## 2) 사운드의 영향

- 사운드의 유무에 따른 평균값은 <그림 14>와 같이 16개 형용사 쌍 모두에서 사운드가 있는 경우가 보다 높은 평가를 보여준다. 사운드의 유무에 따라 유의미한 차이가 발견되는 형용사쌍은 독립표본 t-검증 결과 <표 12>와 같이 '쾌적한-불쾌한', '기분 좋은-기분 나쁜', '특별한-평범한', '여유로운-답답한', '자연적인-인공적인', '친환경적인-환경파괴의', '자급자족의-의존적인', '효율적인-낭비적인', '만족한-불만족한'의 9개이다. 즉 지속가능한 욕실에서 사운드 유무는 만족도와 선호도뿐 아니라 쾌적성, 특별함, 공간감, 자연성, 친환경성, 자급자족성, 효율성의 감성에 영향을 미치고 있음을 알 수 있다.

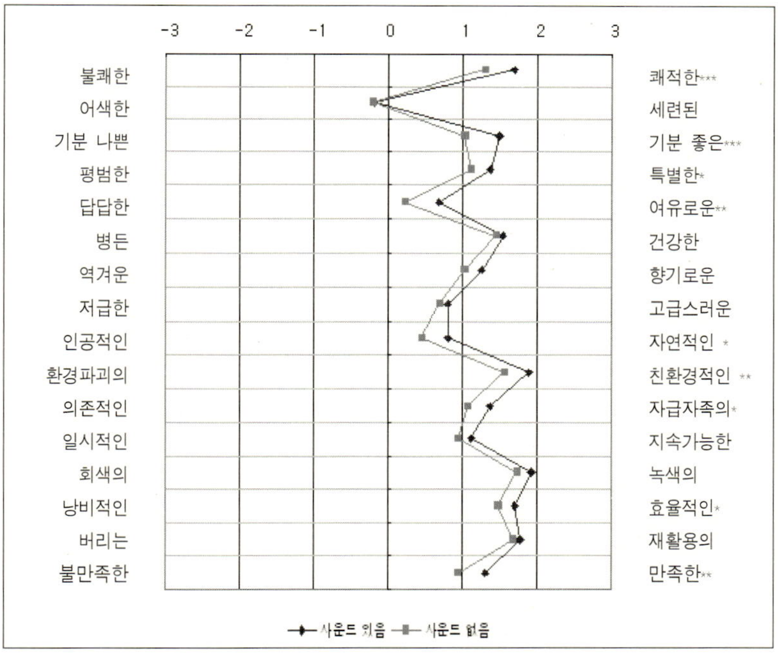


그림 14 ▎ 사운드의 유무에 따른 평균값 비교 그래프

표 12 ▌ 사운드의 유무에 따른 감성평가에 대한 독립표본 t-검증

| | 사운드유형 | N | 평균 | 표준편차 | t |
|---|---|---|---|---|---|
| 쾌적한 | 있음 | 243 | 1.69 | 1.213 | 3.463*** |
| | 없음 | 242 | 1.29 | 1.342 | |
| 기분좋은 | 있음 | 244 | 1.49 | 1.365 | 3.973*** |
| | 없음 | 243 | 1.02 | 1.250 | |
| 특별한 | 있음 | 244 | 1.37 | 1.297 | 2.246* |
| | 없음 | 242 | 1.10 | 1.349 | |
| 여유로운 | 있음 | 243 | .68 | 1.704 | 3.118** |
| | 없음 | 243 | .21 | 1.641 | |
| 자연적인 | 있음 | 244 | .80 | 1.682 | 2.432* |
| | 없음 | 242 | .43 | 1.666 | |
| 친환경적인 | 있음 | 244 | 1.88 | 1.201 | 2.964** |
| | 없음 | 243 | 1.55 | 1.223 | |
| 자급자족의 | 있음 | 244 | 1.36 | 1.273 | 2.553* |
| | 없음 | 241 | 1.06 | 1.265 | |
| 효율적인 | 있음 | 244 | 1.70 | 1.273 | 1.978* |
| | 없음 | 242 | 1.47 | 1.289 | |
| 만족한 | 있음 | 244 | 1.30 | 1.348 | 2.944** |
| | 없음 | 243 | .93 | 1.449 | |

*** p 〈.001, ** p 〈.01, * p 〈.05

### 3) 인공조명 색채의 영향

- 노란계열의 따뜻한 색과  푸른계열의 차가운 색 조명에 따른 평균값은 <그림 15>와 같다. 유의미한 차이를 보이는 형용사쌍은 <표 13>과 같이 '여유로운-답답한', '향기로운-역겨운'으로 따뜻하고 차가운 색채 조명에 의한 영향은 공간감과 향기로움의 감성에 영향을 미치고 있다. 즉, 따뜻한 색채 조명이 차가운 색채 조명보다 여유롭고 향기로운 감성에 높은 영향을 미치고 있다.

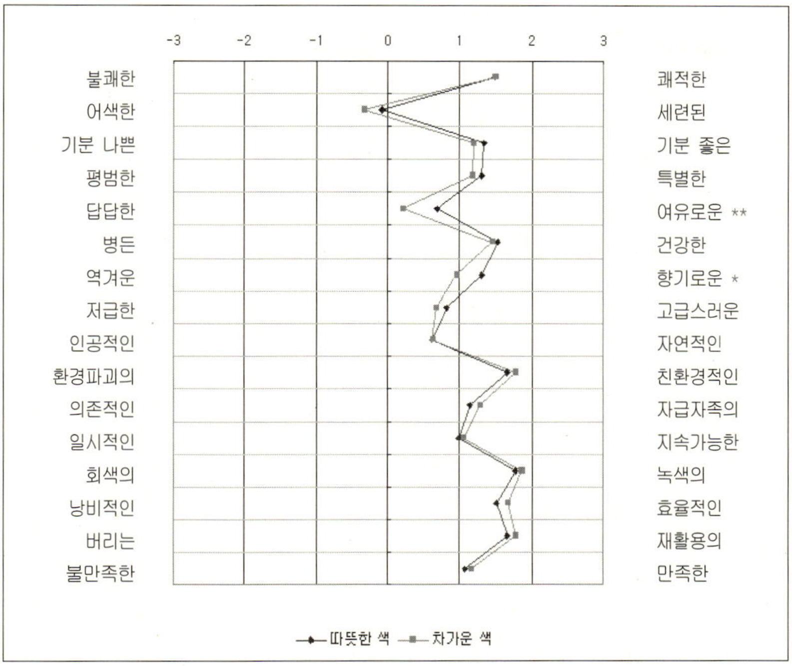


그림 15 ▎ 색채조명에 따른 평균값 비교 그래프

표 13 ▎ 인공조명 색채에 따른 감성평가에 대한 독립표본 t-검증

| | 색채유형 | N | 평균 | 표준편차 | t |
|---|---|---|---|---|---|
| 여유로운 | 따뜻한 | 243 | .68 | 1.568 | 3.118** |
| | 차가운 | 243 | .21 | 1.772 | |
| 향기로운 | 따뜻한 | 243 | 1.31 | 1.471 | 2.549* |
| | 차가운 | 242 | .95 | 1.586 | |

*** p 〈.001, ** p 〈.01, * p 〈.05

### 4) 아로마 향기의 영향

- 아로마 향기의 유무에 따른 평균값은 <그림 16>과 같이 거의 유사한 값을 보이고 있다. 독립표본 t-검증 결과 유의미한 차이를 보이는 형용사쌍은 하나도 보이지 않았다.

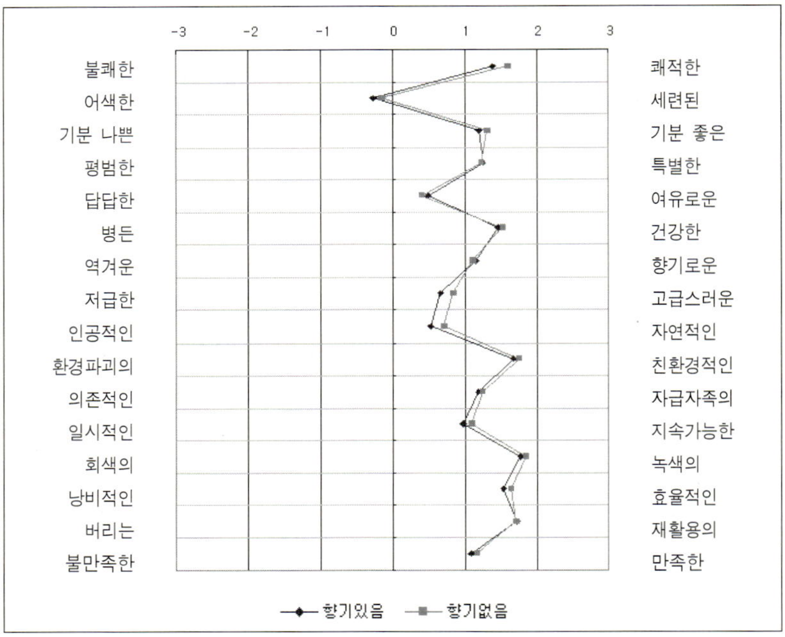


**그림 16 ▎ 향기 유무에 따른 평균값 비교 그래프**

일반인을 대상으로 한 실물모형 감성평가에서 사운드, 인공조명 색채, 아로마 향기 가운데 사운드가 만족도를 비롯한 감성 전반에 가장 두드러지게 영향을 미치고 있으며, 반면에 아로마 향기는 전혀 영향을 주지 못하고 있다. 지속가능한 욕실에 대한 일반인 감성반응에서 공간감은 사운드와 색채 두 가지의 디자인요소에 의해 영향을 받고 있으며 사운드가 있고 동시에 따뜻한 색채의 조명을 사용하면 사용자에게 여유로운 공간감을 줄 수 있다.*

* 본 글에서는 감성공학기법을 적용한 욕실디자인 개발 과정, 감성평가를 위한 실험구상과정, 감성 평가의 분석방법과 결과 등을 비교적 상세히 서술하였다. 과학적 접근방법의 감성디자인 연구는 감성의 내재적 속성으로 인한 한계점을 지니나, 본 내용은 사용자 감성을 반영하는 감성공간디자인 개발과 연구, 교육, 방법론 등의 사례로 활용되어질 수 있을 것이다. 또한, 앞으로 감성의 중요성이 더욱 강조될 시대상황에서 감성공간디자인의 초석을 다지고자 함에 그 의미를 둔다.

## 참고문헌


1. 대한주택공사 주택연구소, 건축 · 도시계획을 위한 조사분석방법, 한국건설기술연구원, 서울, 1988
2. 황해익 외 3인, SPSS 자료분석, 개정판, 창지사, 서울, 2008
3. Alex Steffen, Worldchanging, 월드체인징, 김명남 외 2인, 바다출판사, 서울, 2009
4. Jeanne Guérin, Human Factor Specialist, The Boeing Company, USA ; Glenn Mazur, Japan Business Consultants, USA, Kansei Engineering for Commercial Airplane Interior Architecture, 16th Symposium on QFD, Lombard, Illinois, USA, July 2004
5. Nagamachi, M.., "Kansei Engineering and Comfort", International Journal of Industrial Ergonomics, 19(2), 79-80, 1997
6. Osgood, C. E., Suci, G. J. and Tannenbaum, P. H., The Measurement of Meaning. University of Illinois Press, Illinois, 1957
7. Overbeeke, K. & Hekkert, P., 'Editorial'. In C.J. Overbeeke & P. Hekkert (Eds.), Proceedings of the First International Conference on Design & Emotion (5-6), Delft, November, p.5, 1999
8. Schütte, S., Designing Feeling into Products-Integrating Kansei Engineering Methodology in Product Development, Institute of Technology, Linköpings University, Sweden, 2002
9. Schütte, S., Engineering emotional values in product design : Kansei Engineering in development, Linköpings University, Department for Human Systems Engineering, Sweden, 2005

# PART 2 Emotion and Space Design

# 감성과 공간디자인

감성의 심상모델

마감재료와 감성

고령자의 감성과 빛환경

감성공학과 친환경건축

공간색채이미지

감성공간디자인 해외사례

# 초 록

## 감성의 심상모델 ▌서동연▐

감성이라는 것은 다른 여러 용어로 대표되어 이미 오랫동안 철학, 심리학, 인지과학, 인간공학 등의 분야에서 연구되어 온 어려운 주제중의 하나이다. 그 동안 감성의 원리나 실체를 탐구하는 철학과 심리학 등의 분야에 비하여 현재의 감성공학 연구의 대부분은 실생활에 적용하기 위한 감성의 수량화와 그 응용 방법들에 집중하는 실천적 영역이고 이러한 공학적인 접근이 디자인 마케팅 등의 분야에 획기적이고 유용한 방법으로 자리 잡고 있다. 감성의 공학적 접근방법에 아울러 감성의 구조적인 실체에 점차 접근하여 그 추출과 평가방법을 발견하고 발전시키는 작업들 역시 어렵고 많은 시간을 요하는 과정이지만 앞으로의 감성 연구에 중요한 공헌을 하게 될 분야이다. 여기서는 고전적인 감성의 해석을 현대 인공지능의 근간을 이루는 심상모델에 적용하는 구상과 실험을 통하여 인간의 이성에 대한 감성의 대비적인 개념을 파악 하고자 하였다.

## The Mental Model of Emotion ▌Seo, Dong-Yoen

The emotion is one of difficult subjects being already researched in the field of philosophy, psychology, cognitive science and human engineering, etc. for a long time while being represented as several different terms.

Compared to the field of philosophy, psychology and others searching for a principle or substance of emotion in the meanwhile, most of the present emotional engineering researches are a practical area focusing on the quantification of emotion and its application methods for applying to real life, and this engineering approach is settling down as an epochal and useful method in the field of design marketing, etc.

The works gradually approaching structural substance of emotion, discovering its extraction and assessment method and developing it in addition to the engineering approach method of emotion are also a process that is difficult and requires much time, but it is a field that will importantly contribute to the future emotional research.

Here, we tried to understand a contrasting concept of emotion versus human reason through a plan and a test that apply an analysis of classical emotion to a mental model forming a basis of contemporary artificial intelligence.

## 마감재료와 감성 ▌김소희 ▌

건축 마감 재료는 시대에 따라 선호되는 것이 있으며 마감을 하는 이유는 원천적으로 인간의 신체적 접촉에서 불쾌감을 덜어주기 위한 하나의 방법이다. 재료의 표면과 내용은 건축공간에서부터 재료 자체의 질감과 재료의 배열방식, 색채, 줄눈에 이르기까지 인간의 지각에 영향을 준다. 마감 재료가 만들어내는 질감에 인간이 반응한다. 그리고 편안함을 느낀다. 지루함을 느끼기도 한다. 활력과 즐거움을 체험한다. 생동감과 흥미가 생긴다. 차분하고 안정된 감정을 갖게 된다. 초조하고 불안하기도 하다. 흥분되고 긴장된다. 이것은 구체적 상황에 따라 다르다. 어느 정도의 거침은 오히려 일상의 안정감을 주고 지나친 부드러움은 긴장감을 만든다. 물성은 일정한 긴장을 가지고 여러 요인에 의해 변화한다.

빈 공간을 만들어내는 벽의 재질감으로 공간은 정의되고 인간의 감성에 긴장감을 불어넣을 수 있다. 인간이 건축 마감 재료를 공간 속에서 인식할 때 긴장과 이완을 통해 감정을 느끼게 된다. 마감 재료를 감성적 측면에서 시각적 촉각적 재질감이 주는 긴장도로 정량화할 수 있는데 재질감은 형태나 색채의 미를 추구하는 조형 원리와는 크게 달라 특별한 유추 과정을 통해 이루어진다. 감성을 정량화하는 특별한 과정으로서 긴장도 tensity를 소개하고자 한다.

### Materiality and Tensity ▌Kim, So-Hee

There are architectural finishing materials that are being preferred according to the age, and the reason of finishing is because it is one method to originally relieve a sense of discomfort from physical contact of human beings.

The surface and content of materials affect human perception ranged from architectural space to texture of material itself and an arrangement method, color and joint of materials. People respond to texture made by finishing materials. And they feel comfort. They also feel boredom.

They experience vigor and pleasure. They feel liveliness and interest. They get to have calm and stable feeling. They also feel impatient and unstable. They become interesting and tense. This is different according to detailed situations. Some degree of coarseness rather gives a usual sense of stability and excessive softness generates strain.

The space is defined as tactility of the wall making vacant space and can inspire strain to human emotion. The When a human being recognizes architectural finishing materials in the space, he or she becomes to feel emotion through strain and relaxation. The finishing materials can be quantified with the level of tension that the visual and tactile feeling of a material gives in an emotional aspects, The tactility is formed through a special inference process because it is largely different from a modeling principle seeking beauty of a form or color. The tensity is tried to introduce as a special process quantifying emotion.

## 고령자의 감성과 빛환경 ▌임오연▌

고령자의 거주공간을 대상으로 한 조명과 색채계획에 대해 기술하였다. 본장은 크게 세부분으로 구성되어 있다. 첫째장은 개요부분으로써 초고령화 사회에 따른 노인 주거환경에 대한 계획의 필요성을 설명하였으며, 둘째장은 고령자의 특성을 일반적인 특성과 빛환경 지각에 대한 특성으로 나누어 설명하고 있다. 그리고 셋째 장에서는 고령자 주거공간에 대상으로 한 조명환경의 구체적인 계획지침에 대해 설명하고 있으며, 넷째장에서는 고령자 주거환경에 있어서의 색채지각특성을 광원색을 달리한 감성평가실험을 통해 색차감소법 분석을 실시하여 그 색채전이량에 대한 결과를 설명하고 있다. 이는 고령자의 주거환경계획에 있어 가장 큰 영역을 차지하고 있는 시각적 환경인 빛환경 -조명 및 색채-에 대한 구체적인 계획지침을 제공하고 있다. 본 내용은 대한건축학회에 게재된 광원의 색온도에 따른 고령자의 실내색채지각 특성에 관한 연구논문(2008)과 고령자를 대상으로 한 빛환경계획에 대한 다양한 참고문헌을 토대로 정리되었다.

### The Emotion of the Aged and Light Environment ▌Yim, Oh-Yon

The lighting and color plan targeting residential space of the aged were described. The present chapter is largely composed of three parts.

The first chapter explained necessity of a plan on a residential environment of the aged according to the super-aged society as a summary part, and the second chapter is explaining characteristics of the aged by dividing it into general characteristics and light environment perception's characteristics.

And the third chapter is explaining on a detailed plan guideline of a lighting environment targeting residential space of the aged, and the fourth chapter executed analysis of a color difference reduction method through an emotional assessment test having different illuminant colors and is explaining color perception characteristics in a residential environment of the aged according to the results on the color transition amount by analysis of a color difference reduction method.

This is providing a detailed plan guideline on a light environment-lighting and color-, which are a visual environment occupying the largest domain in a residential environment plan of the aged.

The content was arranged on the basis of a research thesis(2008) on the indoor color preception characteristics of the aged according to color temperature of light sources published in the Architecture Institute of Korea and various references on a light environment plan targeting the aged.

## 감성공학과 친환경건축 ▌김병수▌

최근까지 창호의 열적 성능만을 고려한 연구가 이루고 있기 때문에 투과율의 저하로 주광(daylighting)의 차단, 가시거리의 단축, 조망권 침해 등이 발생한다. 이러한 불쾌한 시환경을 개선하기 위해 열적인 성능측면과 쾌적감을 고려한 감성 측면에서 동시에 이루어져야 한다. 따라서 본 연구는 실제 오피스 내부공간과 유사하게 재현한 실물대모형(mock-up model)을 이용하여 천공상태별(청천공, 담천공) 감성평가 실험과 실제 오피스 건물을 대상으로 시뮬레이션 프로그램을 이용하여 투과율의 변화에 따른 냉방, 난방, 조명에너지 성능분석과 시각적 쾌적성을 고려한 창호의 적정투과율을 선정하는 과정을 설명하고자 한다.

## Emotional Engineering and Sustainable Architecture ▌Kim, Byoung-Soo

As researches considering only thermal performance of windows are being executed recently, the interception of daylighting, shortening of a visible range and view rights' infringement, etc. take place due to lowering of glazing transmittance. The improvement of uncomfortable view environment should be carried out in aspects of thermal performance and visual amenity at the same time.

The present research aims to explain optimum and minimum transmittance selection process of glazing installed in office building by visual amenity evaluation and building total energy simulation. the visual amenity evaluation was used to a mock-up model similarly reproduced actual office's inner space according to a sky status(clear sky, overcast sky) and building total energy simulation was carried out to analysis of cooling, heating and lighting energy according to change of glazing transmittance.

## 공간색채이미지 ▌유은미 ▌

건축가와 공간디자이너들은 거주자와 이용자를 위해 그들의 창의적인 조형능력과 학습 및 누적된 경험을 바탕으로 '쾌적하고 아름다운' 공간을 디자인한다. 그들이 제안하는 아름다운 공간이 일반인에게도 같은 의미와 의도한 감동을 주는지에 관한 문제는 오래전부터 디자이너들에게 남겨진 과제이다. 디자이너들은 건축, 공간뿐 아니라 다양한 디자인 작업 진행 시작부터 결과물 평가에 이르기까지 목표를 위해 구체적 개념을 설정하고 전달하며 실행하는 데 공통 언어를 사용한다. 인지되는 속성을 평가하고 그 느낌을 표현하는 형용사들이 그것이다. 환경을 대하는 순간 정보로서 전달되는 다양한 속성은 인지형용사로, 감정형용사로 구분 없이 기록되며 분류되고 작업으로, 행동으로 이어졌다. 명확히 구분되거나 드러나지 않는 무엇인가가 디자이너를, 사용자를, 관찰자를 불편하게 한다. 이 글은 환경 감정반응을 일으키는 주요 요소인 '공간 색'을 대상으로 공간 환경에 관련한 선호도와 적절성, 인지적 평가는 주어진 대상에 따라, 상황에 따라 다양하게 달라지지만, 그와 동시에 혹은 연속적으로 발생하는 감정반응 요인은 뚜렷이 구분할 수 있고 평가될 수 있는 세 가지 요소로 측정할 수 있음을 설명한 것이다.

### Space Color Image ▌Yu, Eunmi

The architects and space designers design 'comfortable and beautiful' space based on their creative modeling ability, learning and accumualted experience for its residents and users. The problem on whether the beautiful space proposed by them gives its same meaning and intented impression to general people is a subject left to desiners since a long time ago.

Designers use a common language in setting, delivering and executing a detailed concept for a goal ranged from the start of various design works to results assessment in addition to architecture and space.

It is adjectives that assess attributes to be recognized and express the feeling.

The various attributes delivered as real-time information facing an environment are recorded, classified and were continued as work and action without dividing cognitive adjective and emotional adjective. Something that is not clearly divided or shown makes designers, users and observers uncomfortable.

With the target of 'space color' which is a major element generating an environmental emotion reaction, this writing explained that although the preference, adequacy and cognitive assessment related to a space environment becomes different according to the situations, the emotional reaction factor being generated simultaneously or continuously can be measured with three elements that can be clearly divided and assessed.

## 감성공간디자인 해외사례

김정욱

20세기 산업사회에서는 물질과 이성의 가치기준이 명료하였으며 사물의 목적성과 보편적 성향을 추구하였다. 그러나 후기산업사회의 정점에 서있는 현재는 다원주의적 사고와 판단, 그리고 집단적 특징 보다 개별적 성향의 모습들이 공통적 협의를 이룰 때 그것이 사회의 흐름을 주도하는 현상을 보이고 있다. 이는 목적을 가지고 소비하는 과거의 모습과 달리 현재는 감성을 소비하는 시대하고 할 수 있다. 이러한 현실에서 사물의 객관적 관점을 넘어 주관적 관점에서 정량화하는 작업이 활발하게 이뤄지고 있다. 일본의 미츠오 나카마치(Nakamachi Mitsuo) 박사가 시작한 감성공학의 개념은 사용자들의 기능적 요구와는 대조적으로 그들이 진정으로 원하는 것과 때때로 명확하게 말로 표현할 수 없는 것을 반영한 상품을 디자인하기 위한 감성적 요구를 이해하는 것이라 할 수 있다. 일본에서 주로 사용하고 있지만 서구로 확대되고 있는 추세이다. 우리나라의 감성과 인지, 지각에 관한 연구는 제품과 마케팅, 공간 등 여러 분야에서 진행되고 있지만 아직 외국에 비해 실 사례가 많지 않은 입장에서 여러 나라의 감성공학연구에 관련한 접근방식이 어떠한가를 알아보고자 한다.

## Overseas Examples of Emotional Space Design ▌Kim, Jung-Wook

The value standard of material and reason was clear and the finality and universal inclination of objects were sought in the 20st century. But, the present standing at a peak of a post-industrial society is showing a phenomenon leading flow of a society when pluralistic thought and judgement and separate inclination's shapes form a common consultation, rather than group characteristics.

It can be said that the present is the age consuming emotion unlike the shape of the past consuming with a purpose.

The work quantifying objects in a subjective viewpoint beyond an objective viewpoint of objects in these realities. The concept of emotional engineering that Doctor Nakamachi Mitsuo of Japan started can be said to understand emotional demand for designing products reflecting what users really want and cannot clearly express their words sometimes in contrast to functional demand of users. Although it is mainly used in Japan, the trend is expanding to the Western.

Although researches on emotion, cognition and perception of our country are progressing in several fields such as products, marketing and space, etc., we try to understand about how the approach method on an emotional engineering research in several countries is in a standpoint that there are not so many real cases yet, compared to foreign countries.

# 감성의 심상모델

The Mental Model of Emotion

서동연 시립인천전문대학 교수

## 01 감성공학 시스템의 과제

최근 시대적인 요구를 반영하는 감성공학의 출발과 함께 감성에 대한 실용적 측면의 연구들이 디자인 산업에 매우 긍정적이고 가시적인 성과를 보여주고 있고 후속 연구들이 적용 대상 분야를 확장해 나가고 있다. 그러나 감성이라는 것은 다른 여러 용어로 대표되어 이미 오랫동안 철학, 심리학, 인지과학, 인간공학 등의 분야에서 연구되어 온 어려운 주제중의 하나이다.[1) ] 아리스토텔레스가 직관과 감성에 대하여 언급한 이래 감성은 이성과 함께 인간 인식 능력의 하나로 여겨져 왔으며, 이성적 사고를 위한 감각적 소재를 제공하는 인식 분야로 여겨져 왔다. 이성의 인식에 관한 학문은 오랫동안 다루어진데 비해 감성적 인식에 관한 학문은 불확실함과 모호함 등에 기인하여 비로소 근세에 이르러서야 주목받기 시작 하였다.[2)] 그 동안 감성의 원리나 실체를 탐구하는 철학과 심리학 등의 분야에 비하여 현재의 감성공학 연구의 대부분은 실생활에 적용하기 위하여 감성의 수량화와 그 응용 방법들에 집중하는 실천적 영역이다. 감성에 대한 공학적인 접근이 디자인 마케팅 등의 분야에 획기적인 방법으로 자리 잡고 있음과 아울러 감성의 구조적인 실체에 점차 접근하여 그 추출과 평가방법을 발견하고 발전시키는

1) 여러 분야에서 mood, feeling, emotion, sensibility 등의 여러 단어로 표현되어 왔지만, 결과적으로는 사고(thought)의 한 양상으로 설명되는 포괄적 개념이다.

2) Immanuel Kant는 "감성계와 지성계의 형식과 원리들"과 "순수이성비판"에서 감성적 인식과 지성적 인식을 구분 분리하여 설명하고자 하였다.

작업들은 어렵고 많은 시간을 요하는 과정이지만 앞으로의 감성 연구에 중요한 공헌을 하게 될 것이다. 여기서는 감성의 모호한 실체를 고전적인 감성의 해석과 현대 인공지능의 근간을 이루는 심상모델의 구상을 통하여 설명하고 감성을 전산적으로 모델하기 위한 실험을 소개하고자 한다.

인간공학으로부터 파생된 감성공학에서는 제품 및 환경에 대해 인간의 감각에 근거한 다각적인 연구를 거듭하고 있고, 그 성과를 디자인 프로세스에 적용시키고 있다. 일본에서는 이와 관련된 연구를 비교적 적극적으로 진행시켜, 감성공학 엑스퍼트 시스템-휼리스(HULIS : Human Living System)등을 개발하였다. HULIS는 공간디자이너들로부터 얻은 지식 베이스 및 이미지 데이터베이스로 구성되어 있다. 즉, 추론 엔진과 지식 베이스를 바탕으로 하는 추론 부분, 이용자의 요구사항을 표현하는 형용사를 구체적 이미지로 변환시킬 때 필요한 데이터베이스(형용사 데이터베이스와 이미지 데이터베이스), 그리고 그것을 화면에 제시하는 그래픽 데이터베이스의 세 가지 부분으로 이루어져 있다. 사용자의 요구를 대표하는 여러 개의 '형용사'들을 입력하면 입력된 형용사가 어떠한 이미지로 표현되는 것이 좋을지는 이미지 데이터베이스의 데이터와 지식 베이스에 의해 결정된다. 제시된 이미지는 사용자의 요구에 맞추어 수정을 하는 과정을 통하여 사용자가 희망하는 공간이미지와 디자인간의 괴리를 좁혀나가고자 하였다. 이와 같은 감성공학의 접근방법은 감성변화의 내용을 파악하고 대처하기 위해서 인간 감성에 대한 정량적 연구 및 인종, 국가, 지역별 및 세대별 감성 정보의 구축에 노력하고 있다. 아울러 현재의 감성공학 시스템들은 철학적, 미학적, 심리학적 접근 등 다학제간의 공동 연구 진행을 필요로 하는 분야의 다음과 같은 의문점들을 해결하고 넘어서야 한다.

첫째, 지식기반시스템 또는 엑스퍼트 시스템의 형식이 감성공학 시스템의 구조로써 올바른 것인가? -지성의 심상모델을 구조화한 HULIS와 같은 엑스퍼트 시스템이 감성의 추출이나 예측 및 평가를 올바르게 수행할 수 있는지 여부에 대한 문제이다.

둘째, 감성 반응과 표현간의 괴리나 오류에 대한 신뢰성 검증이 가능한가? -인간의 감성반응이 언어(형용사)에 의해 올바르게 추출되고 평가되고 있는가 하는 문제이다.

## 02 심상모델을 통해서 본 감성의 개념

### 2.1 심상모델(Mental Model)의 개념과 등장 배경

심상모델이란 본래 인간의 사고에 관한 일반적인 설명을 제공하기 위해 인지심리학 분야에서 제안된 개념으로, 인간이 실세계의 현상을 이해하기 위해 마음속에 지니고 있는 세상에 대한 구조적 표상이라 할 수 있다. 보다 좁은 의미로 인간-컴퓨터 상호작용에서의 심상모델이란 인간이 상호작용하고 있는 컴퓨터 시스템의 구조 및 기능에 대한 내재화된 표상이라 정의할 수 있다(Johnson, P. N., 1983, Norman, D. A., 1983).

심상모델은 인간-기계 상호작용에 대한 연구에서 비롯되었는데 Wahlstr(1988)은 인간-기계 상호작용에서 심상모델이 필요한 이유를 의사소통의 수단, 인간인지 이해의 수단, 예측과 평가의 도구, 교육과 훈련을 위한 수단 등의 네 가지로 요약하고 있다. 여기서 인간 인지 이해의 수단은 사용자 심상모델이 인간의 인지과정에 대한 이해를 증진시킨다는 것이다. 정신구조와 과정에 관한 사용자의 심상모델은 비유 혹의 유추 등의 형식을 통해 인간의 인지를 이해하는 여러 관점을 제시함으로써 보다 종합적이고 근본적인 인지모델의 구성에 도움을 줄 수 있을 것이다. 이 경우의 심상모델은 다분히 심리학적인 모델로 간주될 수 있으며, 사용자의 수행이나 시스템의 학습 및 응용에 관한 측면의 설명을 가능하게 한다.

기계와 상호작용하는 인간에 대한 연구는 산업혁명과 2차 세계대전까지의 인간의 운동능력을 모델링 하던 과정을 거쳐 초창기 미국에서 실험심리학의 일부로 연구되다가 그 후 인간요인(human factor)이라고 불리는 분야에서 사용자의 한계점을 고려하여 기계를 설계하려는 의도로 인간과 기계에 대한 연구들이 일부 수행되었으며, 실험심리학 분야에서는 실험을 통하여 인간 행동의 법칙을 밝히기 위한 연구들이 수행되었다. 그리고 이러한 두 가지 분야가 만나는 위치에서 공학심리학(engineering psychology)이라는 분야가 출발하였다. 공학심리학의 목표는 한 가지 기능을 하는 두 가지 시스템을 단순히 비교하는 것이 아니라 인간의 능력과 한계를 명시하여 어느 쪽이 더 나은 설계인지를 추론할 수 있도록 한다(Poulton, 1966). 즉, 공학심리학이 응용적인 필요에 의해서 선택되기는 하지만 인간수행에 대한 유용한 이론을 제공하고자 하는 폭넓은 목적을 가지고 있다고 할 수 있다(Wickens, 1992).

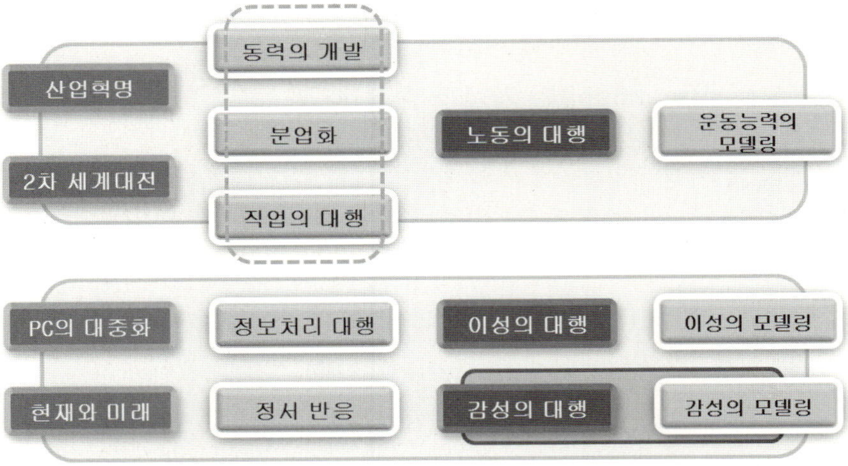


그림 1 ❙ 인간을 대행하는 연구의 변천 과정

실용적인 필요, 기술의 발전, 그리고 개념의 발전 등을 토대로 하여 인간을 대행하는 기계에 대한 연구는 발전을 거듭하고 있다. 인간 요인(human factor)이라는 분야가 생기기 전에는 기계에 맞는 인간을 설계하는 데 주로 관심이 있었으나 인간 능력의 한계에 대한 인식과 연구의 필요성이 생겨나게 되었으며, 정보이론 분야에서 새로운 개념들이 인간행동의 여러 측면들을 기술하기 위해서 사용되고 있다.

이러한 배경으로 연구된 인간 요인이나 공학심리학에서는 시스템의 설계와 관련된 신체적인 제약을 고려하는 인체 측정학이나 생체역학 분야와 인간의 정보처리 용량이나 기억 등의 인지능력을 연구하는 지각이나 인지심리학 분야가 주로 연구되었다.

## 2.2 감성과 지성의 대비적 이해

심리학에서는 정서라는 연구주제는 정서의 표현에 대한 Darwin 논의나 신체의 반응과 정서의 관계를 연구한 W. James 이래로 많은 연구가 진행되어 왔지만(Oatley & Jenkins, 1996), 심리학적 연구들은 주로 정서의 구조나 차원 또는 정서와 관련된 대뇌기제, 정서에 대한 문화적 이해, 정서와 인지의 관계 등을 주로 연구하였다. 일본에서는 1991년부터 인간의 행태, 동작, 인지능력, 판단, 선호도, 등을 정량적으로 측정하여 제품의 기능, 성능, 형상, 색채, 소재 등을 인간에게 쾌적하고 친화적으로 만들기 위한 기술의 개발에 노력하고 있다. 미국이나 유럽에서는 인간공학이나 인간-기계 상호작용의 영역에서 감성에 대한 연구가 부분적으로 이루어지고 있으며, MIT 미디어랩의 Affective Computing Group이나 제록스 연구소 같은 대학이나 기업의 연구소에서 학제적으로 감성에 관한 연구가 수행되고 있다.

감성의 문제는 기존의 어떤 특정한 학문 분야에서 다룰 수 있는 주제라기보다는 공학, 디자인, 심리학, 인지과학, 생리학, 의학 등의 여러 분야의 학문 영역과 중첩되는 학제적인 분야이므로 다양한 학문분야의 학자들이 학회를 통해서 학제적인 연구를 수행함으로써 효율적인 결과를 기대할 수 있다.

감성공학을 처음 접하면서 처음 겪게 되는 어려움은 감성의 개념을 하나의 명확한 문장으로 파악하여 정의할 수 없다는 것이다. 어떠한 개념을 파악하거나 정의하기 힘들 경우 그 개념과 대비되는 정의 가능한 개념을 통하여 이해하는 것도 좋은 방법일 수 있다. 칸트의 "감성계와 지성계의 형식과 원리들"이라는 논문에서는 감성을 지성과 대비 구분하여 설명하고 있다. "감성계와 지성계의 형식과 원리들"은 칸트의 유명한 저서인 『순수이성비판』의 예비서이며 사유의 연속성을 지닌다. 대부분의 칸트 연구자들은 1769년의 논문이 감성과 지성, 혹은 감성계와 지성계의 구분과 분리에 관한 사상을 표현하고 있다고 동의한다. 칸트의 「교수취임논문」의 제목인 "감성계와 지성계의 형식과 원리들"에서 알 수 있듯이 논문의 주제는 감성계와 지성계를 구분하고 각각의 세계에 고유한 형식과 원리들이 무엇인지를 설명하는 것이다. 즉, 현상의 세계와 사물자체의 세계, 직관적 인식과 지성적 인식 등으로 감성계와 지성계를 구분하여 설명하고 있다. 칸트를 비롯한 그 동안 여러 분야의 연구를 통하여 지성과 감성을 하나의 심상모델[3])로 구상하면 다음 <그림 2>와 같다.

3) 심상모델은 "디자이너의 개념모델", "인지모델", '과제수행모델'등의 유형으로 나눌 수 있는데, 여기서는 인지모델형식으로 구상하였다.

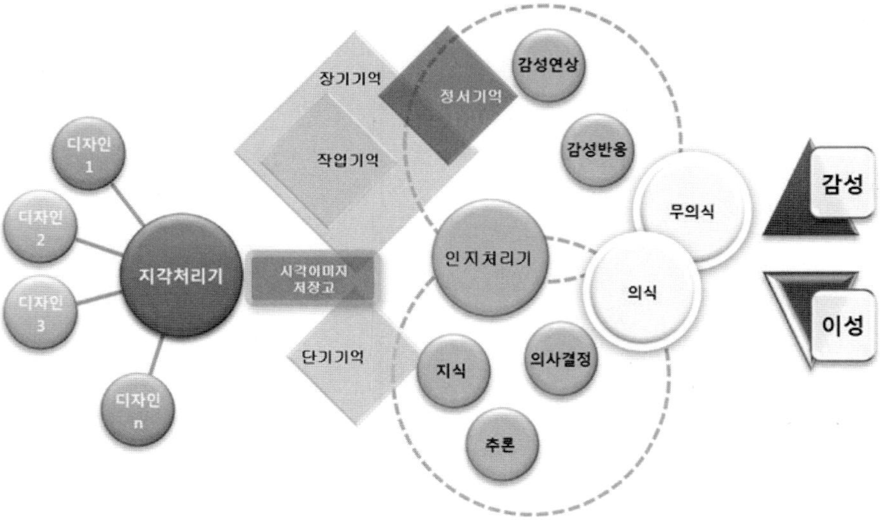


**그림 2 ❙ 인지모델을 통한 감성의 이해**
(이성과 감성의 개념적 구분을 포함한 시 지각 처리 Mental Model의 구상)

전통철학 개념의 하나로 측정되지 않는 주관적 사유이론으로서의 감성은, 18세기 중반 바움가르텐(A.G. Baumgarten)이 '감성적 인식(episteme asithetike)'이라는 그리스어를 바탕으로 창설한 학문영역인 '미학(Asthetik)'적 측면으로 주로 다루어져 왔다. 또한 생리학적 측면의 '자극정보 인식체계', '감각 인식능력'으로서의 감성은 이와 근접한 용어인 감각과 감각특성을 들어 설명할 수 있다. 감각이란 외부로부터의 물리화학적 자극에 대하여 몸의 센서가 느끼는 정도로서 신체특성, 감각특성, 동작특성 등의 인간의 신체적 측면의 기초 자료수집이 가능한 생리적 레벨을 의미한다. 지성이란 지식, 사고, 학습 등의 인간의 심리적 레벨을 의미하는데 비하여 감성은 다양한 감각기관을 통하여 물리화학적 특성을 몸으로 받아들이고 이를 두뇌를 사용하여 감각특성으로 해명하여 인지적인 레벨로 대응하는 것이라 할 수 있다.

<그림 2>는 Atkinson과 Shiffrin(1971)의 기억모델에 기반한 Newell(1983)의 MPH(Model Human Processor)에 감성의 이론적 영역을 위치시킨 것이다. Card, Moran 및 Newell(1983)이 제안한 MPH(Model Human Processor)는 인간과 컴퓨터의 상호작용 분야(HCI)에서 인간의 행동과 수행을 예측하기 위하여 자주 인용되는 인간의 인지에 대한 보편적인 공학모델이다. 철학과 심리학의 고전적인 영역에서 비롯되는 '정서기억'과 그에 기능하는 감성의 '연상작용'을

MPH의 구조에 대비시키면 감성에 대한 이해가 편리함을 알 수 있다. 그림의 인지모델에서는 지식과 추론 및 의사결정 등의 영역에 해당하는 그 동안의 감성공학 시스템이 가질 수 있는 형식적인 모순과 기능적인 오류에 대한 가능성을 보여주기도 하는 것이다.

## 03 감성의 원리에 대한 모델 실험

### 3.1 연상작용을 응용한 집단 감성의 예측

#### 1) 실험개요

감성의 해석에 대한 기존의 연구들[4]은 감성 표현의 데이터베이스와 추론엔진의 구조에 의한 것들이었다. 그들의 데이터베이스는 장기기억에 해당하는 부분으로 명제적 표기에 의한 선언적 기억이다.[5] 또한, 기억간의 간섭현상이 없고 각 기억이 서로 간에 영향을 주지 않고 저장되는 방식이다. 그러나 연상작용을 유도하는 인간의 기억은 절차기억과 간섭현상을 포함하므로 데이터를 디스크에 저장하고 논리에 맞는 수치를 추출하는 기존의 형식은 인간의 연상과 기억에 비교하여 구조와 처리과정이 다르다고 볼 수 있다. 이에 대하여 본 실험에서는 I. Pavlov와 B. Skinner의 조건반사를 모델링한 BAM[6]을 감성의 해석과 예측 방법에 맞도록 재구성하여 사용하였다.

BAM의 메모리는 데이터베이스의 메모리와는 성격이 다른 것으로, 연상기억은 쌍을 이루는 데이터간의 관계를 network의 계층과 노드를 이용해서 기억하는 것을 말한다. 계층이라는 것은 몇 개의 노드를 모아놓은 것이다.

연상기억에는 입력된 데이터가 연상 matrix에 기억되어 있는 데이터와 조금 차이가 있어도, 이것을 이용한 반응동작에 동반되는 상태추이로 최종적으로 대응하는 출력 데이터가 상기된

4) 감성이나 이미지를 구체적인 레벨로 번역하는 기술에 목적을 두고 감성에 대한 통계적 수량화와 인공지능 등을 이용하는 연구들을 일컫는 것으로써 일본에서는 감성공학으로 알려져 있다. Nagamachi에 의한 1990년대 초반으로부터 현재까지의 연구들과 그에 의하여 구축된 일본 기업들의 감성평가 시스템들을 주요 대상으로 한다.

5) 인간의 감성은 주어진 지식 내에서 함수적 논리에 맞는 데이터를 선별 추출해내는 기존 연구들의 과정과는 다른 절차적 기억의 속성을 상당부분 포함한다.

6) BAM(Bidirectional Associative Memory)은 인간의 연상작용을 구조화한 신경망 모델로서 경험된 현상에 의하여 양방향의 연상 기능을 한다. 현상, 사물과 언어적 표현간의 연상에 적합한 방법이라 할 수 있다(S. Grossberg. 1968,1982, T. Kohonen, 1972).

다는 특징이 있다. 또한, 초기에 어떠한 데이터가 기억되더라도 그와 대조되는 데이터들이 반복적으로 학습된다면 초기의 데이터는 의미를 상실한다. 이는 데이터베이스 기반의 추론과는 본질적으로 다른 것이며, 심리학자들이 말하는 "상실에 의한" 학습(Mehler, 1990)이다.

### 2) 연상작용의 전산모델링

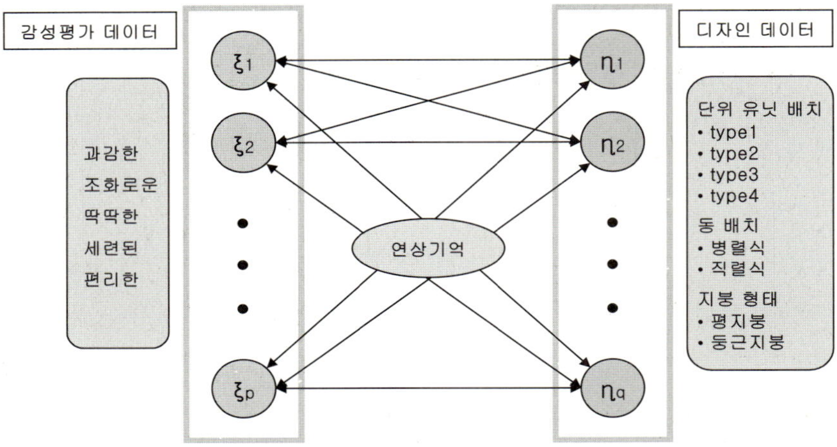


그림 3 ▌ 대표 감성표현과 디자인과의 대응관계 모델화

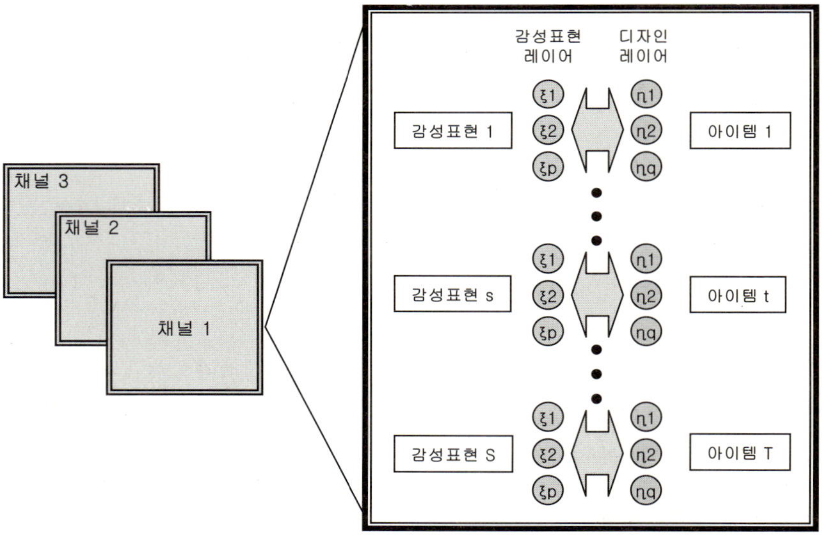


그림 4 ▌ 데이터의 다채널 구성

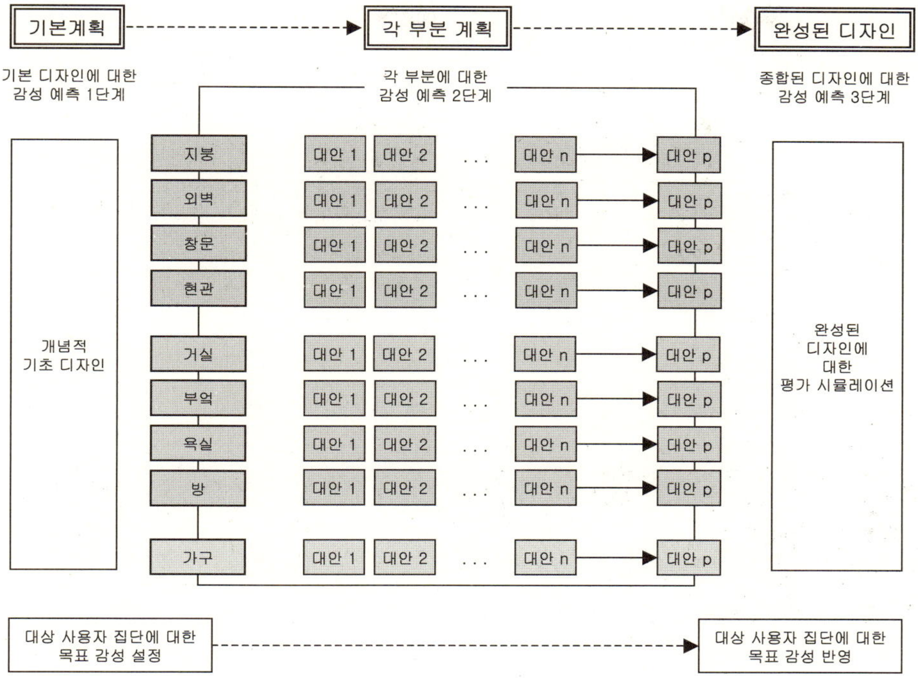


**그림 5 ▎ 감성 기반 디자인 방법**

디자인에 대한 인간의 감성은 감성표현에 의하여 측정된다. 감성은 두뇌 속에서의 인지적 혹은 심리적 상태 또는 기능이기 때문에 감성표현은 언어라는 개념기호에 따를 수밖에 없다. 인간의 다양하고 연속적인 감성을 말로 완전하게 전달하는 것은 불가능하지만, 인간은 언어표현에 의하여 자신의 감성 내용을 인식한다고 할 수 있다.

감성표현에 의한 감성정보는 주관성, 다의성, 애매 모호성, 상황의존성이라는 성질을 가지고 있으나, 감성에 대한 공학적 기법을 통하여 수량화 평가 및 예측 프로세스를 구성할 수 있다. 수량화와 예측 프로세스의 결과는 <그림 5>와 같이 건축 디자인의 각 단계별 의사결정을 지원할 수 있다. 본 실험에서는 기존의 감성 공학적 연구와 적용실태들에 대한 비평적 검토를 통하여 새로운 공학적 감성추론 모델을 구상하였다. 새로운 모델은 감성표현에 대한 SD척도 평가 데이터를 이용하여 컴퓨터를 학습시키고 학습된 컴퓨터에 의하여 새로운 디자인에 대한 감성추론을 하도록 하는 것이다. 컴퓨터에 의한 감성추론을 다시 SD척도평가를 수행하여 비교하였다. 또한, 감성표현으로부터 디자인 대안으로의 전방향 프로세스에 대한 검토를 수행하였다.

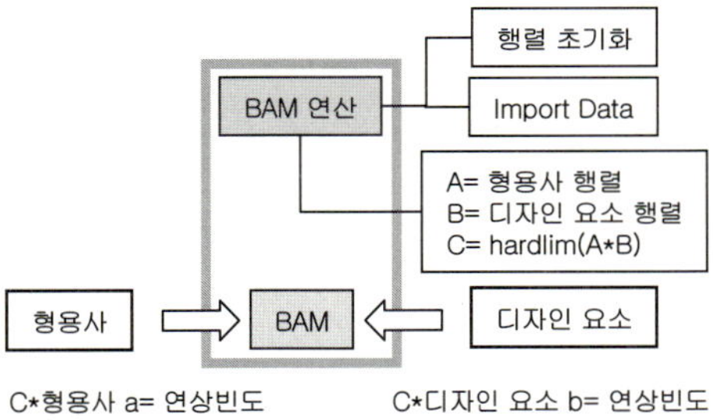


그림 6 ▎ 감성 연상 시스템 개요

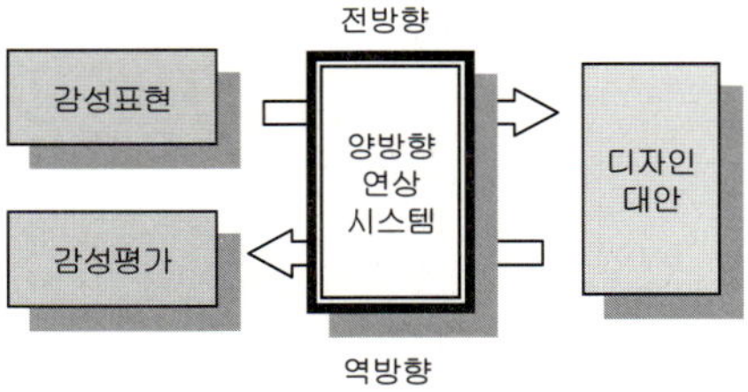


그림 7 ▎ 양방향 연상의 개념

표 1 ▎ 감성평가를 위한 디자인의 조합

| | | | |
|---|---|---|---|
| <br>1-1-1<br>이진화: 1,1,1,0,0,0<br>디자인 조합 1 | <br>2-1-1<br>이진화: 1,1,0,1,0,0<br>디자인 조합 2 | <br>3-1-1<br>이진화: 1,1,0,0,1,0<br>디자인 조합 3 | <br>4-1-1<br>이진화: 1,1,0,0,0,1<br>디자인 조합 4 |
| <br>1-1-2<br>이진화: 1,0,1,0,0,0<br>디자인 조합 5 | <br>1-2-1<br>이진화: 0,1,1,0,0,0<br>디자인 조합 6 | <br>2-2-1<br>이진화: 0,1,0,1,0,0<br>디자인 조합 7 | 각 디자인 조합의<br>대표 그림<br>•표3에 의한 디자인 유형<br>•BAM 입력을 위한 이진화<br>•디자인 조합 번호 |

감성 평가를 위하여 디자인의 조합을 만들 수 있는 몇 가지의 요소들을 선정하고, 조합된 디자인에 적합한 형용사를 추출하였다. 조합된 각 디자인을 제시하여 추출된 형용사에 대한 설문을 실시하였다. 본 실험에서 다루는 디자인 요소는 실제적 디자인 샘플보다 감성추출이 불명확할 것으로 추정되는 개념적 모델을 사용하였다.

감성형용사의 추출은 이연숙(1997), 윤갑근(2001)등의 문헌을 통하여 건축 디자인의 감성 측정에 사용된 60개의 형용사를 1차 선정하고, 제시하는 디자인 조합에 대한 적합성을 측정하였다. 그 중 적합도가 높은 3개의 어휘와 적합도가 낮은 1개의 어휘 및 대상 디자인에 대한 감성평가에 거의 무관한 1개의 어휘 선정하고 인터넷을 통한 설문 조사를 하였다. 불명확한 개념적 디자인을 사용하는 것은 실제적 디자인을 대상으로 하기에 앞서 방법적 측면의 효용성과 모호한 디자인에 대한 난이도를 알아보기 위한 것이다. 디자인에 대하여 적합도가 낮거나 무관한 형용사를 사용하는 것은 어휘의 적합성 여부에 대한 평가와 예측 결과의 특성을 알아보기 위함이다.

**표 2 ❙ 요인별 대표 형용사 목록**

| 요인 | 형용사(적합도 높은) | 요인 | 형용사(적합도가 낮은) |
|---|---|---|---|
| 1 | 독특한-평범한 | 4 | 세련된-조잡한 |
| 2 | 조화로운-부조화의 | 5 | 편리한-불편한(무관한) |
| 3 | 딱딱한-부드러운 | | |

**표 3 ❙ 디자인 요소의 분해**

| 디자인 아이템 | 카테고리 | 비고 |
|---|---|---|
| 1. 단위유닛 배치형태 | ① type 1 | • 디자인 아이템의 조합으로 구성된 샘플은 〈그림 6〉을 참조할 것<br>• 색채를 연구범위에서 제외하기 위해 동일 색채로 구성<br>• 건물이외의 요소는 동일한 조건으로 설정 |
| | ② type 2 | |
| | ③ type 3 | |
| | ④ type 4 | |
| 2. 동 배치형태 | ① 병렬식 | |
| | ② 직렬식 | |
| 3. 지붕 형태 | ① 평지붕 | |
| | ② 둥근지붕 | |

**표 4 ❙ 감성 형용사에 대한 수량화 이론 타입 Ⅰ의 적용결과**

| 디자인 아이템 (Design Item) | 편상관계수 (PCC) | 디자인 카테고리 (Design Category) | 카테고리 평점 (Category Score) 감성 형용사 : 독특한-평범한 (−0.6 −0.3 0.3 0.6) |
|---|---|---|---|
| 단위유닛 배치형태 | 0.7459 (1) | Type 1 | −0.5175 |
| | | Type 2 | −0.2425 |
| | | Type 3 | 0.0325 |
| | | Type 4 | 0.2075 |
| 동 배치 형태 | 0.5687 (2) | 병렬형 | 0.2475 |
| | | 직렬형 | −0.0825 |
| 지붕 형태 | 0.3035 (3) | 평지붕 | −0.18 |
| | | 둥근지붕 | 0.12 |

다중상관계수 (R-sqau) : 0.8118

### 3) 실험결과

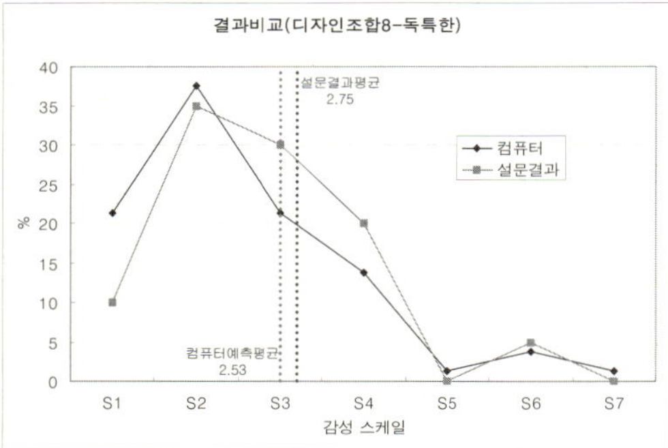


형용사 반응비교(독특한-8)

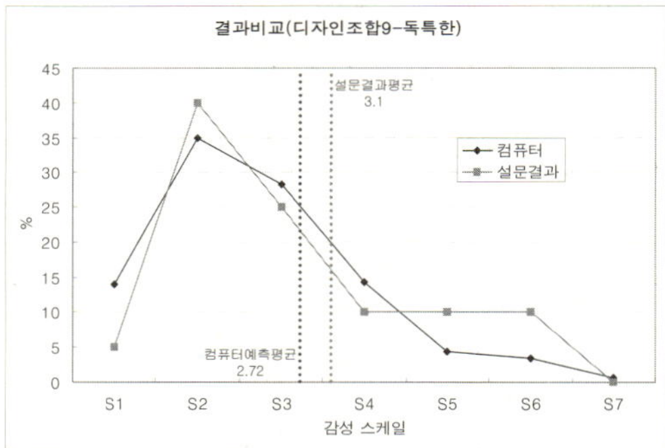


형용사 반응비교(독특한-9)

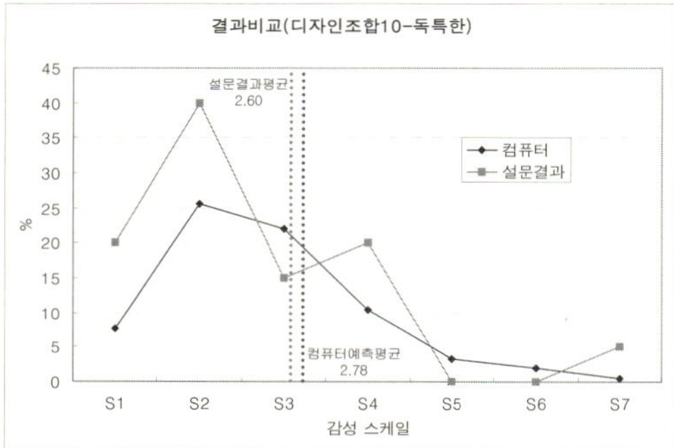


형용사 반응비교(독특한-10)

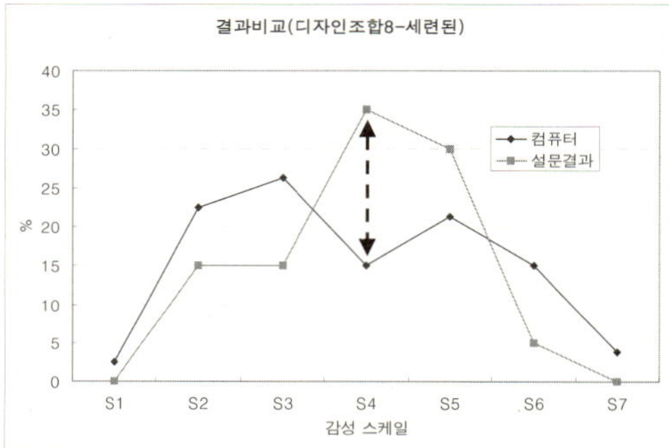


형용사 반응비교(세련된-8)

**그림 8 ▌ 형용사감성비교**

**표 5 ▌ 형용사별 디자인 연상 순위**

| | BAM 결과 | | 설문 결과 | |
|---|---|---|---|---|
| | 1 | 2 | 3 | 4 |
| 독특한 | 디자인 6 | 디자인 7 | 디자인 6 | 디자인 7 |
| 조화로운 | 디자인 9 | 디자인 4 | 디자인 9 | 디자인 4 |
| 딱딱한 | 디자인 1 | 디자인 6 | 디자인 1 | 디자인 2,6 |
| 세련된 | 디자인 7 | 불명확 | 디자인 7,9 | 디자인 4 |
| 편리한 | 디자인 4 | 디자인 9 | 디자인 4 | 디자인 9 |

인간의 연상작용을 전산적으로 모델링하여 축적되는 데이터를 기반으로 새로이 생성되는 디자인 대안에 대한 사용자의 감성 예측하는 방법과 감성 형용사를 기반으로 디자인을 생성하는 방법을 다루는 본 실험의 결론은 다음과 같이 요약될 수 있다.

첫째, 건축 디자인에 대한 사용자의 감성은 동일한 요소를 포함하는 디자인 대안에 대하여 예측이 가능하다. 동일한 요소의 조합이 아닌 유사한 요소의 조합에 대하여 감성이 예측될 수 있는지에 관한 연구는 후속 실험에서 보기로 한다.

둘째, 디자인에 적합한 형용사의 선택은 감성 예측의 결과에 중요한 영향을 미친다. 즉, 적합도가 낮은 형용사는 예측 결과에 오류를 발생시킬 수 있으며, 디자인에 거의 무관한 형용사는 감성의 평가와 예측에 반응을 보이지 않는다.

그러나 본 실험의 결과가 인간의 감성작용을 올바르게 모델링 하였다고 판단하기는 이르다. 디자인과 형용사라는 지식을 학습하였을 가능성이 높다. 이후의 실험에서 지식의 학습이 아닌 정서기억과 연상작용에 대한 실험을 수행할 것이다.

## 3.2 실내디자인 조합에 대한 감성 예측

### 1) 실험개요

3.1의 실험에서는 건축 디자인에 대한 사용자의 감성은 동일한 요소를 포함하는 디자인 대안에 대하여 예측이 가능하다는 결론에 도달하였다. 본 실험은 3.1의 실험에 사용한 방법을 토대로 하여 동일한 요소의 조합이 아닌 유사한 요소의 조합에 대하여 감성이 예측될 수 있는지에 관한 후속 실험이다.

### 2) 실험방법

감성 평가를 위하여 디자인의 조합을 만들 수 있는 몇 가지의 요소들을 선정하고, 조합된 디자인에 적합한 형용사를 추출하였다. 조합된 각 디자인을 제시하여 추출된 형용사에 대한 설문을 실시하였다. 본 실험에서 다루는 디자인 요소는 가상현실 공간의 인테리어 디자인을 사용하였다. 감성형용사의 문헌을 통하여 건축 디자인의 감성 측정에 사용된 80개의 형용사를 1차 선정하고, 제시하는 디자인 조합에 대한 적합성을 측정하였다. 그 중 적합도가 높은 어휘와 적합도가 낮은 어휘 및 대상 디자인에 대한 감성평가와 거의 무관한 어휘를 선별하였다.

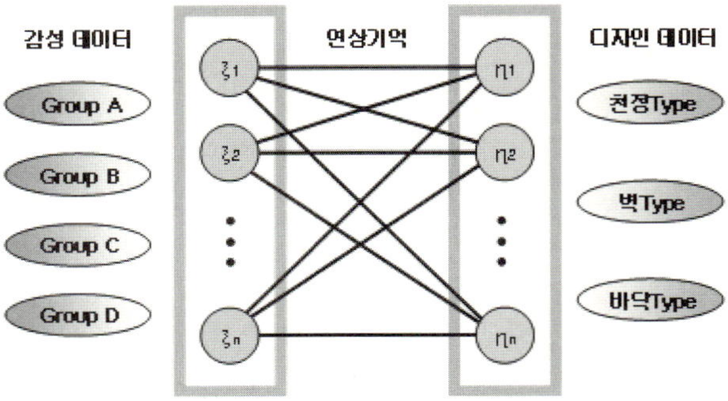


그림 9 ❙ 대표 감성표현과 디자인과의 대응관계 모델화

디자인 요소-벽, 천정, 바닥

• 벽 2 types : 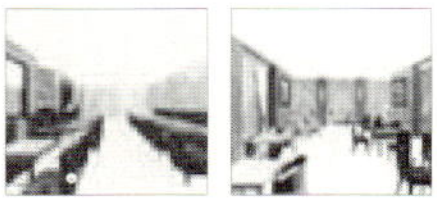

• 천정 3 types : 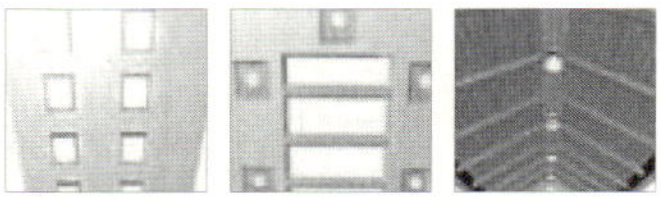

• 바닥 3 types : 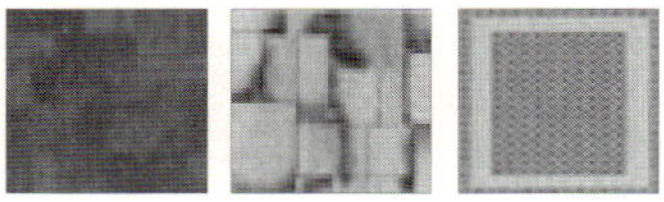

인터넷 가상현실공간

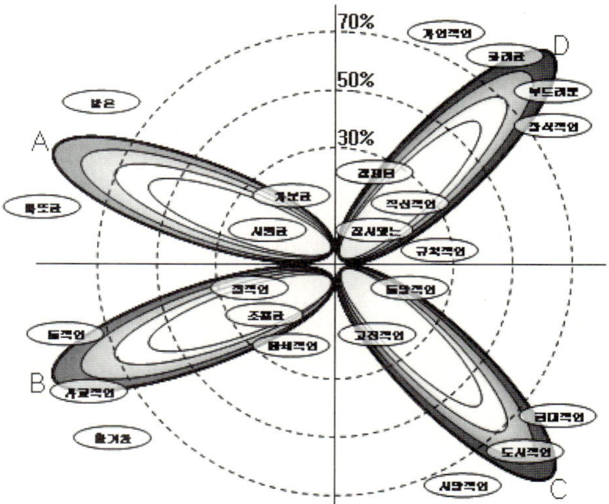


가상현실 공간에 대한 감성반응

그림 10 ❙ 디자인요소

**표 6 ❙** 디자인 요소 조합에 의한 VR공간

| p1 | p2 | p3 | p4 | p5 | p6 |
|---|---|---|---|---|---|
|  |  |  |  |  |  |
| **p7** | **p8** | **p9** | **p10** | **p11** | **p12** |
|  |  |  |  |  |  |
| **p13** | **p14** | **p15** | **p16** | **p17** | **p18** |
|  |  |  |  |  |  |

### 3) 실험결과

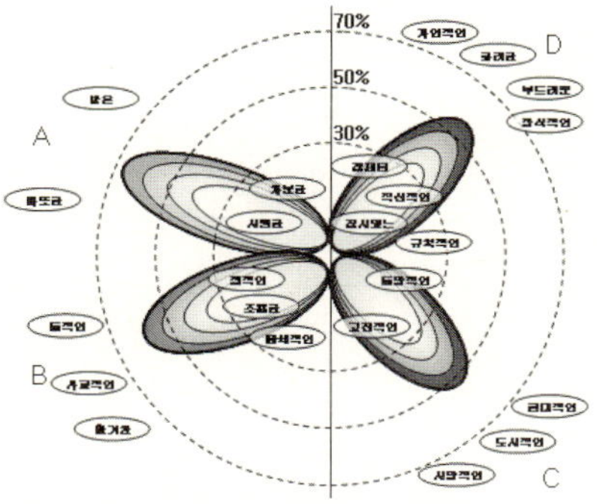


**그림 11 ❙** p16 사용자 반응

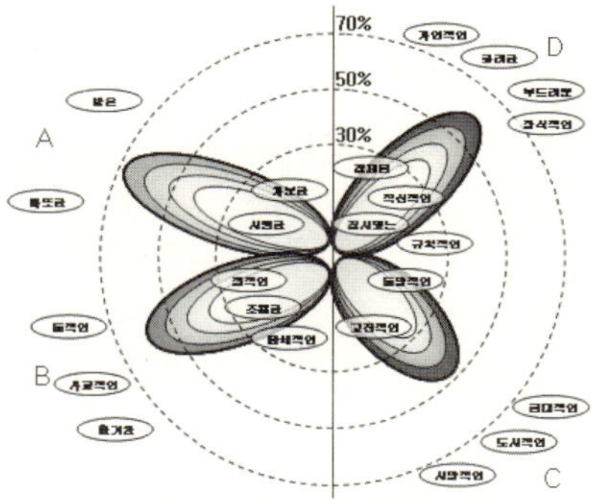


**그림 12 ❙** p16 시스템 예측

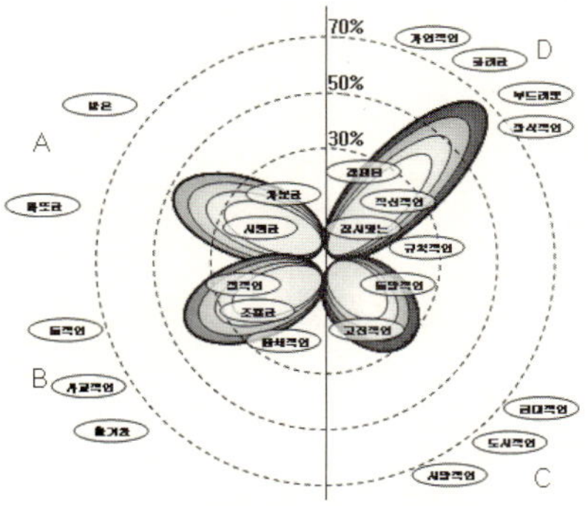


**그림 13 ❙** p18 사용자 반응

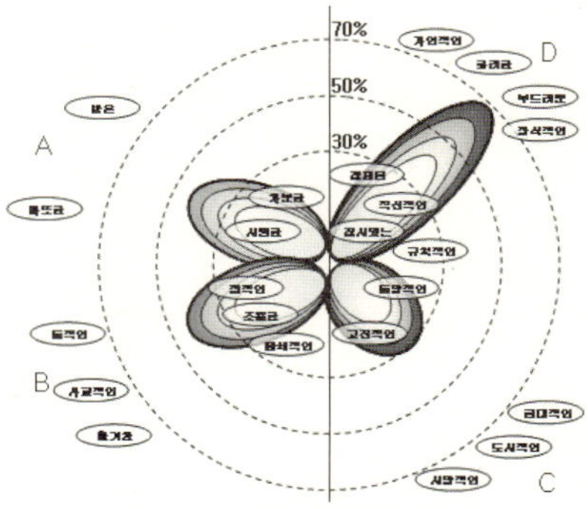


**그림 14 ❙** p18 시스템 예측

3.1의 실험에 사용한 심상모델에 대하여 동일한 요소의 조합이 아닌 유사한 요소의 조합에 대하여 감성이 예측될 수 있는지에 관하여 실험한 결과, 유사한 조합의 디자인 대안에 대하여도 사용자의 감성에 근접하는 예측결과를 볼 수 있었다. 또한, 적합도가 높은 형용사라 하여도 개별적인 어휘에 대한 예측보다는 어휘의 집단에 대한 예측이 보다 용이하다는 결론을 얻을 수 있었다.

## 3.3 정서기억에 대한 실험

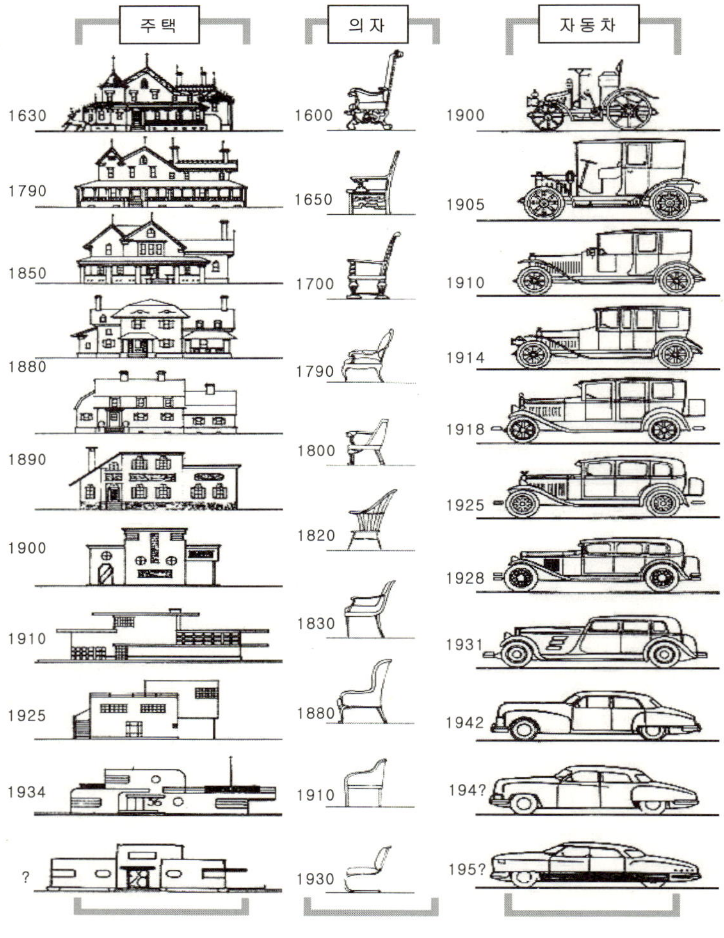


그림 15 ▍ 디자인의 진화 과정

### 1) 실험개요

사람은 누구나 감성을 가지고 태어나며, 내재되어 있던 감성은 같은 환경에 사는 사람들에게 공통된 감성을 갖도록 하는 경향이 있는데 이를 감성의 환경성이라 한다. 또한 인간에게 어떠한 감성이 생성되는데 있어 첫인상으로 얻어지는 감성이 특정세대, 특정성별에 한해 존재하는 것이 아니라 세대와 성별을 초월한 시간적 요인에 의해 감성의 변화를 겪게 되는데 이를 감성의 시간성이라 한다.

오늘날의 실내공간은 갈수록 세분화되는 추세이며 그 대상 영역 또한 갈수록 확대되어 가고 있다. 즉 빛과 소리, 맛, 향기 까지도 실내디자인의 대상으로 포함되고 있으며, 인간의 오감에 호소하고 있다. 스티븐 홀은 인간이 시공간 안에서 직접적으로 느끼는 황홀한 지식 즉, 감동의 순간에 깨닫게 되는 아름다움을 건축을 통하여 표현하려고 했다. 개념이 우선시 된 그의 건축은 단순한 언어적 개념이 아니라 보고, 듣고, 만지면서 느끼는 현실에 대한 인간 정서의 경험적 측면이 강하게 언급되어있다. 이러한 인간 정서의 경험적 측면은 태어나면서부터 받아들여온 정서적 기억 속에서 오감이 상호작용하여 공간에 대한 감성 반응으로 나타나게 된다. 본 실험에서는 일상에서 접할 수 있는 디자인들에 대한 정서적 기억이 실내공간의 감성반응과 어떤 관계를 하는 지에 대한 것이다.

### 2) 실험방법

본 실험에서는 실내공간디자인(감성반응대상1)과 일상적에서 접할 수 있는 제품 디자인들(감성반응대상2)에 대한 정서적 기억과 감성반응의 관계에 대하여 조사하였다. 현실에 대한 인간 정서의 경험적 측면을 정서기억 속에 상주하는 일상에서 접할 수 있는 디자인들로 대신하고 정서기억이 반응을 유도하는 감각정보를 실내공간디자인으로 대신하였다.

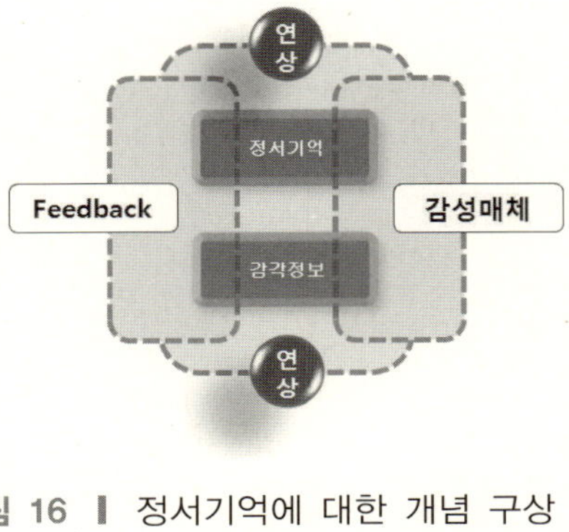


그림 16 ❙ 정서기억에 대한 개념 구상

그림 17 Ⅰ 감성반응 대상 1-실내공간 디자인

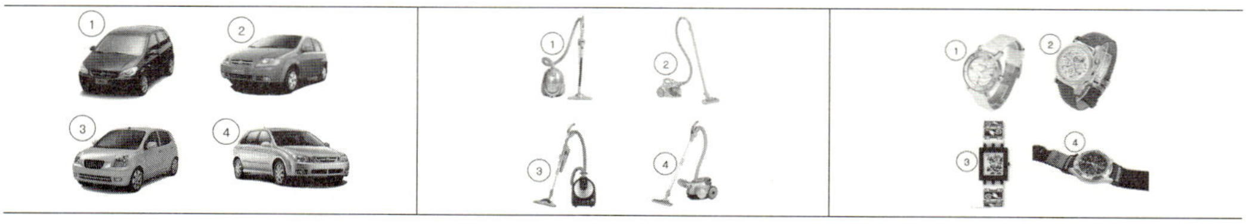

그림 18 Ⅰ 감성반응 대상 2-제품디자인

### 3) 실험결과

본 실험에서는 각자의 제품디자인의 선호경향과 공간디자인에 대한 30명의 감성어휘 반응을 조사하였고, 아래는 공간 디자인1부터 3까지에 대한 결과를 나타낸다.

다음은 자동차 디자인 1을 선호하는 집단의 감성반응을 나타낸다.

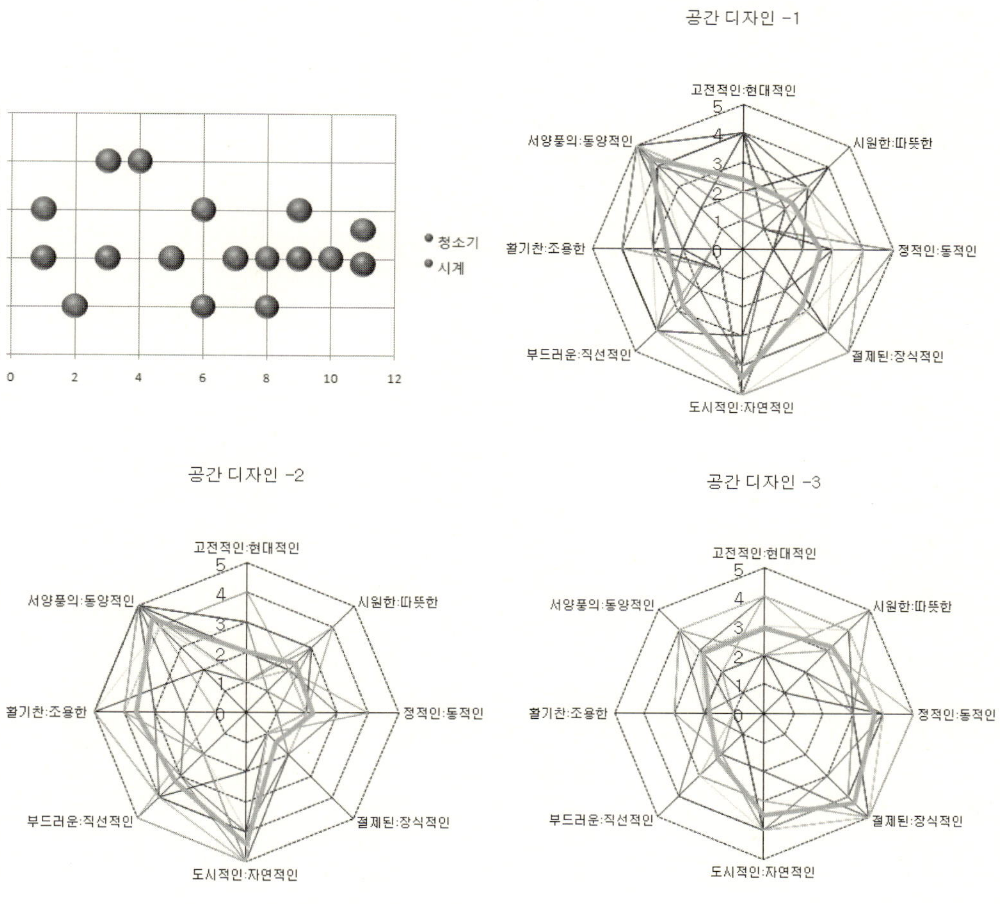


그림 19 ❙ 감성반응 결과_디자인1

다음은 자동차 디자인 2를 선호하는 집단의 감성반응을 나타낸다.

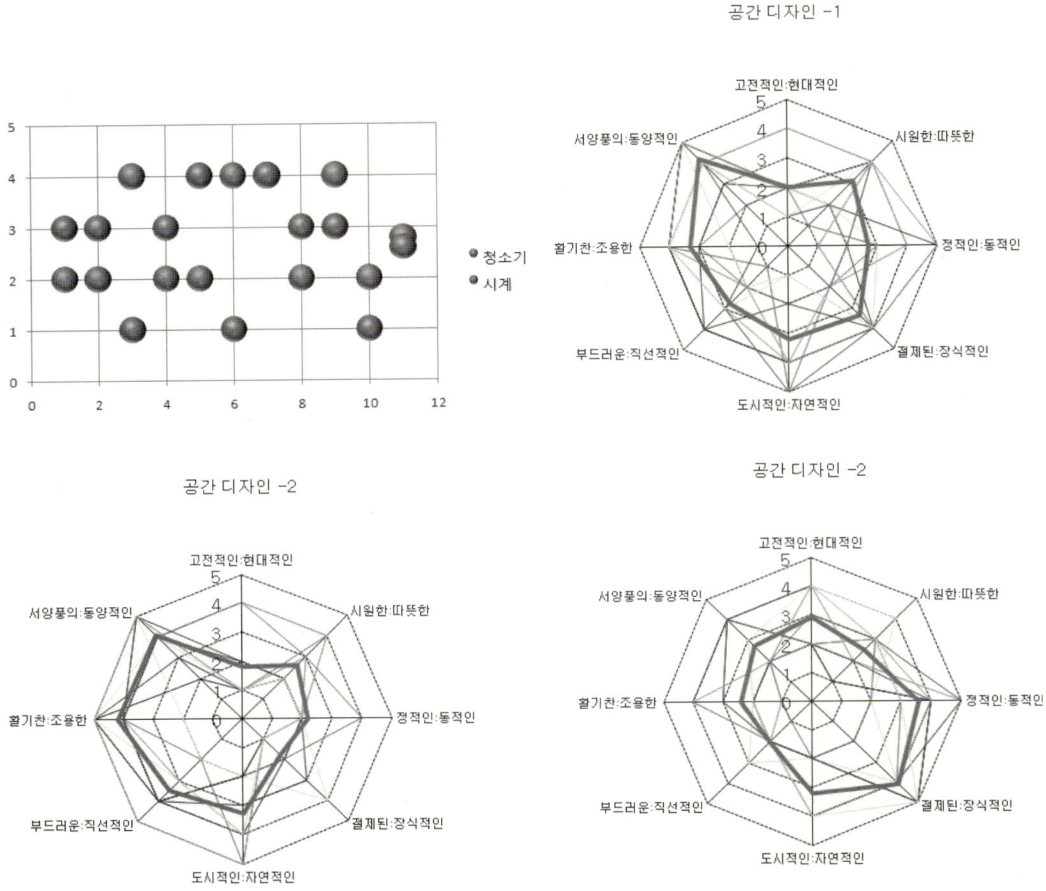


**그림 20 ▎** 감성반응 결과_디자인2

자동차 디자인 1과 2를 선호하는 그룹에 제시된 공간디자인 중 1,2,3에 대한 어휘 반응을 조사한 결과는 다음과 같다. 특정 제품을 선호하는 집단 간의 감성어휘 반응을 조사한 결과, 공간디자인에 대한 감성반응은 집단간의 차이를 나타냈으며, 특정한 감성어휘에 대해서는 극명한 차이를 나타내고 있다. 실험을 통하여 건축공간에 대한 인간의 감성반응은 시각적 감성을 자극하는 모든 디자인과 관계가 있고, 일상속의 경험적 정서기억이 지각을 통한 대상 디자인에 대한 감성 반응을 통하여 표출되고 있음을 알 수 있다.

표 7 ▎감성반응어휘 반응편차

| 감성 반응 어휘 | 반응 편차 | | |
|---|---|---|---|
| | 디자인1 | 디자인2 | 디자인3 |
| 고전적인 : 현대적인 | 0.4 | 0.2 | 0 |
| 시원한 : 따뜻한 | 0.8 | 0.3 | 0.7 |
| 정적인 : 동적인 | 0.1 | 0 | 0.1 |
| 절제된 : 장식적인 | 0.6 | 0.4 | 0.2 |
| 도시적인 : 자연적인 | 1.2 | 1.1 | 0.3 |
| 부드러운 : 직선적인 | 0 | 0.2 | 0.2 |
| 활기찬 : 조용한 | 0.8 | 0.6 | 0.6 |
| 서양풍의 : 동양적인 | 0.2 | 0.3 | 0.2 |

## 참고문헌


1. Johnson, P. N., Mental Models, Hillsdale, NJ, Erlbaum, 1983
2. Norman, D. A., Some observation on mental models, Mental Models, Hillsdale, NJ, Erlbaum, 1983
3. Wahlstr, B., The use of models in human decision making, Tasks, Errors and Mental Models, Taylor & Francis, London, 1988
4. Poulton, E. C., Engineering Psychology, Annual Review of Psychology, vol. 17, pp.177 ~ 200, 1966
5. Wickens, C. D., Engineering Psychology and Human Performance, New York : Harper Collins Publisher Inc., 1992
6. Oatley, K., & Jenkins, J. M., Understanding Emotions, Cambridge : Blackwell Publishers Inc., 1996
7. Card, S. K., Moran, T. P., & Newell, A., The Psychology of Human-Computer Interaction, Lawrence Erlbaum Associates, Hillside, NJ, 1983

8. H. Eysenck, Aesthetic preference and individual differences, Psychology and arts, The Hravester Press, pp.5 ~ 11, 1981
9. F. Crairk, R. Lockart, A Framework for Memory Research, Jounal of Verbal Learning and Verbal Research, vol. 11, pp.671 ~ 684, 1972
10. S.Grossberg, Some physiological and biochemical consequences of psychological postulates, Proceedings of the National Academy of Sciences, vol. 60, pp.758 ~ 765, 1968
11. S. Grossberg, Studies of Mind and Brain, Boston, D. Reidel Publishing Co., 1982
12. T. Kohonen, Correlation matrix memories, IEEE Transactions on Computers, vol. 21, pp.353 ~ 359, 1972
13. J. Mehler, E. Dupux, Naitre humain, Odile Jacob, Paris, 1990
14. 이연숙, 실내이미지 선호 판별 도구, 기문당, 1997
15. 윤갑근, 레퍼토리 그리드 발전 수법을 적용한 건축물 외관 디자인 평가에 관한 연구, 한국실내디자인학회지 26, 2001
16. Chapnis, A., Some reflection on progress, the 29th Proceeding of the Human Factor Society, Santa Monica, CA : Human Factor Society, 1985
17. Aoki Hiroyuki, Present State and Movement of KANSEI Engineering, Japanese Society for the Science of Design, vol. 143, 2005

# 마감재료와 감성

Materiality and Tensity

김소희 동명대학교 교수

## 01 인간과 질감 Human & Texture

현대 디자인의 발전은 재료의 발달과 이해로 귀결된다. 건축가는 전례 없는 마감 재료를 공간에 즐겨 사용한다. 1998년 시작된 헤이리 아트 밸리 프로젝트에서 당시로서는 특이하게 사용가능한 외장 재료의 범위를 사전에 지정하여 주었는데, 재료의 본질적인 성격을 그대로 보여주는 재료, 시간에 따라 변해가는 재료, 사용된 재료의 물성을 유지하고 있는 공업 생산재, 첨단 기술에 의한 재료 중에서의 사용을 권장하고 있다. 이는 건축 마감 재료의 사용이 디자인에 중요한 요소로 차지함을 의미하는데, 어떠한 마감 재료를 건축물에 사용하느냐가 건물 전체이미지와 디자인에 상당한 영향을 미침을 설명하고 있다.

### 1.1 다른 시각에서 보기

건축 공간은 근대이후 엘리트적 해석에 의한 하나의 잣대로서 관습적 규정과 조형 원리에 따라 우리에게 읽혀져 왔으며, 공간 사용자를 생산적 관점에서 접근하여 유토피아적 사고에 준하는 건축에 집중하였다. 그래서 고대로부터 근대에 이르기까지 건축은 지배층의 과시나 건축가의 엘리트적 의식에서 나온 것이 대부분이었고 사용자에 대한 배려는 소홀하였다. 그러나 벌써부터 건축가들은 디자인 원리의 주를 부로 부를 주로 하여 공간을 다른 시각에서 바라보기 시작했다. 디자인에서 부재되었던 감성의 인간을 다시 부활하고 특히, 인간이 직접 만지고 체험 가능한 마감 재료에 대한 관심의 폭이 넓어졌다. 이것은 건축과 디자인의 통합을 요구하는 시점에서 같은 눈으로 보는 인식의 변화를 가능하게 하는 구체적인 창구로 여겨진다.

건축 재료는 구조재와 마감재로 나누어 생각할 수 있고 이러한 재료를 이해함에 있어 2가지 접근 방법을 취하게 되는데 역학적·물리적·화학적 성질에 근거한 공학적 측면과 예술적 사고에 근거한 미학적 측면의 접근방식이다. 구조와 마감의 비중을 근대부터 살펴보면, 근대건축에서는 구조의 개념이 강했고 하이테크는 슬릭테크한 표면을 통해 구조와 마감의 일치를 보이고 기술력을 과시하였으며 현대에 와서는 기술의 발전으로 구조에 대한 의존도가 줄어들면서 구조와 마감이 분리된 상태에서 마감에 대한 관심이 높아졌다.

**사진 1, 2 ▎** I.M..Pei, 루브르박물관 증축, 프랑스, 1981–컨텍스트와 유리, 루브르의 역사를 시각적으로 드러내는 유리의 물성은 주변을 다치지 않게 하는 오묘한 힘을 가진다.

건축 재료에 대한 충분한 이해와 관심으로 재료가 가진 고유의 특성 즉, 물성을 정확히 파악하면 물리적·미학적으로 공간에서 요구하는 데이터를 충실히 해결할 수 있다. 또한 미학적 측면에서 재료의 물성은 '살아있는 재료'의 개념을 이해하여야 하는데 모든 재료가 변화하고 다양한 면을 가지고 있음은 디자인을 생생하게 하는 힘이다. (사진 1, 2)에서 보여지는 유리의 투명성은 인간의 감성을 고조시키는 역할을 하는데 내 외부 공간을 밝게 하고 빛의 투과와 반사를 동시에 지니는 이중적 특성에 의해 역사적인 루브르궁을 비춰내고 또 투과하여 주변의 유고한 역사적 컨텍스트를 담아낸다. 특히, 자연광의 유입으로 광장과 광장 내부는 오래된 건축물에서 느끼는 어두운 느낌을 밝게 현대적으로 소화해 내면서도 과거 프랑스의 영광을 드러내기에 충분하다.

### 1.2 질감에 따른 선호도

건축 마감 재료는 시대에 따라 선호되는 것이 있으며 마감을 하는 이유는 원천적으로 인간의 신체적 접촉에서 불쾌감을 덜어주기 위한 하나의 방법이다.

**사진 3** ▎ 나무의자, 철제의자, 한국, 2006-재료 이미지 모델링, 같은 형태의 의자라도 그것의 구현 재료에 따라 느껴지는 감성은 상당한 차이가 있어 인간의 행태는 다르게 나타난다.

건축 마감 재료가 무엇인가에 따라 인간이 느끼는 긴장의 정도는 다르다. 예를 들어, 공원에 (사진 3)과 같이 나무의자와 철제의자가 나란히 설치되어 있다면 사용자는 어느 의자에 가서 앉을 것인가? 처음에는 호기심으로 철제의자에 가서 앉을 사람도 있겠지만 그 시간은 매우 짧을 것이고 대부분의 사용자는 나무의자에 앉아 휴식을 취할 것이다. 이렇듯 의자라는 동일한 형태로 디자인 되었을지라도 나무와 철이라는 재료 물성은 사용자에게 상당히 다른 긴장을 주게 되고 공간의 느낌과도 직접적인 관련을 가진다. 각각의 재료는 재질감이 주는 기본적인 감성과 물성 자체가 가지는 독특한 성격을 표현함으로써 건축디자인에 상당한 영향을 미친다.

**사진 4 |** Ludwig Mies Van der Rohe, 바르셀로나 파빌리온, 스페인, 1929–대리석 벽면과 함께 서있는 인간 조각상, 미스의 의자에 앉은 이 사람은 무엇을 생각하고 있을까? 인간 조각상과 다른 점은 무엇일까?

일련에 행해진 건축에 대하여 무엇을 위한 디자인인가? 보다는 누구를 위한 건축 인가?에 대한 물음의 가치가 부여되는 만큼 그 답은 인간에 귀결된다. 인간과 건축물과의 관계에서 건축물이 인간의 행위나 감성을 만족시켜 줄 수 있어야 하는데 건축물의 재료는 이를 만족시키는 중요한 요소의 하나이다. (사진 4)와 같이 미스는 바르셀로나 파빌리온에 실제 인간과 같은 사이즈의 조각상을 세워 건축물과 인간을 일체화하였는데 이것은 인간이 생명과 감정이 있는 주체라기보다는 치수와 형태의 척도로 파악한 것으로 사진 속 미스의 의자에 앉은 공간 사용자의 감성을 배제하고 있다. 살아있는 인간, 즉 감성의 척도로서 인간을 이해하고 디자인하여야한다.

도시 만들기에서 빌딩보다는 생활이 디자인의 주안점이 되어야 되는 것도 이와 일맥상통한다. 빌딩은 도시의 표피로 인식되며 인간은 새로운 도시의 레이어로 재료와 건축을 느낀다. 마감 재료의 질감은 새로운 공간을 만들고, 거리에 따라 질감은 패턴과 이미지로 인식된다.

단순한 사인도 패턴이 되고 컷팅에지 cutting edge된 디지털 이미지로 현대 건축공간에 침투한다. 현대에 들어와 건축 재료가 건축 전반에 미치는 영향은 점점 증대되어 가고 있고, 재료의 종류와 사용 방법 또한 다양화되어 가고 있다. 건축 구성에서 재료가 가지는 의장적 역할은 중요하다.

모든 재료는 물질로서의 기본적 속성을 가지고 있으며 어떤 형식으로든 그 속성을 표현하고 있다. 재료의 물성은 사람이 갖는 미적 감흥인 보고, 만지고, 듣고, 맛보는 성질을 되찾음으로서 물성의 다양한 감각적 성질을 이해할 수 있어야 한다. 물성과 물성 표현에 있어 한 가지 주지할 사실은 디자인에 적용된 재료가 단순히 빈곳을 매우는 재료인지 처음부터 고려된 재료인지에 대한 관심이다. 이는 재료와 재료 물성 표현에 대한 경계를 말해 준다. 기술과 디자인이 함축된 감성 소재를 디자이너는 끊임없이 갈구하며 마감 재료의 속 켜들을 인간의 속마음을 이해하듯이 파헤쳐간다.

재료의 표면과 내용은 건축공간에서부터 재료 자체의 질감과 재료의 배열방식, 색채, 줄눈에 이르기까지 인간의 지각에 영향을 주는 특징을 가진다. 질감은 손과 눈에 의해 느끼고 보이는 물질의 표면형태를 말한다. 재료의 질감표현에 있어 눈으로 만지는 공간을 형성하는데 이것은 촉각적인 것을 시각으로 느끼고 인식함을 의미한다. 눈으로 만지는 기능은 시각을 통한 촉각의 표현을 가능하게 하여 마감 재료의 재질감 표현이 공간에 직접적으로 활용되는 많은 예를 남긴다. 공간에 자유롭게 사용된 촉각적인 요소의 중요성은 마감재료가 주는 재질감을 직접 경험할 수 있을 때에만 이해할 수 있다. (사진 5)의 롱샹 성당 천정부분은 콘크리트 표면의 재질감표현으로 공간을 감각적으로 강조하고 있다.

**사진 5 |** Le Corbusier, 롱샹성당, 프랑스, 1955-재료의 질감표현, 울퉁불퉁한 질감과 색채는 특별한 공간을 형성한다.

### 1.3 마감재료의 물성에 대한 인간의 반응

마감 재료는 재료가 가지는 질감 즉 재질감이 단순히 거칠고 매끄럽고 딱딱하고 부드러운 정도에 의해서만 나타나는 것이 아니라 재료의 패턴과 구축 방법에 의해서 다르게 인식되며 보는 거리에 따라 전체적 질감으로 혹은 하나의 패턴으로 인간에게 느껴지고 표현된다. 벽, 바닥, 천정으로 구성된 공간 요소를 기본 팔레트로 작업하는 건축 디자이너에게 넓은 벽면과 바닥 천정에 마무리 작업된 재료는 공간을 규정짓고 공간 컨셉을 직접적으로 사용자에게 전달하는 역할을 하는데 구체적인 것이 된다. 따라서 공간의 규모에 따라 질감은 단순한 패턴으로 또 시각적 질감으로 느껴지고 이것은 패턴이미지 개념과 함께 새로운 공간 이미지를 형성하고 건축 공간에 다양한 감성을 불어넣을 수 있다.

**사진 6 ❙** Waiting space, 일본, 2007-낯선 물성 조각의 발견, 현대적인 재료의 부분적 사용은 소외된 공간에 흥미와 긴장을 준다.

(사진 6)의 평범하기 그지없는 옥상부에 마련된 휴게공간은 평소 적용하지 않은 재료를 의자의 상판과 옆면에 단순하게 사용하여 창으로부터의 자연광과 함께 빛나고 있다. 현대적인 재료의 부분적 사용은 소외된 공간에 흥미와 긴장을 주는데 이렇듯 마감 재료를 바꾸면 인간 행태에 대한 무엇인가가 바뀔 가능성이 생긴다. 익숙함과 익숙하지 않은 재료의 사용, 조형물의 구조이미지와 경험된 패턴의 표현, 적극적 물성 표현에 의한 공간 브랜드 창출, 기술력으로 극대화된 첨단 물성의 표현은 인간의 환경에 촉촉한 감성적 이미지를 드러낸다.

## 02 물성과 긴장 Materiality & Tensity

### 2.1 다양한 재료를 통해 형상화된 건축

공간을 가벼운 이미지로 디자인하고자 할 경우, 구조체의 형상은 적게 마감은 가벼운 물성을 가진 재료를 주로 사용한다. 마감 재료는 건축 공간에서 구체적 표현이 가능한 디자인 요소이며 시대를 동시에 반영한다. 최근에는 건물이 갖는 기존이미지에 변화를 주고자 새로운 표피 작업을 하고 같은 재료를 바닥, 벽, 천장에 동시에 사용하여 기존방식에서 일탈된 접근을 시도하고 있다. 바닥과 벽의 구분을 없애고 대립적인 건축 재료를 전혀 다른 방식으로 공간에 겹쳐 왜곡하여 사용한다.

사진 7 ‖ Kazuyo Sejima, Dior Flagship Store, 일본, 2004-유리의 물성을 변형하여 신선하고 세련된 공간 브랜드 이미지를 드러낸다.

효과적인 건축 디자인은 인간과 공간의 상호작용을 유도하는 것으로 이러한 상호작용의 경향이 재료 물성의 변화 추이로 바뀌고 있다. 공간을 브랜드화 하는 방법은 촉각적 재료를 사용하여 보고 만지는 경험을 동시에 함으로서 이루어지는데, 빈 공간을 만들어내는 벽의 재질감으로 공간은 정의되고 인간의 감성에 긴장감을 불어넣을 수 있다. 배경으로서의 물성이 감성의 시대에 건축 공간의 주인공이 되기도 한다. (사진 7)의 긴자 거리의 크리스찬 디올 플래그쉽 스토아는 유리의 차가운 물성을 표피적으로 변형하여 신선하고 세련된 공간 브랜드 이미지를 드러내어 도시의 상징이 되고 있다.

### 2.2 긴장에서 오는 공간의 매력

재료가 만들어내는 질감에 인간이 반응한다. 그리고 편안함을 느낀다. 지루함을 느끼기도 한다. 활력과 즐거움을 체험한다. 생동감과 흥미가 생긴다. 차분하고 안정된 감정을 갖게 된다.

초조하고 불안하기도 하다. 흥분되고 긴장된다. 이것은 구체적 상황에 따라 다르다. 어느 정도의 거칢은 오히려 일상의 안정감을 주고 지나친 부드러움은 긴장감을 만든다. 물성은 일정한 긴장을 가지고 여러 요인에 의해 변화하며, 이것은 심리적이고 상대적인 것이다. 자연의 이미지는 우리에게 친숙함을 주어 자연 재료를 사용하면 공간을 이완시켜 사람을 머무르게 한다. (사진 8)(사진 9)

**사진 8** ❙ FOA, 요코하마 여객터미널, 일본, 2002-나무와 풀, 요코하마 터미널 외부 공간은 익숙한 자연의 이미지로 느껴져 몸과 마음이 편안해진다.

**사진 9** ❙ FOA, 요코하마 여객터미널, 일본, 2002-외부 공간의 유동치는 형상은 자연을 주제로 한 목재와 잔디의 부드러움으로 기분 좋게 사람을 머무르게 한다.

심리학에서 긴장은 감정, 감각 또는 행동의 동인이 되는 심적 힘을 표현한다. 갈등 상황에 놓인 사람은 심리적 불안으로 긴장을 느끼기 때문에 스트레스를 받게 된다. 스트레스는 긴장의 한 형태인데 금속에 어떤 중량이 탄력한계 이상으로 가하면 그 형태가 변형되듯이 개인에게 자극을 가하면 긴장하게 되는 것이고 개인은 이런 긴장을 해소하려는 방법을 모색하게 된다. 그러나 적당한 스트레스는 생활의 자극이 되어 활력을 주므로 오히려 우리에게 좋은 영향을 준다.

건축에서 긴장은 공간의 매력을 표현하여 사용자의 행동을 변화시켜 적극적인 감정 요소로 드러난다. 물성을 통해 공간에서 느끼는 감정을 이완과 긴장으로 나누어 생각할 수 있고 이것은 긍정과 부정의 의미를 동시에 가진다. 건축가는 공간에 마감 재료를 적용할 때 긍정과 부정의 요소를 적절히 융합하여 디자인으로 구체화할 필요가 있다. 공간을 매력적으로 느낀다는 것, 공간속에서 긴장감을 느끼는 것과 통하지 않을까?

## 2.3 재질감과 공간 성격의 관계

재질감은 형태나 색채의 미를 추구하는 조형원리와 어떻게 다른가? 재질감은 재료가 주는 질감으로 시각과 촉각에 의해 형태나 공간의 성격을 변화시킬 수 있다. 텍스츄어는 텍스타일에서 나온 말로 매끈매끈, 까칠까칠, 울퉁불퉁, 반들반들한 표면의 성질이다. 1927년 바우하우스에서는 부드러움에서 딱딱함으로 매끄러움에서 거칠음으로 늘어놓은 촉각회전판을 사용하여 디자인 재료 수업을 진행하였다. 촉각은 인간 감성을 그대로 담아내는 감각 요소로서 전적으로 주관적으로 느껴지기 때문에 감각을 촉각 도표로 옮기는 시도를 해 본 것이다.

마감 재료 표현과 사용자 사이에 형성된 분위기가 긴장감으로 나타나고 긴장감은 재료 표면이 부드러운지 딱딱한지 혹은 매끄러운 정도와 거친 정도가 우리 피부를 기준으로 봤을 때 얼마나 차이가 나느냐로 정의할 수 있다. 예를 들어, 공간에 긴장감을 주고 싶을 때는 매우 부드럽거나 딱딱한 혹은 매우 거칠거나 매끄러운 재료를 사용하고 이완되고 편안한 느낌을 주어야 할 경우는 상대적으로 인간의 피부 표면의 질감과 비슷한 혹은 일상생활에서 흔히 접촉 가능한 재료를 사용한다.

긴장감이 낮은 마감 재료는 피부 질감과 가장 친숙한 목재, 종이, 패브릭 등이고 공간을 좀 더 편안하게 구성하고 상주 시간을 길게 하는 기능적인 역할이 가능하다. 긴장감이 높은 마감 재료는 인간의 호기심을 자극하고 공간에 대한 경계심과 강한 인상을 부여하며 콘크리트, 유리, 금속, 석재 등이다. 중간 정도의 긴장을 보이는 재료는 일반적으로 벽돌, 플라스틱, 세라믹 등이다. 벽, 바닥, 천장에 마무리 작업된 재료는 공간을 규정하고 컨셉을 직접적으로 사용자에게 전달하는 구체적 실체가 된다.

## 2.4 재료와 공간의 궁합

석재의 경우는 과거부터 현재까지 권위적인 건물의 외장에 주로 사용되었고 유리와 콘크리트는 근대 이후 성행하는 재료로서 현대성과 기술성의 미학을 갖는다. 목재는 일반적으로 자연에 가깝고 오랜 역사를 가진 동양적인 재료로 공간을 이완시킨다. 페인트 마감은 꾸미지 않은 편안한 공간에서 접할 수 있는 눈에 익숙한 재료이다. 경험과 기억에 의한 마감 재료이미지와 친숙함과 낯설음에 대한 심적 부담은 사용자를 자극시킨다.

긴장의 정도가 비슷한 마감 재료를 건축 공간에 복합적으로 사용하면 지루함을 막으면서도 다양함을 준다. 또한, 사용자의 접촉 의지가 강한 건축 재료를 통해 기존 건물을 리모델링할 경우, 받아들여지는 효과가 노력과 경제성에 비해 더 확실한 결과를 가져온다. 도심지의 로프트 하우스는 사무 공간을 주거로 기능을 변경한 것으로 높은 층고의 공간을 편안하고 안정적인 분위기를 바꾸어 사적이고 정적인 성격을 가능하게 해야 한다. 이 때 패브릭과 목재 등 공간의 긴장감을 최소화하는 마감 재료를 적극적으로 사용한다. 패브릭은 가장 이완되는 공간인 침실의 침구와 커튼, 카펫으로 주로 사용되는데 이것은 인간의 피부와 가장 흡사한 물성으로 공간에 포근함과 편안함을 주기에 충분하다.

반면, 재택근무가 많아짐에 따라 주거 공간에서 업무를 처리해야 하는 경우가 빈번한데 오피스에 비해 업무 효율이 떨어져 기능을 분명히 발휘하지 못하고 있다. 이것은 주거 공간의 편안하고 이완된 분위기의 영향으로 다소 긴장감을 일으키는 마감 재료로 부분적으로 변경하면 재택근무의 충분한 효과를 볼 수 있다. 긴장감이 낮은 패브릭과 목재의 사용을 줄이고 외부나 공적인 공간에서 주로 사용되는 마감 재료의 물성을 이용하면 공간 효과는 배가된다.

## 2.5 공간 이미지를 변화시키는 촉매제로서의 긴장도

내부에서의 긴장과 외부에서 느끼는 긴장은 차이가 있다. 내 외부 재료 물성의 사용에 따라 공간에서 느끼는 긴장감은 달라진다. 기존에 사용하지 않은 낯선 재료와 물성 작업을 통해 변형된 마감 재료는 독특한 활력을 준다. 내부에 주로 사용되었던 재료를 외부 공간에 사용하고 외부에 절대시 되었던 재료를 내부 공간에 적용하면 인간에게 흥미와 긴장감을 줄 수 있다. 인간은 느끼는 방법의 차이와 과정으로 새로운 감성을 느끼며 긴장과 이완을 공간 속에서 체험한다.(사진 10)

**사진 10** ▌ 이성금, 웅가로 패션 매장, 서울, 2003-유리에 투명 칼라시트를 붙여 일상적인 공간에 물성으로 악센트를 주었다.

## 03 감성을 정량화하는 특별한 과정으로서 긴장도 Tensity & Analysis

### 3.1 긴장과 이완

인간이 건축 마감 재료를 공간 속에서 인식할 때 긴장과 이완을 통해 감정을 느끼게 된다. 마감 재료를 감성적 측면에서 시각적 촉각적 재질감이 주는 긴장도로 정량화할 수 있는데 재질감은 형태나 색채의 미를 추구하는 조형 원리와는 크게 달라 특별한 유추 과정을 통해 이루어진다. (사진 11, 12)은 MVRDV의 노인 주거로 긴 박스형태가 캔티레버 형식으로 건물의 본체에서 뻗어 나와 지나가는 사람에게 불안함을 주고 있는데 이 때, 돌출 형태의 재료를 자연친화재인 목재를 사용하여 형태적 충격을 재료의 물성으로 상쇄시키고 있다. 즉, 형태적으로 높은 긴장감을 연출하는 경우 재료 물성을 이용하여 공간의 긴장을 이완할 수 있다.

**사진 11, 12** MVRDV, Wozoco Silver House, 네델란드, 1997-재료가 주는 긴장과 이완, 익숙함과 편안함을 주는 목재는 형태적 충격을 재료의 물성으로 상쇄시키고 있다.

건축 마감 재료를 보고 느끼는 긴장과 이완의 감정은 분명히 모두가 공유하고 있는 사실이다. 마감 재료의 재질감에서 인간이 느끼는 감성을 긴장도tensity라는 잣대로 정량화하고자 하는데 이는 기존의 물리적 방법이 아닌 감성의 내용을 수치화하는 의미를 가지고 재료 물성의 표현과 직접적으로 연관된다. 이를 통해 건축 재료의 재질감이 주는 긴장도의 정량화는 건축

내 외부 공간의 성격과 이미지, 용도와 미학적 의도에 따라 건축 공간 디자인에 적용하는 새로운 관점을 드러내게 된다. 이러한 감각적인 건축 마감 재료에 대한 인간의 지각과 인지의 정도를 정량화하고자 '건축 마감 재료가 주는 재질감에 의한 긴장도'라는 가정을 적용하여 분석하였다.

선행연구를 살펴보면, 기타무라 시게고는 촉각에서의 접근으로서는 건축 마감재의 감각적 평가에 관해서 온냉감, 경연감, 조활감, 건습감의 정량화를 시도하고 종합적 평가법을 제안하고 있는데, 이를 바탕으로 재질감에 의한 긴장도 분석을 위한 척도(texture image scale)로서 <표 1>에서와 같이 경연감(딱딱하다 Hard-부드럽다 Soft), 조활감(거칠다 Rough-매끄럽다 Smooth)을 선정하였다.

따라서 감성을 정량화하는 추출과정에서 재료의 물리적 특성을 구별해서 분석한다기 보다는 인간이 재료를 지각, 인지하는 정도를 파악하는데 주안점을 두었다. 건축물에서 인간이 직접 부딪히고 만나는 건축 마감 재료를 이상에서 설명한 조활감과 경연감을 통해 그 정도를 분석하고 재질감이 주는 긴장도를 추출하여 서로의 연관성을 찾아 정량화하였다.

표 1 ∥ 재질감의 척도

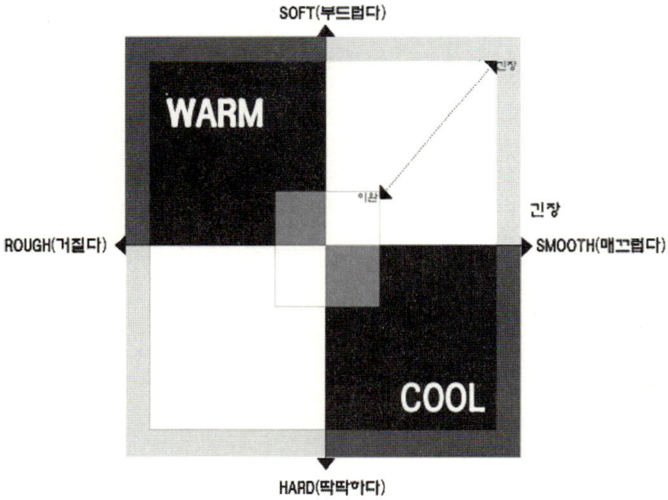

경연감은 내부 재질에서 나오는 즉 재료의 내부 특성에서 느껴지는 감각으로 내부의 구성을 의미한다. 반면, 조활감은 표피에서 느껴지는 감각으로 표피 감촉으로 이것은 감각적인 것을 다룬 측면으로 이해된다. 여기서 분명한 것은 재료를 보고 심리적으로 반응하는 것과 재료의 물리적 특성을 구별해서 분석한다는 점이다. 지금까지의 지각 심리학에 관한 연구는 게슈탈트 심리학을 비롯하여 주로 형태에 치우치는 연구가 많았다. 그러나 본 연구에서는 형태보다는 재료 자체가 가지는 재질감을 감정적 반응의 기초가 되는 긴장의 개념을 적용하여 조활감과 경연감이라는 인자를 통해 긴장도를 추출하였다.

## 3.2 긴장도의 정량적 분석틀

감성을 정량화하는 특별한 과정으로서 건축 마감 재료에 따른 재질감을 통한 긴장도를 그 주된 잣대로 설정하고 가장 편안하고 자연적인 인간의 피부를 '0점'으로 하여 그 전후 상태를 파악한다. 즉, 피부로부터 오는 모든 감각 경험 중 촉각에 대한 고려를 본 연구의 척도 기준으로 삼아 전체적으로 기준 '0'을 피부 감각에 의한 촉감 상태로 보았다. 조활감과 경연감은 각각 거칠다-매끄럽다와 딱딱하다-부드럽다의 반대되는 이미지로 구성되어 있어 설문 조사 시 (표 2)와 같이 반대되는 각각의 요소를 '-5점, -4점, -3점, -2점, -1점, 1점, 2점, 3점, 4점, 5점'로 응답하게 하여 가장 많은 수를 차지한 점수치와 평균치를 그 절대 값으로 환산하였다.

표 2 ▌ 마감 재료의 재질감이 주는 긴장도 분석틀

| 재질감의 척도 | 거칠다(딱딱하다) | | | | | 피부 | 매끄럽다 (부드럽다) | | | | |
|---|---|---|---|---|---|---|---|---|---|---|---|
| 긴장도 | -5 | -4 | -3 | -2 | -1 | 0 | 1 | 2 | 3 | 4 | 5 |

어느 정도의 거침은 오히려 긴장을 이완시키고 지나친 부드러움은 인간에게 강한긴장을 유발시킬 수 있는데 이러한 상황을 수치를 통해 반영하고, 인지심리학에서의 긴장과 이완 즉 마이너스와 플러스의 개념을 적용하였다. 또한 피부의 재질감을 중심으로 양쪽으로 각각 다섯 단계로 나눈 것은 0점을 기준으로 얼마나 많이 거친가, 매끄러운가에 대한 정도를 측정하고자 함이다. 피부의 느낌에서 멀어질수록 즉 절대치의 값이 커질수록 재질감에 의한 긴장도는 증가하고 그러한 재료로 둘러싸인 공간에서 우리는 경직감과 호기심, 긴장감 등을 느낀다고 할

수 있겠다.

최근에는 건물이 갖는 기존의 이미지에 변화를 주고자 하는 경향이 강하게 나타나는데 예를 들어 권위적이던 관공서 건물이 친근감을 주는 시민을 위한 건물로 변화를 추구한다든가 대표적 사적 공간인 주거 공간에 새로운 재료를 적용하여 개인의 개성을 표현한다든가, 차갑고

**표 3 ❙ 공간의 긴장도, 이미지에 따른 프로그래밍 사례**

| 공간성격 | 공적-동적 공간 | 공적-정적 공간 | 사적-동적 공간 | 사적-정적 공간 |
|---|---|---|---|---|
| 건물용도<br>및 공간 | 체육시설<br>업무시설(로비)<br>문화,집회시설<br>기념관(로비)<br>병원시설(로비)<br>관공서(로비) | 종교시설(예배실)<br>호텔(라운지)<br>교육시설(교실)<br>병원시설(진찰실)<br>전시공간(전시실)<br>집회시설(회의실) | 주거(거실,부엌)<br>공동주택(로비)<br>작업실<br>운동실 | 개인연구실<br>주거(침실)<br>호텔(객실)<br>어린이시설(보육실)<br>노인시설(침실)<br>병원시설(입원실) |
| 구체적<br>행위 | 대규모 집단이동<br>집회<br>대기<br>체육<br>관람 | 교육<br>전시<br>관람<br>예배<br>회의 | 노동<br>작업<br>운동 | 휴식<br>수면<br>안정<br>개인 |
| 권장<br>긴장도수치 | 3이상 | 2.5이상 3이하 | 2이상 2.5이하 | 2이하 |
| 기본<br>건축재료 | 금속(3.35)<br>유리(3.30)<br>콘크리트(3.12)<br>석재(3.02) | 세라믹(2.86) | 벽돌(2.49)<br>플라스틱(2.21)<br>직물(2.17) | 종이(1.88)<br>목재(1.75) |
| 구체적<br>건축재료 | 반사유리(3.23)<br>투명유리(3.17) | 화강석(2.99)<br>스테인레스스틸(2.91)<br>티타늄패널(2.79)<br>알루미늄패널2.77)<br>내후성강판(2.64)<br>블록(2.60) | 아크릴(2.49)<br>자기질타일(2.47)<br>대리석(2.44)<br>노출콘크리트(2.41)<br>카펫타일(2.18)<br>붉은벽돌(2.15)<br>실크벽지(2.15)<br>샌드블라스터유리(2.14)<br>동판(2.12)<br>흙벽(2.08)<br>압출성형시멘트판(2.05) | 사암(1.99)<br>시멘트몰탈(1.97)<br>아연판(1.94)<br>PVC타일(1.89)<br>외단열마감(1.88)<br>가죽(1.82)<br>골함석(1.79)<br>무늬목(1.79)<br>천연목재(1.75)<br>페인트(1.73)<br>석고플라스틱(1.55) |
| 권장<br>이미지 | 권위적인, 현대적인 | | 자연친화적인, 친근한 | |
| | 대리석, 반사유리, 화강석, 투명유리, 티타늄,<br>스테인레스 스틸, 샌드블라스터유리, 아크릴,<br>알루미늄패널, 반사유리, 노출콘크리트 | | 흙벽, 천연목재, 벽지, 코르크, 무늬목,<br>붉은 벽돌, 직물, 시멘트몰탈, 블록,<br>외단열마감, 페인트 | |
| 권장재료<br>사용법 | 2.5이하 | 2.5(바닥, 벽 재료의 변화) | 2.5이상 | |
| | 공간성격에 따른 건축물의 용도를 설정하고 요구되는 기능에 부합하는 건축재료를 1차적으로 선정한 다음, 각각의 공간과 건물이 추구하는 사회적 이미지를 결정, 이에 부합하는 권장이미지에 의한 건축 재료를 2차적으로 가려낸다. 이 때, 고급스럽다 또는 이국적이다 등 이미지는 건축가의 역량에 의해 진행과정이 변화한다. | | | |

깔끔하게 느껴졌던 병원 건축의 내부 공간을 주거와 같은 분위기로 변화시키고자 하는 경향이 그것이다. 이는 시대적이고 상업적인 배경과도 관련되는 것이며 이러한 변화에 대응하여 건축 재료가 가지고 이는 사회적인 이미지를 적용함으로써 건축가의 빠른 대처를 가능하게 한다.

이러한 건축 재료의 공간 성격에 따른 긴장도의 적용이 가능한데 이것은 일반적인 경향을 도출한 것이지 건축 공간속에서 절대적인 기준이 될 수는 없다. 건축가는 오히려 이러한 일반적 틀에서 벗어나 개성적인 감성의 발휘가 필요하며 (표 3)에서 설명하는 긴장도 수치와 사회적 이미지를 통한 건축 재료의 선정에 대한 지침은 하나의 보편적인 원리를 제시하는 것으로 이것은 인간의 감성을 마감 재료의 물성에 의해 변화시킬 수 있다는 가능성을 긴장도의 정량화를 통해 구체적으로 공간 속에서 표현하는데 의의가 있다.

## 참고문헌

※ 위 글은 김소희 교수가 2009년 5월 6월 7월에 "건축잡지 플러스"에 마감재료로 디자인하기라는 주제로 연재한 내용의 일부와 본인의 박사학위논문 "건축 재료의 물성표현을 통한 디자인의 연구(2002)"를 중심으로 재정리하여 이해하기 쉽게 서술한 내용입니다.

# 고령자의 감성과 빛환경

The Emotion of the Aged and Light Environment

임오연 건양대학교 교수

## 01 고령화 사회

향후 60년 안에 평균수명이 120세가 되는 시대가 눈앞에 도래한 현재 우리나라 평균수명은 2005년 79세로 장수 국가 대열에 합류하였으며 2018년에는 80세를 거뜬히 넘어설 것으로 전망되고 있다.

UN에서 제시한 고령화 진전에 대한 국제 비교 자료[1]를 년도별로 살펴보면 2005년 기준으로 우리나라 65세 이상의 노인인구비율이 9.0%인 고령화 사회이고, 2019년에는 14%로 고령사회로, 2026년에는 20%인 초고령화 사회로 이행할 것으로 예상된다. 이는 세계에서 가장 빠른 속도로 고령화가 진행되고 있는 실정이다(표 1).

이와 같이 고령화 사회에 접어들면서 노인복지시설, 노인주거 등 고령자를 위한 전용시설에 대한 요구가 증가하고 있다.

고령자[2]는 종합적인 생리적, 감각적인 기능의 저하로 환경에 대한 지각반응이 둔할 뿐만 아니라, 사회적 지위와 역할의 상실로 인한 소외감 및 자신감 상실 등의 심리적 변화를 맞게 된다. 따라서 고령자가 전용의 건물환경은 노화로 인한 생리적 / 신체적, 심리적, 사회적 변화를 고려하여 기능적이고 정서적으로 쾌적하고 편안한 생활공간이 조성되도록 계획되

1) UN, The Sex and Age Distribution of World Population. 각 년도

2) 고령자란 육체적, 정신적으로 그 기능 및 능력이 퇴화되어 가고 있는 시기에 달한 사람으로서 생활기능을 정상적으로 발휘할 수 없는 사람으로, 법 제2조제1호의 규정에 의한 고령자는 55세 이상인 자를 말한다.

어야만 한다.

표 1 ▎ 고령화 진전의 국제비교(日本 國立社會保障 · 人口問題硏究所, 『人口統計資料集』, 2003)

| 국가 | 도달년도 | | | 증가 소요 년수 | |
|---|---|---|---|---|---|
| | 7% (고령화 사회) | 14% (고령 사회) | 20% (초고령 사회) | 7 → 14% | 14 → 20% |
| 한 국 | 2000 | 2018 | 2026 | 18 | 8 |
| 일 본 | 1970 | 1994 | 2006 | 24 | 12 |
| 프랑스 | 1864 | 1979 | 2018 | 115 | 39 |
| 미 국 | 1942 | 2015 | 2036 | 73 | 21 |

노년기의 주된 현상으로 나타나는 환경반응에 대한 자신감 상실은 감각기관의 퇴화에 따른 결과이다. 특히 환경지각을 위한 감각지각 중에서도 가장 크게 작용하는 요소인 시각(視覺)의 퇴화는 환경정보를 정확하게 받아들이지 못하는 주요인이 된다.

이 중 시각과 관련된 건축 공간 환경 중에 빛 환경, 즉 조명과 색채 환경은 시각적 정보전달에 있어 가장 크게 작용되는 요소로써 매우 신중하게 계획되어야 할 필요성이 있다.

이에 본 연구에서는 고령자의 시각적 쾌적성을 확보할 수 있는 빛 환경(조명과 색채)에 대한 계획방법론에 대해 살펴보고자 한다.

## 02 고령자의 특성

시각기능은 우리의 신체적 기능과 마찬가지로 나이와 함께 퇴화되거나 변화되며 여기에 질환 등이 가세하면 그 영향으로 다양한 변화가 일어날 수 있다. 시각기능, 특히 색지각의 변화는 지금까지 당연하게 누리던 색의 혜택으로 오히려 정보를 오인하거나 불편을 겪도록 할 수도 있다. 신체적 기능뿐만 아니라 감각기능의 저하가 두드러진 고령자에게 있어서, 안전하고 쾌적한 빛 환경을 제공하기 위해서는 먼저 가령에 따른 시기능적 특성의 변화를 알아야 한다.

본 장에서는 고령자의 시각적 특성을 일반적인 변화특성과 빛 환경에 대한 변화특성으로 나누어 살펴보면 다음과 같다.

## 2.1 고령자의 일반적 변화특성

노안의 일반적인 특징으로는 홍채의 탄력성 저하에 의한 광량 조절 능력의 저하, 모양근의 신축력 및 수정체 자체의 탄력성 저하에 의한 초점 조절 능력의 저하, 안구 운동 능력 저하에 의한 반응시간의 증가 등이 있다.

### 1) 시력(Visual Acuity)

시력이란 물건의 형태를 구분하는 능력을 말하며, 고령자의 노안은 나이와 함께 수정체가 서서히 굳어져서 탄력을 잃어 가까운 사물에는 초점을 맞추기 힘들게 되는 노안현상으로, 수정체의 층이 늘어나면서 두꺼워지고, 모양근의 기능이 약화되면서 수정체의 조절능력이 떨어져, 근점(초점이 맞는 가장 가까운 점)거리가 변한다(40세 : 25cm, 50세 : 40cm, 60세 : 1m, 70세 : 4m).

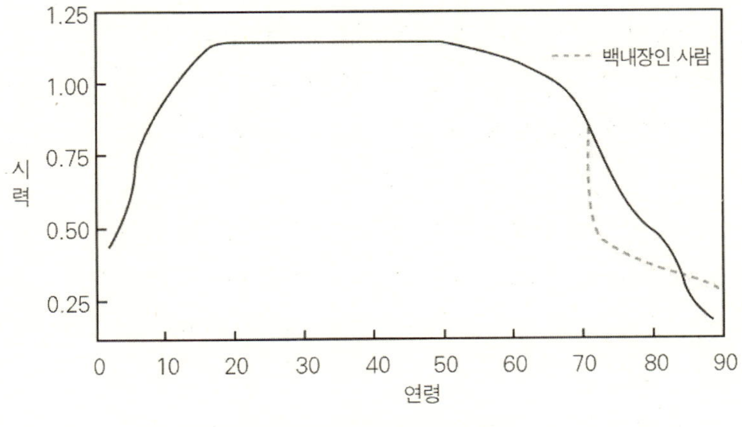


그림 1 | 연령별 시력[4)]

### 2) 시야(Visual Field)

시야는 시선을 고정했을 때의 눈에 보이는 범의를 말하며, 정상인의 시야는 상 55°, 하 65°, 좌 60°, 우 100° 정도의 폭을 가지는데 비해 고령자는 연령과 함께 눈꺼풀의 근육이 처지면서 특히 상하방향의 시야가 약년자에 비해 좁아지게 되어 시각적 정보를 얻게 되는 유효시야가 감소하게 된다.

### 3) 입체감

공간의 깊이감이나 3차원 시대상물을 지각하는 입체시의 능력도 연령과 함께 저하된다.

## 2.2 고령자의 빛환경 지각에 대한 변화특성

빛 환경에 대한 노안의 특성으로는 수정체의 혼탁에 의한 글레어 발생, 수정체의 황색화에 의한 시계황변화, 어둠에 대한 순응력의 저하 등을 들 수 있다.

### 1) 시계황변화[3)]

노인성 백내장은 우리 눈에서 카메라의 렌즈와 같은 기능을 하는 수정체가 나이와 함께 혼탁, 황변이 진행된 상태를 말하며 수정체 내부에서 빛이 산란하여 물체가 흐릿하게 보이고 색의 식별능력이 저하된다. 수정체의 황변화는 눈 내부의 망막이 받게 되는 광독성을 방지하기 위해 근자외선 영역(300～400nm)을 흡수해 약하게 만들며, 가시광선 영역(400～450nm)의 투과율이 저하되어 흡수 처리되는 현상으로, 특히 70～79세 고령자의 경우, 수정체의 빛 투과율은 약년자에 비해 1 / 10으로 감소한다고 한다.

연령에 따른 수정체의 파장별 투과율 측정으로 세계적으로 유일하게 공인된 Edward, A[4)]에 의하면, 유아기에는 단파장 400～450nm를 70%까지 투과하지만, 50대에서는 50%정도, 75대에서는 10%까지 떨어진다고 한다. 즉, 단파장에서 중파장 500nm에 걸쳐서 투과율이 급격히 떨어져서 보기 어렵게 된다.

이 결과 시력감퇴뿐만 아니라 색차의 식별능력이 약년자에 비해 저하되어 시계(視界)는 마치 노란색 필터를 통해 보이는 듯한 시계황변화(視界黃變化)가 발생하게 되어 색지각 능력이 저하되고 색구별 능력이 색상에 따라 달라지게 된다. 이러한 시계황변화현상은 색지각 능력의 저하 및 색구별 능력이 색상에 따라 달라지는 주된 원인이다. 시계황은 안구의 노화에 의해

---

3) 日本建築學會編, 高齢者のための建築環境, 彰國社 정의 : 수정체의 황변화는 내부의 망막이 받게 되는 광독성을 방지하는 역할을 해 가시광선 영역의 투과율이 저하되는 현상

4) 日本建築學會編, 高齢者のための建築環境,彰國社, 1996, p.79, p.99에서 인용

클리스타리안이라고 하는 단백질이 장기간 동안에 자외선에 의한 아미노산으로 분해되어 황색(Y)으로부터 갈색(YR)에 가까운 색으로 변한다. 이러한 황변화는 70세 이상의 고령자에게는 90%가 경험하고 있다[5)6)].

수정체의 황변화는 파란광선 즉 파장의 길이가 400 ~ 500nm의 단파장을 투과시키지 못하기 때문에 파랑이 마치 검정에 가깝게 보이는 되며, 파랑이 섞인 이차색, 즉 파랑과 빨강이 섞인 보라색이 빨강색처럼 보이게 된다. 이 결과, 청색계열의 시인도가 저하되며, 명도나 채도에도 변화가 일어나 중명도 이하의 것이 저명도화 되고 채도는 5 ~ 10으로 저하된다. 기존의 고령자 색채 선호에 관한 선행연구[7)]에서 고령자들이 파랑을 싫어하는 결과도 이러한 생리적 변화에 무관하지 않은 것이다.

### 2) 시세포의 개수감소

망막에 존재하는 2종류의 빛 감지 세포인 추상체와 간상체의 개수가 연령과 함께 감소한다. 60세 고령자의 추상체의 개수는 20세 약년자에 비해 1 / 2로 감소한다고 한다. 이 종류의 시세포의 구성이 변한다는 것은 다양한 파장의 빛에 대한 시감도 자체가 다르게 된다는 것을 의미한다.

### 3) 순응력 저하

주변 밝기의 변화에 대한 동공 직경의 변화로 감각 기관의 감수성이 변화되는 과정 또는 변화된 상태를 순응(adaptation)이라고 하는데, 고령자는 밝기에 대한 적응기능인 순응력이 저하된다. 조명연출을 목적으로 극단적인 명암대비가 이루어진 공간은 젊은이들의 눈에는 드라마틱하게 보일지 모르지만, 고령자의 눈에는 명암 어느쪽의 밝기에도 적응하기 어려워 글레어(glare, 눈부심)가 발생되기 쉽고 때로는 방향감각까지 잃어버릴 수 있다.

---

5) 조성희, 장경미, 실내색채계획을 위한 노인의 색지각 및 선호배색 특성에 관한 연구, 한국실내디자인학회 논문집, 제15권 1호 통권54호, 2006. 2.

6) 정준수, 임환준, 이현희, 박용환, 시각의 노화를 고려한 노인종합복지관의 색채계획에 관한 연구, 대한건축학회논문집 계획계 19권 7호(통권 177호), 2003. 7.

7) 김기웅, 고령화 사회의 도전과 노인의료복지시설의 계획- 노화와 주거환경, 건축, 2003. 6.

# 03 고령자와 조명환경

## 3.1 고령자의 특성에 따른 조명환경의 역할

고령자의 특성을 고려하면 신체기능, 시기능, 생활기능, 정서기능 등 주로 생리적인 척도인 것에서부터 심리적인 척도까지 다양한 수준의 관점이 종합적인 관점에서 계획되어야만 한다. 즉, 고령자 공간에서의 조명환경은 1차적으로는 물체가 잘 보이는 명시의 요구를 충족시키는 것이며, 2차적으로는 고령자의 저하된 시기능과 신체기능의 양쪽 측면을 고려한 안전 조명을 제시하는 등 다양한 측면에서의 고려가 이루어져 계획되어야 한다.

| 〈고령자의 특성〉 | | 〈공간에서의 거주자 요구사항〉 | | 〈조명환경의 역할〉 |
|---|---|---|---|---|
| 신체적 | | 안전성 | | 공간환경인지 |
| 시각적 | | 건강성 | | 명시조명 |
| 생활편의적 | ▶ | 기능성 | ▶ | 분위기조명 |
| 심리・정서적 | | 거주성 | | 공간연출조명 |
| 사회적 | | 쾌적성 | | 안전조명 |

그림 2 ▎ 고령자의 특성에 따른 조명환경의 역할

고령자 공간 환경에 일반적으로 요구되는 성능으로는 안전성, 건강성, 기능성, 거주성, 쾌적성 등이 있으며, 이들 각각의 관점에서 고령자의 요구에 따라서 조명환경을 계획해 나가야만 한다. 공간에서의 조명환경의 역할은 공간과 그 존재를 전체적으로 인지시키는 환경지각, 구체적인 시대상이나 시작업을 명확하게 보이게 하는 명시조명, 공간의 명암이나 색감의 강약을 만드는 분위기조명, 빛 그 자체를 적극적인 예술로 보이게 하는 공간연출조명, 그리고 공간에서의 행위에 있어 위험적인 요소를 제거하기 위한 안전조명으로 나눌 수 있다. 조명환경의 기술적인 관점에서 전자는 조명의 양적인 측면의 물리적 요소인 조도와, 후자는 빛의 질적인 측면의 물리적 요소인 휘도분포나 글레어 등과 밀접한 관계가 있다.

고령자의 조명환경과 관련된 특성은 나이 들면서 바뀌지만 젊을 때부터 시작되는 그 변화는 매우 연속적이기 때문에 심신장애가 없는 고령자를 위한 조명환경 계획은 기본적으로는 보통의 조명환경 계획의 연장선상으로 젊은 사람의 생활요구를 포함하여 실시해야 한다. 즉, 젊은 이부터 고령자에 이르는 라이프사이클 전체에 대한 거주자 특성 변화 중 고령자 특유의 요구에 대하여 고려할 필요가 있다.

## 3.2 고령자의 조명환경 계획지침

고령자의 경우 주의력이나 집중력이 약해져 사고가 일어나기 쉬운데다 반사력이나 체력의 쇠함이 원인이 되어 사고가 크게 발생하는 경향이 많으므로 조명환경계획에서는 시기능의 저하와 함께 신체적 기능 쇠퇴도 같이 고려하여야만 한다.

이에 본 절에서는 고령자를 위한 조명환경 계획의 요건에 따른 계획 지침을 정리해 보면 다음과 같다.

### 1) 보통보다 높은 밝기를 확보해야 한다(조명환경의 양적 측면).

고령자의 시기능 저하에 대응한 기본적인 요건은 밝기의 확보이다. 생활이나 일이 원활하게 수행되기 위해서는 공간이 잘 지각되고, 시작업의 세부까지 잘 보일 필요가 있다. 이에 한 공간에서 한등만을 사용하는 것이 아니라 복수의 조명기구를 채용하여 다양한 생활에 맞추어 필요한 경우에만 필요한 장소에만 조명을 사용할 수 있다. 또한 적정한 밝기를 가지는 내 외부 조명은 고령자에게 공간에서의 안정성 및 환경적으로 심리적 안전감을 부여할 수 있다.

### 2) 조명환경의 질적 측면도 고려해야 한다.

고령자의 시기능 특성은 물론, 장기간 실내에 체재하는 등의 생활특성과 보다 안정된 분위기를 요구하는 정서특성 등을 고려하여 보다 질 높은 조명환경을 제공할 필요가 있다. 즉 조명의 질적 측면을 나타내는 항목으로는 공간의 전반적인 조도분포를 나타내는 균제도, 빛의 방향성과 관련된 연직면 조도, 연결된 실 간의 조도에 대한 연속성, 과도한 빛의 양에 의한 글레어(glare, 눈부심) 방지, 공간의 분위기에 적합한 광원색과 연색성 등을 다면적으로 검토해야 한다.

### 3) 순응을 고려한 조명계획을 실시해야 한다.

외부 밝기(명암)에 대한 고령자의 눈이 순응하는데 보다 세심한 배려를 통해 시각적으로 무리 없이 적응할 수 있도록 해야 한다. 연결된 실의 명암차이가 매우 큰 대비를 가질 경우 시각적으로 피로하며 불쾌해 지므로 그에 따른 조명의 제어장치(점멸기의 위치, 조광기)등을 채용하는 등의 계획이 필요하다.

### 4) 조작에 대한 편리성을 배려해야 한다.

고령자의 경우에는 젊은 층에 비해 신체적으로 물건을 조작하는데 많은 노력이 필요함으로 조명설비나 조명기구 등을 선택할 때 조작하기 쉬운 기능과 형태의 스위치를 사용해야만 한다. 또한 찾기 쉽고 조작이 쉬운 위치에 설치하는 것도 매우 중요하다.

### 5) 유지관리 측면을 고려해야 한다.

조명기구의 청소와 램프 교환은 조명환경의 질을 유지하기 위해 매우 중요한 작업으로, 조명에너지 절약을 위해서도 필요한 작업이다. 고령자의 경우 체력이나 위험을 동반하는 유지관리는 반드시 피해야 하며, 가능한 한 유지관리비용이나 노력이 적게 드는 설비를 채용해야 한다. 또한 램프의 청소나 교환이 쉬운 기구를 선택하여 분리하기 쉬운 위치에 설치해야 한다.

### 6) 다양한 조명을 연출해야 한다.

조명 환경의 최종적인 목적은 안전성과 불쾌감의 발생을 방지한 쾌적성 확보에 있다. 이에 고령자의 시기능 뿐만 아니라 개인차와 선호도에 따른 환경적 요구에 부합하는 쾌적하고 즐거운 생활을 영위하기 위한 장소와 분위기를 제공하는 것이 매우 중요하다. 조명은 한정된 공간에서도 공간의 설정과 분위기 형성을 비교적 쉽고 값싸게 할 수 있는 요소이며, 다양하고 풍부한 조명 환경을 연출해야 한다.

## 04 고령자의 색채 환경 지각특성

색채 환경에 대한 고령자의 지각특성을 알아보기 위해 실내의 광원색 조건을 달리한 감성평가실험을 실시하여 분석하였다.

### 4.1 실험의 개요

#### 1) 실물대모형(Mock-up)

실물대모형의 크기는 중소형 규모의 아파트 및 주택의 1실크기를 기준으로 가로, 세로, 높이가 각각 3500× 3500×2500mm로 하였다. 그리고 인공조명에 따른 실내 색채의 육안비교평가에 주광의 영향을 배제한 정확한 데이터를 얻기 위하여 무창공간으로 제작하였다.

실내에 사용된 조명기기는 형광등을 기본조명기구로 설치하고, 내부의 조도를 최소 30lux에서 850lux까지 조절할 수 있는 조광기와 조광용 형광등을 설치하였다. 램프의 색 온도는 주거공간에서 전반조명으로 가장 많이 사용되고 있는 색온도 3500K의 전구색(온백색)과 4500K의 주광색으로 하였다. 실내의 천장, 벽, 바닥은 일반적으로 주거공간에서 사용되고 있는 색채 및 반사율을 적용하였다.

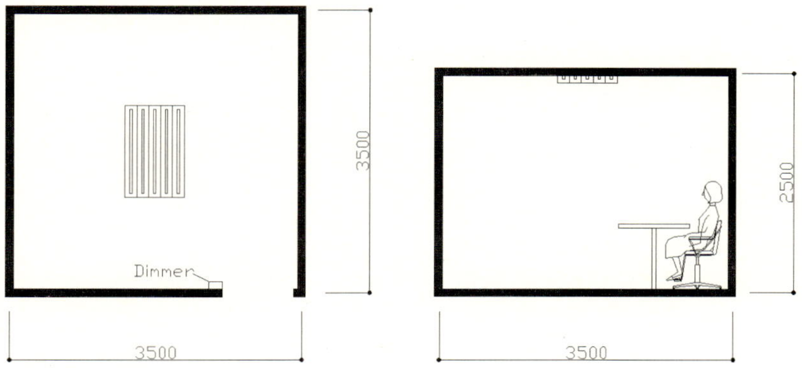


그림 3 실험모델의 평면도(좌) 및 입면도(우)

부위별 내부 마감패턴이 매우 다양하기 때문에 본 연구에서는 마감패턴을 적용하지 않고 색채와 반사율을 일반적으로 사용하는 값을 적용하였다(표 2).

**표 2** ▌ 실물대 모형의 내부조건

| 조명의 종류 | 구분 | 색채 | 반사율(%) |
|---|---|---|---|
| 주광색형광등 | 천장 | N9 | 80 |
| | 벽 | 2.5Y 8.5 / 2 | 70 |
| | 바닥 | 10YR 8 / 6 | 45 |
| 전구색형광등 | 천장 | N9 | 80 |
| | 벽 | 2.5Y 8.0 / 2 | 70 |
| | 바닥 | 10YR 8 / 6 | 45 |

### 2) 측정 물리량

측정한 조명 물리량은 실내 작업면 조도와 실내휘도이다. 먼저 실물대모형의 실내조도(Minolta T-10)는 최소조도를 30lux에서 최대조도를 850lux까지 변화시킬 수 있도록 하였다. 본 실험에 사용한 조도단계는 현재 주거공간에서 일반적으로 측정되는 500lux와 높은 조도에서의 고령자의 시각적 반응을 파악하기 위해 850lux를 적용하였으며 이 조도값은 KS규정하고 있는 조도값 보다 높은 값이다. 실내조도는 재실자가 바닥에 앉았을 때 사람의 눈높이와 동일한 위치에서 수평으로 측정한 결과이다.

또한 실내휘도(Minolta LS-100로 측정)는 실내의 재실자의 위치, 조명의 밝기, 마감재의 표면 상태에 따라 값이 다양하게 변하기 때문에 본 연구에서는 재실자의 위치를 정중앙으로 하였으며 중앙에서 천장, 벽, 바닥에 수직으로 측정하였다(표 3).

**표 3 ▎ 실물대모형의 위치별 측정 물리량**

| 조명의 종류 | 구분 | 휘도(cd / ㎡) | | 작업면조도 (lux) |
|---|---|---|---|---|
| | | 500lux | 850lux | |
| 주광색형광등 | 천장 | 43.47 | 54.56 | 500 |
| | 벽 | 73.89 | 122.8 | |
| | 바닥 | 49.23 | 87.93 | |
| 전구색형광등 | 천장 | 43.47 | 54.56 | 850 |
| | 벽 | 73.89 | 122.8 | |
| | 바닥 | 49.23 | 87.93 | |

### 3) 렌즈 필터(Lens Filter)

사람의 연령별 시각적 특성을 분석하기 위해 본 연구에서는 선행연구8)9)에서 사용하고 있는 모의 수정체 활용방법을 이용하였다. 모의 수정체 활용법은 렌즈와 필터를 이용하여 유아기부터 70세 후반기까지 연령별 시각적 특성을 재현하는 방법이다.

본 연구에서는 연령별 시각적 특성을 분석하기 위해 2장의 노인의 시지각 특성에서 언급한 바와 같이 시각적 노화가 진행되지 않은 20～30대와 노안이 시작되는 40～50대, 90% 이상이 황반현상을 경험하는 60～70대로 연령을 선정하였다. 20～30대는 피험자가 아무런 렌즈필터를 사용하지 않은 육안상태이며, 40～50대는 Y2필터, 60～70대 이상은 YA3필터를 적용하였다. 이 두 가지 렌즈필터는 평가 실험 시 피험자의 착용이 용이하도록 안경으로 제작되었다. 실험에 참여한 피험자 중에 안경을 착용한 경우에는 일회용 콘택트렌즈를 착용 후 렌즈필터안경을 착용하였다.

8) 日本建築學會編, 高齢者のための建築環境, 彰國社
9) 조성희, 장경미, 실내색채계획을 위한 노인의 색지각 및 선호배색 특성에 관한 연구, 한국실내디자인학회논문집 제15권 1호 통권 54호, 2006. 2, pp.147-157

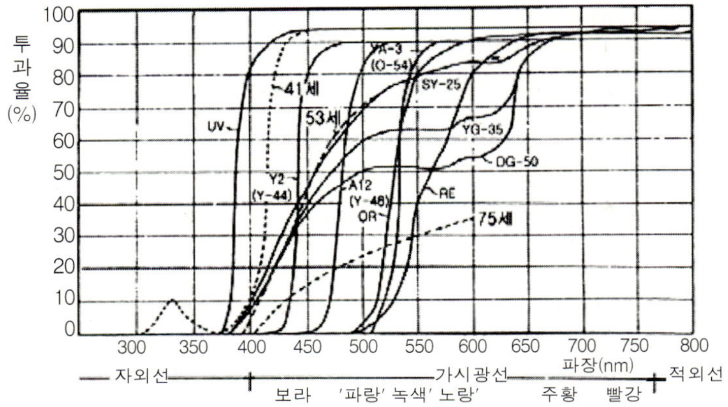


**그림 4 ▎** 수정체와 필터렌즈의 투과율 비교도

(출처 : 橋本公克 · 吉田あこ, 1991, p.670)

20 ~ 30대시각특성(좌 : 렌즈필터無), 40~50대시각특성(가운데 : Y2렌즈필터),
60~70대시각특성(우 : YA3렌즈필터)

**그림 5 ▎** 렌즈필터별 실물대모형 사진

### 4) 피험자 구성

피험자는 먼저 색각이상의 유무를 판단하기 위하여 먼셀 100색상 테스트(hue test)[10]와 색맹 검사를 실시한 현재 인테리어 학과에 재학 중인 3, 4학년으로 육안측색에 고도로 훈련된 전문가를 대상으로 교정시력이 1.0 이상인 여자 17명, 남자 15명으로 총 32명을 선정하였다.

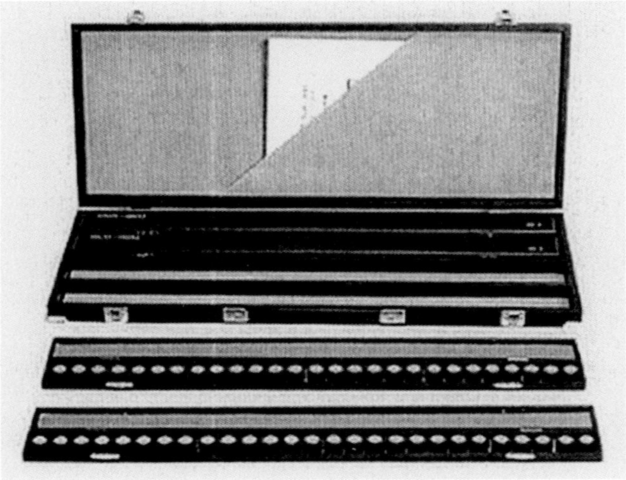

**그림 6 ❙** 먼셀 100색상 테스트

### 5) 실험 변수

본 실험의 변수는 광원의 색온도가 3500K인 전구색과 4500K의 주광색으로 하였으며, 실내조도는 주거공간의 일반 조도기준인 500Lux와 가장 높은 고조도인 850Lux의 2가지를 실험변수로 선정한 후, 렌즈필터를 착용하지 않은 경우, Y2렌즈필터를 착용한 경우, YA3렌즈필터를 사용한 경우로 각각 나누어 실험을 실시하였다.

실험은 광원의 밝기와 광원의 색온도를 변화시켰으며, 변화된 조건 속에서 1명의 피험자가 실물대모형에 들어가도록 하였다.

피험자가 입실한 후에는 렌즈필터안경을 착용하고 5분간 간단한 시작업을 통해 실내 분위

10) 100 Hue test는 극히 세밀한 색검사와 색조를 하는 사람의 색감의 등급과 훈련용으로 개발된 것으로, 명도 6의 CIE 1964 균등색공간 상에서 100종류의 색을 등간격으로 선택하고 있으며, CIE색차 1단위 레벨의 색채판별능력을 검사할 수 있다.

기에 적응시킨 후, 실내천장, 벽, 바닥의 색채를 먼셀표색계(Munsell Color System)를 이용하여 육안비교 측정하여 먼셀기호로 표기하도록 하였다.

또한 실험은 피험자로부터 보다 정확한 평가를 얻어내기 위해 각각의 실험변수에 따라 평가일을 달리하여 실시하였다.

## 4.2 평가실험 및 분석

본 연구에서는 동일한 실험모델 조건에서 광원의 종류를 주광색, 전구색으로 구분하고, 실내조도를 500lux, 850lux로 한 상태에서의 Y2(40 ~ 50대), YA3(60 ~ 70대) 렌즈필터의 종류에 따른 색채전이량에 대한 평가실험을 실시하였으며 그 결과는 다음과 같다.

### 1) 색차감소법

본 연구에서는 실험모델의 천장, 벽, 바닥의 색채를 기준색채, 렌즈필터(Y2, YA3)를 사용한 피험자가 평가한 색채를 평가색채라 정의하였다.

렌즈필터에 의해 기준색채가 어느 정도 다른 색채로 인식하는지에 대한 색채전이량을 파악하기 위하여 색차(Color Deference)를 이용한 색차감소법[11)]을 사용하였다.

색차감소법은 명도(V), 채도(C), 색상(H)로 이루어진 색상을 2차원에서 색채의 차이를 계산할 경우 발생하는 오차를 보완하고 정확한 계산을 위해 먼셀공간에서 3차원으로 해석하는 방법을 말한다.

여기에서 색차감소법은 먼셀공간에서의 2점 A(H,V,C)와 B(H+⊿H, V+⊿V, C+⊿C)사이의 거리로 나타낼 수 있다.

$$E= [(\varDelta C)^2+(\varDelta V)^2+2C(C+\varDelta C)\times(1-\cos(3.6°\varDelta H))^{1/2} \cdots\cdots\cdots\cdots \text{(식 1)}$$

여기서 H : 색상(Hue), V : 명도(Value), C : 채도(Chroma),
⊿H : 색상차이, ⊿V : 명도차이, ⊿C : 채도차이

11) 이진숙 외 3인, 아파트 외장표준색 선정에 관한 연구, 대한건축학회 논문집, 제14권 3호, 1998. 3.

**표 4 ▎ 실물대모형의 위치별 측정 물리량**

| 렌즈필터 | 광원색 | 조도(lux) | H | V | C | ⊿H | ⊿V | ⊿C | E |
|---|---|---|---|---|---|---|---|---|---|
| Y2(40 ~ 50대) | 전구색 | 500 | 5.53 | 7.74 | 10.21 | 3.29 | 0.82 | 1.50 | 1.96 |
| YA3(60 ~ 70대) | 전구색 | 500 | 5.53 | 5.63 | 12.21 | 9.87 | 2.87 | 10.21 | 11.09 |
| Y2(40 ~ 50대 | 주광색 | 500 | 6 | 7.82 | 10.72 | 3.54 | 0.68 | 8.72 | 8.81 |
| YA3(60 ~ 70대) | 주광색 | 500 | 4.50 | 5.72 | 12.48 | 8.4 | 2.78 | 10.48 | 11.27 |
| Y2(40 ~ 50대 | 전구색 | 850 | 6.67 | 7.95 | 10.29 | 4.17 | 0.55 | 8.29 | 8.34 |
| YA3(60 ~ 70대) | 전구색 | 850 | 3.81 | 6.33 | 12.48 | 8.69 | 2.17 | 6.69 | 7.40 |
| Y2(40 ~ 50대 | 주광색 | 850 | 6.17 | 8.32 | 9.20 | 3.67 | 0.28 | 7.20 | 7.25 |
| YA3(60 ~ 70대) | 주광색 | 850 | 4.9 | 6.98 | 10.40 | 7.33 | 1.62 | 8.40 | 8.81 |

### 2) 렌즈필터 종류에 따른 색채전이량 평가분석

렌즈필터의 종류를 Y2, YA3으로, 실내조도 500lux, 850lux으로 하여 광원의 종류에 따른 각각의 색채전이량 분석결과 <그림 7> – <그림 10>에 나타내었다. 분석은 실내의 기준색채를 Y2(40 ~ 50대)렌즈필터, YA3(60 ~ 70대)렌즈필터를 착용한 후 광원의 변화에 따라 발생하는 색채와 평균값을 나타내었다.

동일한 광원과 조도에서 렌즈 필터의 종류에 따른 색채전이량 분석결과 실내조도가 500lux인 공간에서 Y2(40 ~ 50대)렌즈필터에 비해 YA3(60 ~ 70대)렌즈필터의 색채전이량(E)이 10정도 크게 발생하는 것으로 나타났다. 또한 실내조도가 850lux에서는 Y2렌즈필터의 색채전이량이 500lux일 때보다 7배 이상 증가하는 것으로 나타났다.

실내조도가 850lux일 때 Y2(40 ~ 50대)렌즈필터의 색채전이량은 증가하였으며 YA3(60 ~ 70대)렌즈필터에 의한 색채전이량은 감소하는 경향을 나타내어 각각 필터간의 색채전이량이 8정도고 매우 유사한 특징을 나타내었다.

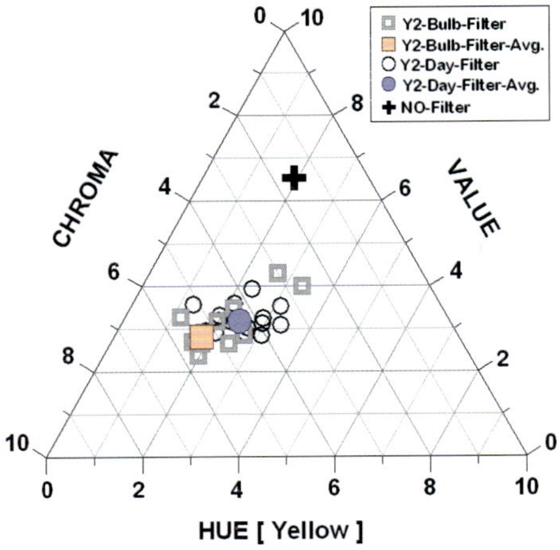


**그림 7 ❙** 실내조도 500lux일 때 광원의 종류별 색채차이(Y2 : 40~50대 렌즈필터)

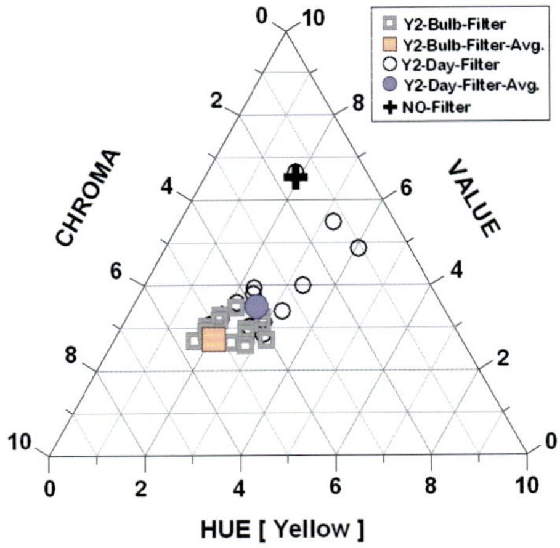


**그림 8 ❙** 실내조도 850lux일 때 광원의 종류별 색채차이(Y2 : 40~50대 렌즈필터)

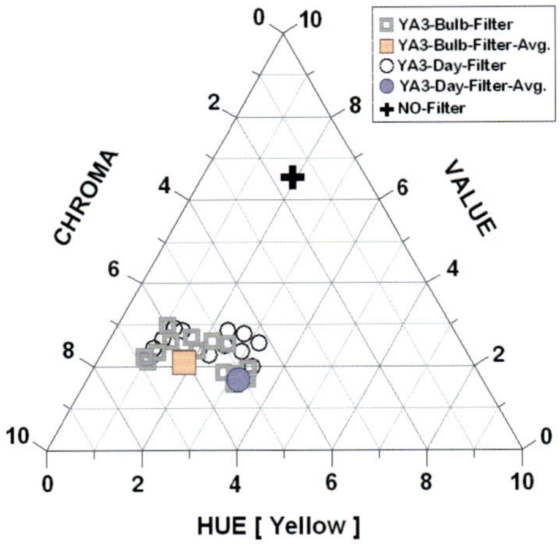


**그림 9 ❙** 실내조도 500lux일 때 광원의 종류별 색채차이(YA3 : 60~70대 렌즈필터)

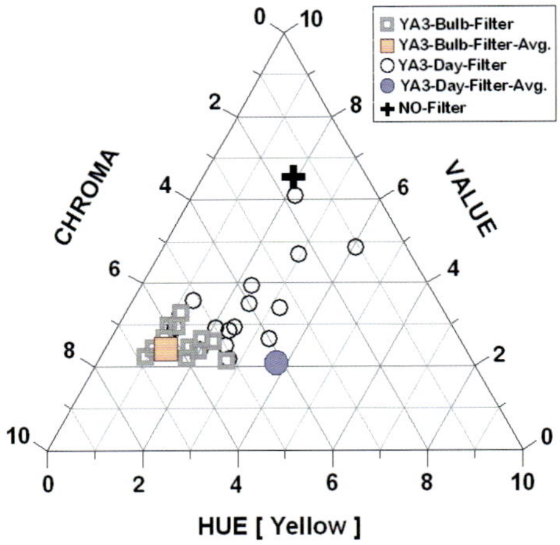


**그림 10 ❙** 실내조도 850lux일 때 광원의 종류별 색채차이(YA3 : 60~70대 렌즈필터)

### 3) 광원색에 따른 색채전이량 분석

램프의 종류를 광원의 색온도에 따라 주광색과 전구색으로 하여 실내조도가 500lux, 850lux인 경우의 렌즈필터별 색채전이량 비교분석결과를 <그림 11> – <그림 14>에 나타내었다.

Y2(40~50대)렌즈필터의 경우 500lux에서 주광색보다 전구색에서 색채전이량이 매우 작았으며, 850lux로 실내조도가 증가 할수록 색채전이량은 증가하였다. YA3(60 ~ 70대)렌즈필터의 경우 실내조도가 500lux이고 전구색 램프를 사용할 경우 색채전이량이 가장 크게 나타났다.

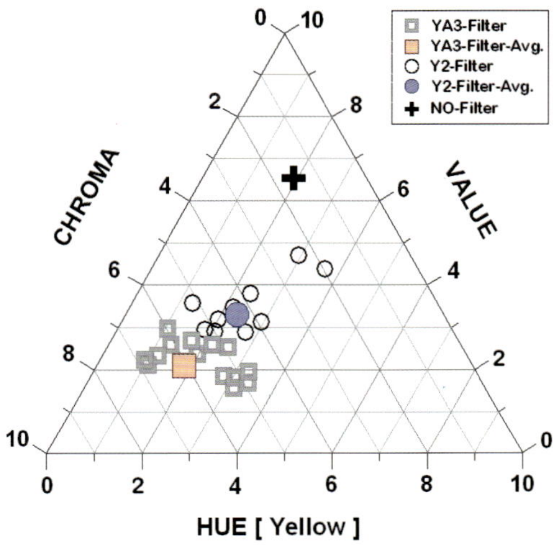


**그림 11 ▎** 실내조도 500lux일 때 렌즈필터의 종류에 따른 색채차이(전구색)

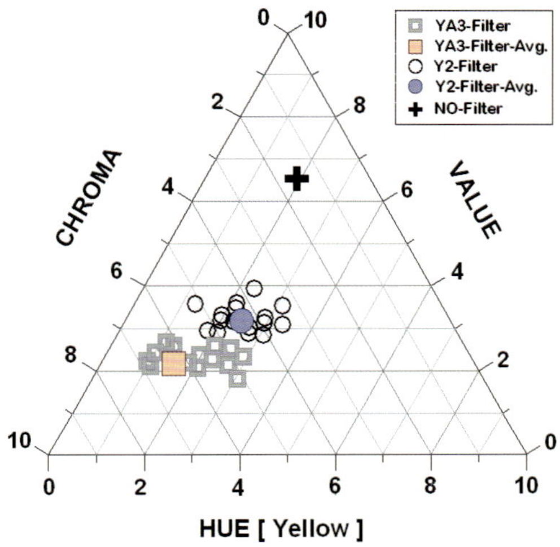


**그림 12 ▎** 실내조도 500lux일 때 렌즈필터의 종류에 따른 색채차이(주광색)

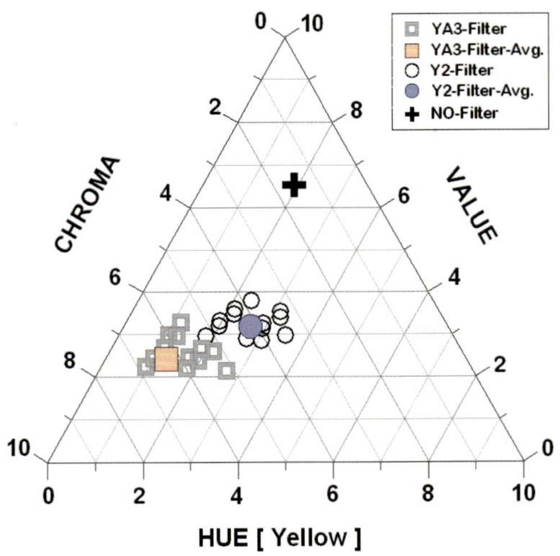


**그림 13 ▎** 실내조도 850lux일 때 렌즈필터의 종류에 따른 색채차이(전구색)

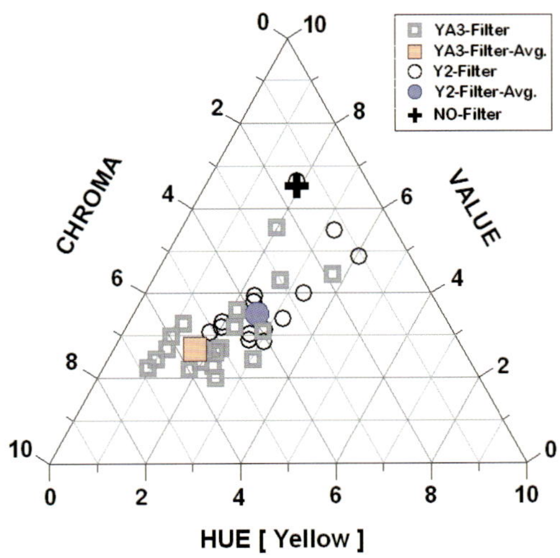


**그림 14 ▎** 실내조도 850lux일 때 렌즈필터의 종류에 따른 색채차이(주광색)

그리고 실내조도가 850lux로 증가할 경우 색채전이량은 감소하는 것으로 나타났다. Y2렌즈필터가 40~50대의 시각적 특성을 대표하는 것을 고려할 때 색채전이량을 고려하면 실내조도를 전구색 램프를 사용하여 500lux를 유지하는 것이 바람직하며, YA3 렌즈필터는 60~70대 이상의 시각적 특성을 나타내는 것으로 주광색 램프를 이용하여 실내조도는 850lux 이상 유지하는 것이 실내의 색채전이량이 감소할 수 있을 것으로 예상된다.

### 4) 종합분석

색채전이량 분석은 실내의 색채를 Y2(40~50대), YA3(60~70대)렌즈필터를 사용한 후 광원의 변화에 따라 발생하는 색채와 평균값을 나타내었다.

**표 5 ❙ 천장, 벽, 바닥의 기준색채와 피험자 평가색채와의 거리**

| 조도(lux) | 구분 | 렌즈 필터 | 기준 색과의 거리(E) | |
|---|---|---|---|---|
| | | | 주광색 | 전구색 |
| 850 | 천장 | Y2 | 9.079602 | 10.16363 |
| | | YA3 | 15.1017 | 12.66095 |
| | 벽 | Y2 | 7.252691 | 8.344852 |
| | | YA3 | 8.810449 | 7.400842 |
| | 바닥 | Y2 | 4.320783 | 2.790912 |
| | | YA3 | 5.799656 | 2.710405 |
| 500 | 천장 | Y2 | 15.53081 | 11.02251 |
| | | YA3 | 15.71559 | 13.77272 |
| | 벽 | Y2 | 8.806218 | 1.964805 |
| | | YA3 | 11.26861 | 11.08726 |
| | 바닥 | Y2 | 3.855009 | 3.507349 |
| | | YA3 | 6.83829 | 6.197903 |

실내조도가 850lux일 때 Y2(40~50대)렌즈필터의 색채전이량은 증가하였으며 YA3(60~70대)렌즈필터에 의한 색채전이량은 적어지는 경향을 나타내어 각각 렌즈필터간의 색채전이량

이 8정도고 매우 유사한 특징을 나타내고 있다.

Y2(40 ~ 50대)렌즈필터를 사용한 경우 500lux에서 주광색보다 전구색에서 색채전이량이 매우 작은 것으로 나타났으며, 850lux로 실내조도가 증가 할수록 색채전이량은 증가하였다.

YA3(60 ~ 70대)렌즈필터의 경우 실내조도가 500lux이고 전구색 램프를 사용할 경우 색채전이량이 가장 크게 나타났으며, 실내조도가 850lux로 증가할 경우 색채전이량은 감소하는 것으로 나타났다.

실내조도가 낮을수록 천장, 벽, 바닥의 기준색채가 렌즈필터에 의해 형성된 평가색채와의 색차는 크게 나타났다. 또한 실내의 조도가 높을수록 렌즈필터에 의해 발생하는 기준색채와 평가색채간의 색차는 크게 나타나지 않았으며, Y2, YA3 렌즈필터간의 색채전이량 차이는 유사한 것으로 나타났다.

광원의 색온도가 4500K이상인 주광색의 경우 조도가 850lux 일 때 Y2보다 YA3 렌즈필터를 사용한 경우가 기준색채와의 거리가 크게 나타났으며, 색온도가 3500K 이하의 전구색에서는 Y2와 YA3의 거리는 큰 차이가 없는 것으로 나타났다.

Y2렌즈필터가 40 ~ 50대의 시각적 특성을 대표하는 것을 고려할 때 색채전이량을 고려하면 실내조도를 전구색 램프를 사용하여 500lux를 유지하는 것이 바람직하며, YA3 렌즈필터는 60~70대상의 시각적 특성을 나타내는 것으로 주광색 램프를 이용하여 실내조도는 850lux 이상 유지하는 할 때 실내의 색채전이량이 감소할 수 있을 것으로 예상된다.

## 참고문헌

1. 오혜경, 박민진, 이지현, 노인주거시설 공용공간의 실내색채 사례연구, 한국실내디자인학회논문집 제13권 1호 통권 42호, 2004.2, pp.70-80
2. 홍이경, 오혜경, 예비노인층의 노인공동생활주택 실내마감재 및 색채에 대한 선호, 한국실내디자인학회논문집 제14권5호, 2005.10, pp.167-176
3. 김혜정, 노인건축환경의 색채계획을 위한 우리나라 노년층의 색채지각에 관한 연구, 대한건축학회논문집, 제11권 2호, 1995. 2, pp.19-33
4. 조성희, 장경미, 실내색채계획을 위한 노인의 색지각 및 선호배색 특성에 관한 연구, 한국

실내디자인학회논문집 제15권 1호 통권 54호, 2006. 2, pp.147-157
5. 정준수, 임환준, 이현희, 박용환, 시각의 노화를 고려한 노인종합복지관의 색채계획에 관한 연구, 대한건축학회논문집 계획계, 제19권 7호(통권 177호), 2003. 7, pp.33-40
6. 최안섭, 이정은, 박병철, 주거공간의 건강조명시스템 개발 및 적용방안, 대한건축학회논문집 계획계, 제20권 10호, 2004, pp.287-294
7. 이진숙 외 3인, 아파트 외장표준색 선정에 관한 연구, 대한건축학회 논문집, 제14권 3호, 1998. 3
8. 김기웅, 고령화 사회의 도전과 노인의료복지시설의 계획– 노화와 주거환경, 건축, 2003년 6월
9. 일본 인테리어산업협회, 고령자를 위한 조명과 색채, 도서출판 국제, 2001
10. 日本建築學會編, 高齢者のための建築環境, 彰國, 1996年
11. 高齢者のために視環境に關する基礎的研究, 2002, pp.17-22
12. 石橋 英里子 外 2人 住宅照明環境が被験者に与える心理的影響に關する研究, 日本建築學會計劃系論文集, 第514號, 1998. 12, pp.119-124
13. 吉田あこ, 橋本公克, 高齢化による視界の黃變化 –その1,2, 日本建築學會大會學術梗概集, 1988
14. 吉田あこ, 橋本公克, 高齢化の視界黃變と視認性, –その1,2, 日本建築學會大會學術梗概集, 1990
15. 橋本公克・吉田あこ, 消える案內標識と水晶體の透過率 一高齢化視界黃変化の研究(1), 日本建築學會講演楄概集(東北), 1991, p.670
16. 吉田あこ, 橋本公克, 高齢者の色彩誤認の實態調査 –その1,2, 日本建築學會大會學術梗概集, 1992
17. 日本建築學會編, 高齢者のための建築環境, 彰國社, 1996年
18. 2004년 통계청, 장래인구추계보도자료
19. Donald A. Norman, Emotional Design : Why We Love (or Hate) everyday Things, New York : Basic Books, 2004
20. Dongha Kim, Prasad Boradkar, Sensibility Design
21. Pierre Levy, Seung Hee Lee, Toshimasa Yamanaka, On Kansei and Kansei Design : A Description of Japanese Design Approach, IASDR07, Hongkong Polytechnic University.

# 감성공학과 친환경건축

Emotional Engineering and Sustainable Architecture

김병수 (주)BEMS 컨설팅 소장

## 01 연구개요

최근 우리나라 경우 건물의 고층화로 건물을 경량화하기 위해 커튼월의 증가로 유리의 사용량이 크게 증가하고 있다. 이러한 커튼월 및 경량화 공법은 공기(工期)를 단축시킬 수 있는 장점이 있지만 건물의 경량화 및 유리사용량의 증가는 실내환경이 기상조건에 민감하게 반응하기 때문에 환경조절이 어려울 뿐만 에너지 성능이 떨어지는 단점을 가지고 있다. 에너지 성능향상을 위해 기존 연구에서는 창호의 단열성능과 기밀성 등 열적인 측면을 고려한 연구가 대부분이었다. 특히 창호의 단열성능향상을 위해 개발된 단열필름(low-e)이나 외부 일사량의 차단을 위해 복사차단 필름을 적용한 창호의 개발이 활발히 이루어지고 있지만 단열필름이나 복사차단 필름을 창호에 적용할 경우 열적인 성능은 향상되지만 대부분 광학적인 투과율이 감소하는 특징을 갖고 있다. 하지만 최근까지도 창호의 열적인 성능[1)2)]만을 고려한 연구가 이루고 있기 때문에 투과율의 저하로 발생하는 주광(daylighting)의 차단, 가시거리의 단축, 조망권 침해 등이 발생한다. 이러한 불쾌한 시환경을 개선하기 위해 열적인 성능측면과 쾌적감을 고려한 감성 측면의 연구가 동시에 이루어져야 한다. 따라서 본 연구는 실제 오피스 내부공간과 유사하게 재현한 실물대모형(mock-up model)을 이용하여 천공상태별(청천공, 담천공) 감성

1) 김종연, 이언구, 황원택, 유리창이 사무소 건물의 에너지 소비에 미치는 영향에 관한 연구, 대한건축학회학술발표논문집, 제13권 제2호, 1993. 10.
2) 심정일, 조수, 허정호, 창문의 열성능 개선에 관한 연구, 대한건축학회 학술발표논문집 제21권 제2호, 2001년 10.

평가 실험과 실제 오피스 건물을 대상으로 시뮬레이션 프로그램을 이용하여 투과율의 변화에 따른 냉방, 난방, 조명에너지 성능분석과 시각적 쾌적성을 고려한 창호의 적정투과율을 선정하는 과정을 설명하고자 한다.

## 02 연구내용 및 방법

우리나라에서 대부분의 오피스 건물의 창호를 선정하는데 있어 시각적 쾌적성보다는 냉난방 에너지 성능위주로 진행되어져 왔다. 일부 외국의 감성평가 결과를 적용한 사례가 있지만 동양인과 서양인의 시각적 쾌적성 범위가 다르다는 선행연구의 결과를 볼 때 건물내부의 재실자들에게 시각적 불쾌감이 발생할 것이다. 따라서 본 연구는 우리나라 사람의 시각적 특성을 고려한 창호의 투과율을 선정하기 위해 평가실험을 통해 창호의 적정 · 최소투과율 범위를 선정하였으며, 냉난방에너지 분석에서는 평가실험에서 사용된 투과율을 포함한 시뮬레이션 분석을 실시하여 냉난방에너지 소비량의 합을 이용하여 창호의 적정 투과율을 선정하였다. 자세한 내용은 다음과 같다.

1) 평가대상의 투과율은 먼저 현재 오피스 건물의 창호에 사용하고 있는 필름의 현행제조업체 및 시공사례분석을 토대로 하여 5가지 종류의 필름을 선정한 후, 투명유리를 포함하여 총 6가지의 투과율을 선정하였다.
2) 실제 규모의 오피스 사무실을 모델로 하여 남측면 창호에 투과율이 서로 다른 실물대모형(Mock-up model)을 각각 제작하였다.
3) 투과율과 실내 · 외 조건에 따른 조명환경 및 작업환경에 대한 시각적 쾌적성 평가분석을 실시하였다.
4) 시뮬레이션 프로그램을 이용하여 투과율 변화에 따른 열적인 측면과 광학적인 측면을 분석하였다.
5) 최종적으로 감성평가와 냉난방에너지 성능분석을 통해 오피스 건물에 적용할 수 있는 적정 투과율을 선정하였다.

## 03 감성평가에 의한 적정 · 최소 투과율 선정

선행연구[3])에서는 실제 오피스 규모와 유사한 크기의 실물대모형을 이용하여 창호의 투과율 변화에 따른 재실자의 작업능률 및 실내조명환경의 쾌적성에 관한 평가실험을 실시하였다.

창호의 투과율은 크게 태양복사 투과율과 가시광선 투과율로 구분할 수 있다.

가시광선 투과율(Tvis ; Visual Transmittance)은 가시광선 영역대의 빛이 입사되었을 때 몇 %의 가시광선이 투과할 수 있는지 나타내는 값으로 값이 클수록 필름이 더 투명한 느낌을 주게 된다. 파장영역이 380 ~ 780nm인 가시광선이 유리를 투과할 때 투과되는 비율을 백분율로 표현한 값이다. 일반유리(5mm두께)의 가시광선 투과율은 약 81.3%이다. 태양복사 투과율(Tsol ; Solar Transmittance)은 창호를 통하여 실내로 유입 되는 태양 복사열의 양을 비율로 나타낸 수치이다. 근적외선 파장영역을 포함하는 태양광을 열선이라 부르며, 열선이 유리에 수직으로 투과될 때 투과되는 비율을 백분율로 표현한 수치이다. 근적외선은 파장영역이 760 ~ 2,310nm인 광선으로 태양에너지의 53%를 생산하여 우리 일상생활에 열을 제공하여 따뜻하게 해준다. 일반적으로 평판유리(두께 5mm)의 열선투과율은 약 81%이다.

사람의 눈은 가시광선 투과율에 따른 실내조명환경만 느낄 수 있기 때문에 가시광선 투과율을 평가대상 샘플로 선정하였다.

3) 임오연, 김병수 "오피스 창호의 적정 및 최소 투과율 선정에 관한 연구" 대한건축학회계획계논문집, Vol 19., 2003. 9

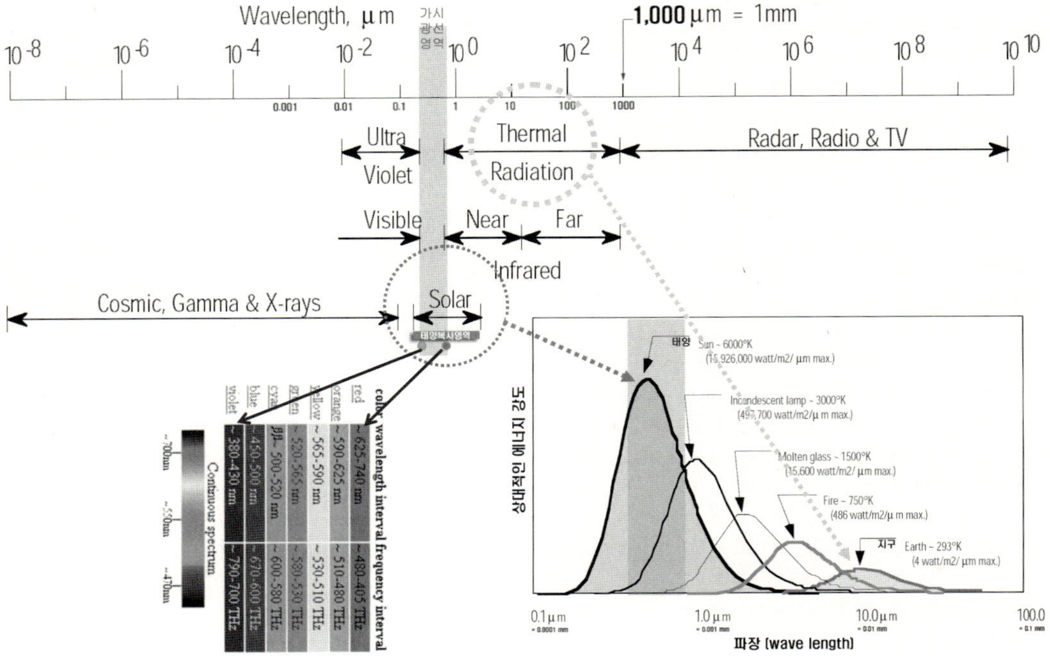


그림 1 ❙ 태양광 스펙트럼

아래의 <그림 2>는 가시광선 투과율이 다른 5가지 평가대상의 스펙트럼 분포를 나타내고 있다.

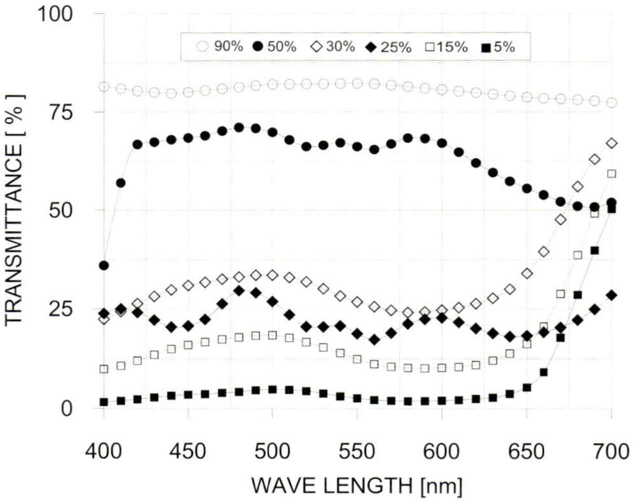


그림 2 ❙ 평가대상의 스펙트럼 분포

평가항목은 국내외 선행연구[4][5][6][7][8]에서 제시한 평가항목을 실외조건과 실내조건으로 분류한 후, 실외조건으로는 피험자가 실내에서 외부를 바라봤을 경우를 고려하여 실외기상조건, 실외주광상태, 실외 경관을 평가할 수 있는 형용사 9쌍을 선정하였다. 그리고 실내조건으로는 실내주광상태, 눈부심감(글레어), 실내조명환경을 세분하여 평가할 수 있는 형용사 8쌍을 포함하여 총 16쌍의 평가항목을 카테고리별로 선정하였다.

**표 1 ❙ 카테고리별 평가항목**

| 조 건 | | 평가내용 | 평가득점 | | |
|---|---|---|---|---|---|
| 실외조건 | 실외기상조건 | 1. 지금 창문을 통해서 본 실외의 날씨는 어떻습니까? | 맑은 | --- | 흐린 |
| | | | 화창한 | --- | 우중충한 |
| | 실외주광상태 | 2. 지금 창문을 통해서 본 실외의 주광은 어떻습니까? | 밝은 | --- | 어두운 |
| | | | 쾌적한 | --- | 불쾌한 |
| | | | 따스한 | --- | 시원한 |
| | | | 강렬한 | --- | 부드러운 |
| | 실외경관 | 3. 지금 창문을 통해서 본 실외 경관은 어떻습니까? | 선명한 | --- | 흐릿한 |
| | | | 자연스러운 | --- | 어색한 |
| 실내조건 | 실내주광상태 | 4. 지금 실내의 주광은 어떻습니까? | 쾌적한 | --- | 불쾌한 |
| | | | 따스한 | --- | 시원한 |
| | | | 강렬한 | --- | 부드러운 |
| | | | 깨끗한 | --- | 탁한 |
| | | 5. 실내의 빛 분포는 어떻습니까? | 변화가 있는 | --- | 단순한 |
| | 눈부심감 | 6. 창문으로부터 눈부심이 있습니까? | 눈부심이 있는 | --- | 눈부심이 없는 |
| | 실내조명환경 | 7. 사무공간으로써 이러한 조명환경이 적절하다고 생각하십니까? | 적절한 | --- | 부적절한 |
| | | 8. 지금 창문을 사무공간에 사용하기에 어떻습니까? | 적합한 | --- | 부적합한 |

4) Acking C-A, Kuller R., "The perception of an interior as a function of its colour" Ergonomics 15(6), 645-654, 1972.
5) Helena Bulow, Hube MSc., "Subjective reactions to daylight in rooms : Effect of using low−emittance coatings on window", Lighting Res. Technol. 27(1)., 1995.
6) P Boyce BSc, N Eklund BS., "Minimum Acceptable Transmittance of Glazing", Lighting Res. Technol. 27(3)., 1995
7) 최경락, "국부 · 전반병용조명방식(TAL)의 쾌적기준 설정에 관한 연구", 충남대학교 박사학위논문, 1998.
8) 강영, "오피스조명환경의 적정 밝기 추출을 위한 연구" 충남대학교 석사논문, 2001.

선정된 평가항목을 피험자가 평가하는 동안 외부조도, 실내조도, 실내휘도, 창면휘도 등을 측정하였다. 실내 측의 조도분포를 측정하기 위해 창 중앙에서 1m, 3m떨어진 곳의 작업면(바닥면에서 80cm)을 측정하였다. 감성평가에 사용된 평가항목은 <표 1>에 나타내었다.

### 3.1 실험방법

청천공과 담천공의 천공상태에서 실험을 실시하였으며, 각 실험상황에서의 조명물리량을 측정하였다.

측정한 조명물리량은 외부조도, 실내조도, 실내휘도, 창면휘도 등을 측정하였다. 실내외조도와 창면 · 실내휘도를 측정하기 위해 조도계(Minolta T-10) 및 휘도계(Minolta LS-100)를 이용하여 측정하였으며, 창으로 유입되는 주광에 의한 조도분포와 실내측의 조도분포를 측정하기 위해 창측에서 1m, 3m지점에서의 작업면(바닥면에서 80cm)을 측정하였다. 또한 창면휘도는 외부에 있는 건물의 색채나 천공상태, 그리고 건물의 형상에 따라 측정값에 차이가 있기 때문에 가로, 세로 50cm 간격으로 측정한 후 평균값을 사용하였다. 측정된 물리량을 <표 2>에 나타내었다.

실험은 1명의 피험자가 실물대모형에 들어가도록 한 후, 5분간 실내 분위기에 적응시킨다. 3장에서 선정된 평가항목의 7단계 SD법(Semantic Differential Method)을 사용하여 카테고리 순서로 평가하도록 하였다.

표 2 ❙ 천공상태별 투과율에 따른 조명물리량

| 투과율 \ 조명물리량 | | 외부 조도 (lux) | 창측(1m) 조도 (lux) | 내측(3m) 조도 (lux) | 창면 휘도 (cd/㎡) | 창측(1m) 휘도 (cd/㎡) | 내측(3m) 휘도 (cd/㎡) |
|---|---|---|---|---|---|---|---|
| 청천공 | 5% | 88,511 | 1,750 | 258 | 125 | 73 | 12 |
| | 15% | 90,269 | 6,420 | 664 | 481 | 317 | 52 |
| | 25% | 95,323 | 15,400 | 1,313 | 560 | 1116 | 186 |
| | 30% | 92,521 | 18,540 | 1,561 | 751 | 1090 | 181 |
| | 50% | 85,211 | 43,230 | 4,713 | 4818 | 1919 | 319 |
| | 90% | 86,349 | 65,000 | 6,115 | 8900 | 2904 | 484 |
| 담천공 | 5% | 11,510 | 110 | 14 | 849 | 330 | 5 |
| | 15% | 4,540 | 640 | 59 | 323 | 49 | 3 |
| | 25% | 9,200 | 1240 | 85 | 591 | 187 | 5 |
| | 30% | 4,380 | 170 | 141 | 428 | 200 | 10 |
| | 50% | 9,040 | 2750 | 331 | 1142 | 482 | 16 |
| | 90% | 5,000 | 4770 | 320 | 2275 | 564 | 18 |

전체 피험자의 구성은 현재 인테리어학과에 재학중인 3, 4학년을 대상으로 하였으며 남자 18, 여자 17명으로 총 35명을 피험자로 하였다. 피험자의 구성은 <표 3>과 같다.

표 3 ❙ 피험자의 구성

| 성 별 | 남 : 18 | 여 : 17 |
|---|---|---|
| 소 속 | 인테리어학과 대학생(3~4학년) | |
| 나 이 | 22 ~ 26 | |
| 계 | 35명 | |

## 3.2 분석 및 결과

분석은 천공상태별로 청천공, 담천공으로 나누어 실시하였다. 먼저 16개의 평가항목별로 7단계로 나누어 1-7단계의 득점을 주어 SPSS/PC+ 통계 패키지를 이용하여 처리한 후, 중회귀

분석과 평가항목별 평균득점분석을 실시하였다.

### 3.2.1 중회귀분석(multi-regression analysis) 결과

평가변인별 특성을 정량적으로 분석하기 위해 천공상태별로 각각 중회귀분석을 실시하였다. 중회귀분석에 사용된 종속변수는 실내조건과 실외조건을 평가할 수 있는 16개의 평가항목으로 하였으며, 독립변수로는 외부조도, 창측조도, 내측조도, 창면휘도, 창측휘도, 내측휘도, 창호의 투과율의 7가지를 적용하였다. 천공상태에 따라 청천공, 담천공으로 나누었으며 평가항목별 평가변인에 의한 중회귀분석결과 지수가 0.5이상이 되는 값을 음영 처리하여 <표 4>에 나타내었다.

중회귀분석결과, 표에 나타난 값과 같이 실외조건과 실내조건에 영향을 미치는 요인으로 창측조도, 창면휘도, 창측휘도, 창호의 투과율이 큰 영향을 미치는 것으로 나타났다. 특히 창호의 투과율은 음의 값을 갖고 있기 때문에 투과율이 감소할수록 평가 득점이 높아지는 경향이 있는 것으로 나타났다. 이것은 <표 1>의 평가항목1에서 「맑은」 보다 「흐린」의 평가가 우세하게 된다는 것을 의미한다. 청천공과 담천공의 2가지 천공상태에서 모두 창호의 투과율에 가장 큰 영향을 받는 것으로 분석되었으며, 이는 실내외 조명조건 및 시각적 쾌적성에 영향을 미치는 주요인은 조도와 휘도보다 투과율 변화에 의해 형성된 시환경인 것을 알 수 있다.

천공상태별로 나누어 살펴보면, 청천공의 경우 창을 통해 유입되는 빛의 영향으로 대부분의 평가항목은 창면에서 1m 떨어진 작업면을 측정한 물리량인 창측 조도와 창측 휘도에 영향을 많이 받는 것으로 나타났다. 다만「쾌적한(실외/실내)」,「자연스러운」,「적절한」,「적합한」 등의 실내·외의 주광상태 및 전반적인 실내조명환경을 종합적으로 평가하는 어휘는 창면휘도와 내측휘도의 영향을 많이 받는 것으로 나타났다. 담천공의 경우에는 6개의 카테고리에 따른 16개의 평가항목 모두에서 창측으로부터 1m, 3m 떨어진 작업면을 측정한 창측조도와 내측조도의 영향을 많이 받는 것으로 나타났다. 다만「강렬한」,「변화가 있는」 항목에서는 내측휘도의 영향도 같이 받는 것으로 나타났다.

담천공의 경우에는 외부 날씨의 영향으로 창을 통해 들어오는 빛의 양이 청천공에 비해 상대적으로 작기 때문에 실내에 비교적 밝기가 높은 창측조도 및 내측조도에 의해 영향을 많이 받는 것으로 나타났으며, 창면휘도 및 창측휘도의 값이 매우 작기 때문에 영향은 적게 나타났다.

**표 4 ❙ 투과율의 변화에 따른 평가실험의 중회귀분석결과**

| 종속변수 | | | 독립변수 | 중상관계수(R) | 외부 조도 | 창측 조도 | 내측 조도 | 창면 휘도 | 창측 휘도 | 내측 휘도 | 창호 투과율 |
|---|---|---|---|---|---|---|---|---|---|---|---|
| 청천공 | 실외조건 | 실외기상조건 | 맑은 | 0.719 | 0.360 | 0.607 | 0.448 | 0.549 | 0.614 | 0.440 | −0.704 |
| | | | 활기 있는 | 0.642 | 0.187 | 0.554 | 0.442 | 0.545 | 0.567 | 0.478 | −0.602 |
| | | | 화창한 | 0.577 | 0.280 | 0.544 | 0.453 | 0.468 | 0.538 | 0.409 | −0.562 |
| | | 실외주광상태 | 밝은 | 0.725 | 0.406 | 0.614 | 0.457 | 0.545 | 0.611 | 0.418 | −0.701 |
| | | | 쾌적한 | 0.636 | 0.247 | 0.079 | 0.022 | 0.277 | 0.134 | 0.239 | −0.753 |
| | | | 강렬한 | 0.597 | 0.378 | 0.493 | 0.355 | 0.430 | 0.485 | 0.309 | −0.580 |
| | | 실외경관 | 따스한 | 0.718 | 0.297 | 0.640 | 0.509 | 0.570 | 0.651 | 0.508 | −0.687 |
| | | | 선명한 | 0.492 | 0.197 | 0.414 | 0.318 | 0.368 | 0.420 | 0.324 | −0.471 |
| | | | 자연스러운 | 0.620 | 0.214 | 0.148 | 0.058 | 0.276 | 0.227 | 0.302 | −0.649 |
| | 실내조건 | 실내주광상태 | 쾌적한 | 0.662 | 0.250 | 0.078 | 0.020 | 0.296 | 0.130 | 0.239 | −0.751 |
| | | | 따스한 | 0.726 | 0.289 | 0.645 | 0.525 | 0.606 | 0.643 | 0.511 | −0.683 |
| | | | 강렬한 | 0.558 | 0.312 | 0.454 | 0.341 | 0.433 | 0.437 | 0.298 | −0.520 |
| | | | 깨끗한 | 0.458 | 0.152 | 0.381 | 0.300 | 0.391 | 0.385 | 0.317 | −0.415 |
| | | | 변화가 있는 | 0.497 | 0.084 | 0.344 | 0.255 | 0.395 | 0.357 | 0.318 | −0.400 |
| | | 눈부심감 | 눈부심 | 0.773 | 0.484 | 0.683 | 0.530 | 0.592 | 0.664 | 0.442 | −0.758 |
| | | 실내조명환경 | 적절한 | 0.662 | 0.235 | 0.189 | 0.105 | 0.341 | 0.269 | 0.356 | −0.663 |
| | | | 적합한 | 0.630 | 0.216 | 0.211 | 0.135 | 0.341 | 0.287 | 0.365 | −0.771 |
| 담천공 | 실외조건 | 실외기상조건 | 맑은 | 0.742 | −0.282 | 0.583 | 0.614 | 0.396 | 0.309 | 0.481 | −0.729 |
| | | | 활기 있는 | 0.717 | −0.249 | 0.541 | 0.594 | 0.345 | 0.317 | 0.388 | −0.678 |
| | | | 화창한 | 0.687 | −0.523 | 0.527 | 0.566 | 0.338 | 0.283 | 0.432 | −0.671 |
| | | 실외주광상태 | 밝은 | 0.818 | −0.248 | 0.641 | 0.702 | 0.451 | 0.410 | 0.549 | −0.802 |
| | | | 쾌적한 | 0.752 | −0.235 | 0.561 | 0.608 | 0.384 | 0.330 | 0.506 | −0.739 |
| | | | 강렬한 | 0.477 | −0.05 | 0.35 | 0.36 | 0.35 | 0.31 | 0.42 | −0.424 |
| | | 실외경관 | 따스한 | 0.688 | −0.171 | 0.550 | 0.585 | 0.401 | 0.348 | 0.448 | −0.674 |
| | | | 선명한 | 0.570 | −0.249 | 0.373 | 0.388 | 0.202 | 0.194 | 0.337 | −0.531 |
| | | | 자연스러운 | 0.483 | −0.198 | 0.356 | 0.341 | 0.177 | 0.050 | 0.278 | −0.445 |
| | 실내조건 | 실내주광상태 | 쾌적한 | 0.767 | −0.233 | 0.556 | 0.614 | 0.359 | 0.322 | 0.511 | −0.750 |
| | | | 따스한 | 0.730 | −0.183 | 0.569 | 0.619 | 0.451 | 0.396 | 0.563 | −0.712 |
| | | | 강렬한 | 0.497 | −0.124 | 0.423 | 0.435 | 0.340 | 0.240 | 0.382 | −0.493 |
| | | | 깨끗한 | 0.508 | −0.218 | 0.329 | 0.377 | 0.174 | 0.170 | 0.223 | −0.452 |
| | | | 변화가 있는 | 0.571 | −0.151 | 0.389 | 0.455 | 0.246 | 0.211 | 0.488 | −0.547 |
| | | 눈부심감 | 눈부심 | 0.730 | −0.194 | 0.612 | 0.629 | 0.482 | 0.313 | 0.601 | −0.712 |
| | | 실내조명환경 | 적절한 | 0.609 | −0.174 | 0.401 | 0.496 | 0.195 | 0.212 | 0.359 | −0.560 |
| | | | 적합한 | 0.632 | −0.202 | 0.444 | 0.496 | 0.231 | 0.150 | 0.391 | −0.602 |

### 3.2.2 항목별 평균득점분석

실내 조명환경의 쾌적성을 평가하기 위해 <표 1>에 나타난 것과 같이 「적합한」, 「적절한」의 평가항목을 중심으로 실내 시환경의 쾌적성분석을 통해 오피스 창호의 적정 · 최소투과율을 선정하였다.

#### (1) 실외조건에 대한 평가분석 및 결과

실외조건에 대한 평가분석은 천공상태에 따라 카테고리별로 실외기상조건, 실외주광상태, 실외경관에 대해 각각 분석하였다.

#### 1) 실외기상조건

청천공의 경우를 살펴보면 「맑은」, 「화창한」 평가항목에서는 투과율이 증가할수록 평가득점이 증가하는 것으로 나타났으며, 투과율 30%이상에서 평균(평가득점 4)이상의 좋은 평가를 받고 있었다. 「활기가 있는」 항목에서는 50%이상의 투과율에서는 거의 비슷한 평가를 하고 있었다. 담천공의 경우도 역시 투과율이 증가할수록 평가득점이 증가하고는 있으나 전반적으로 평균이하로 평가하고 있는 것으로 나타났다.

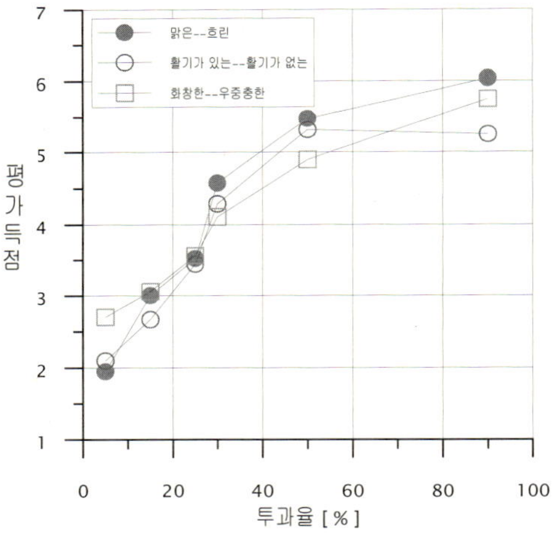


그림 3 ‖ 실외기상조건에 대한 평가분석(청천공)

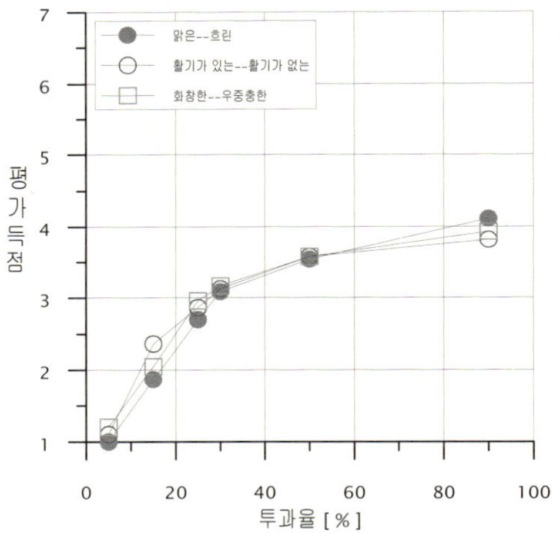


그림 4 ‖ 실외기상조건에 대한 평가분석(담천공)

2) 실외주광상태

청천공의 경우 실외주광상태에 대한 평가는 「밝은」, 「따스한」, 「강렬한」은 투과율이 증가할수록 평가득점이 증가하는 것으로 나타났지만, 「쾌적한」은 투과율이 5%에서 50%로 상승할 때 평가득점이 상승하지만, 50% 이상에서는 급격히 감소하고 있었다. 담천공의 경우도 청천공과 동일한 경향을 나타내고 있지만 전체적으로 평균이하의 득점을 나타내고 있다.

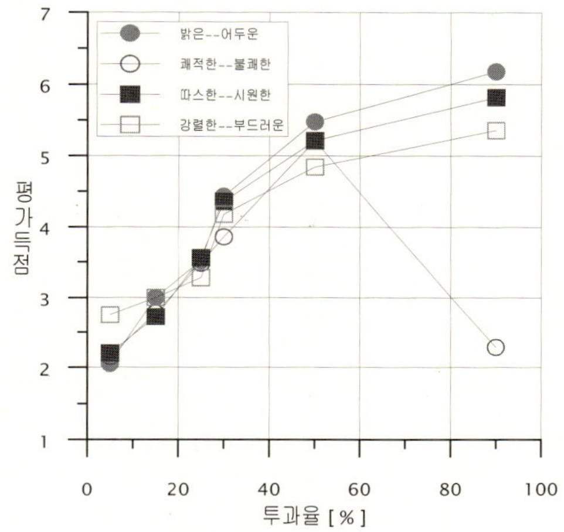


**그림 5 ❙** 실외주광상태에 대한 평가분석 (청천공)

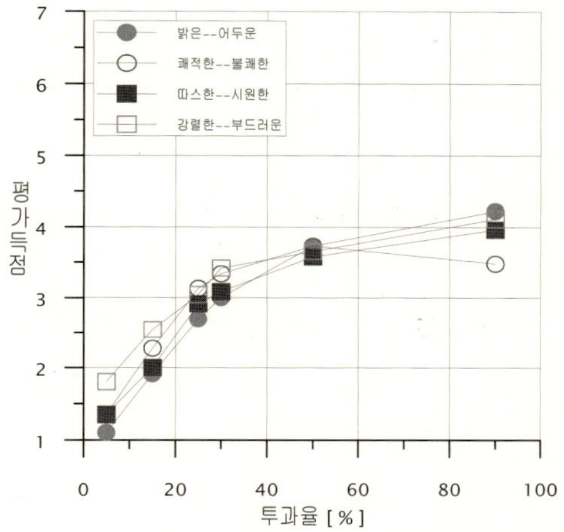


**그림 6 ❙** 실외주광상태에 대한 평가분석 (담천공)

3) 실외경관

청천공의 경우는 「선명한」은 투과율이 증가할수록 값이 증가하는 것으로 나타났지만, 「자연스러운」은 투과율이 5%에서 50%로 상승할 때 값이 상승하지만, 50%이상에서는 급격히 감소하였으며, 투과율이 15%와 90%에서 비슷한 값을 나타내고 있는 것으로 나타났다. 담천공의 경우, 전반적으로 평균이하의 평가를 받고 있었으며 투과율 25%, 30%, 50%의 경우에는 득점 3~4사이 정도로 평가하고 있어 그 차이가 크지 않음을 알 수 있었다.

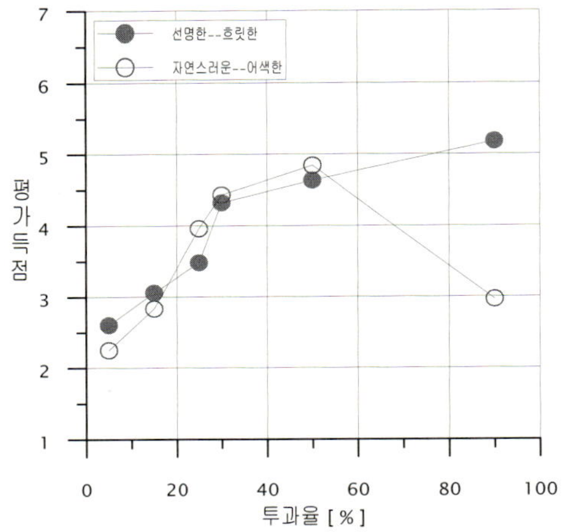


**그림 7 ❙** 실외경관에 대한 평가분석(청천공)

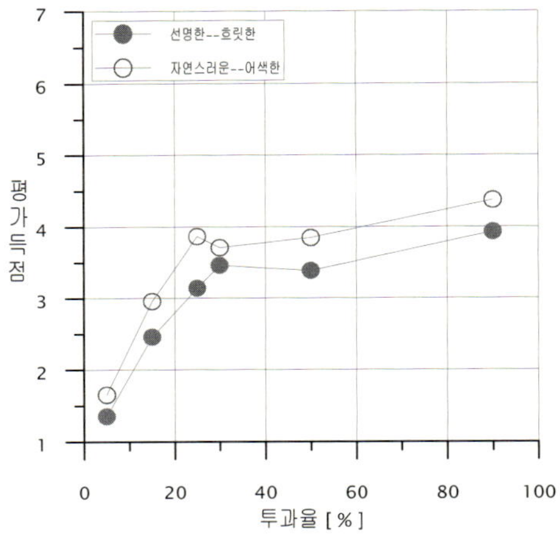


**그림 8 ❙** 실외경관에 대한 평가분석(담천공)

(2) 실내조건에 대한 평가분석 및 결과

실내조건에 대한 평가분석은 천공상태에 따라 카테고리별로 실내주광상태, 눈부심, 실내조명환경에 대해 각각 실시하였다.

1) 실내주광상태

청천공의 경우 실내주광상태에 대한 평가는 「따스한」, 「강렬한」, 「변화감 있는」은 투과율이 증가할수록 값이 증가하는 것으로 나타났으며, 「깨끗한」 항목에서는 투과율 50%이상에서는 비슷한 평가가 나타났다. 「쾌적한」은 투과율이 5%에서 50%로 상승할 때 값이 상승하지만, 50%이상에서는 급격히 감소하는 것으로 나타났다.

담천공의 경우, 청천공의 경우와 동일한 평가를 나타내고 있어, 「깨끗한」 항목에서는 투과율 50%이상에서는 거의 비슷한 평가를 나타내고 있으며, 「쾌적한」 항목에서도 역시 50%이상에서는 낮은 평가가 나타나고 있었다. 전반적으로 평균이하의 평가를 나타내고 있다. 이 결과는 실외주광상태 평가결과와 동일한 경향을 나타내고 있다.

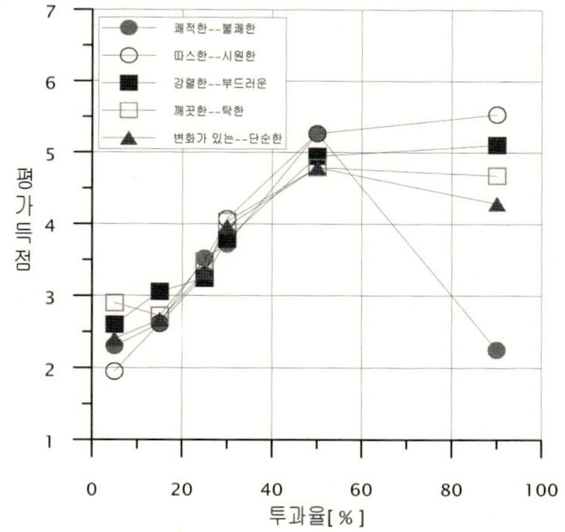


그림 9 ▍ 실내주광상태에 대한 평가분석(청천공)

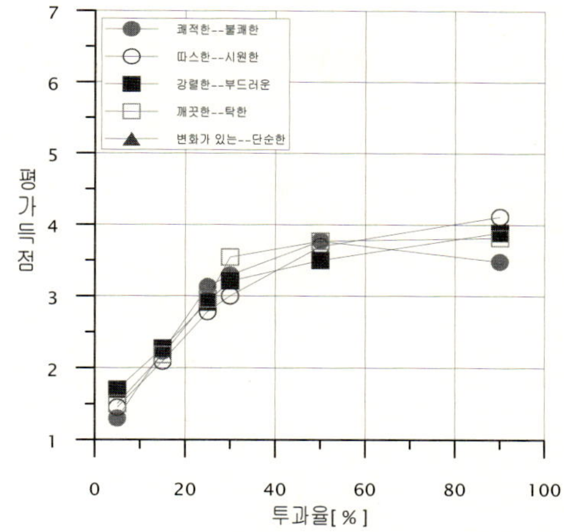


그림 10 ▍ 실내주광상태에 대한 평가분석(담천공)

2) 눈부심감

청천공의 경우, 「눈부심」은 외부의 조도가 85,000lux ~ 95,000lux로 비교적 높게 유지되고 있지만 창의 투과율이 30%미만에서는 창표면 휘도는 약 750cd/m²으로 대부분의 피험자가 눈부심이 없는 것으로 나타났다.

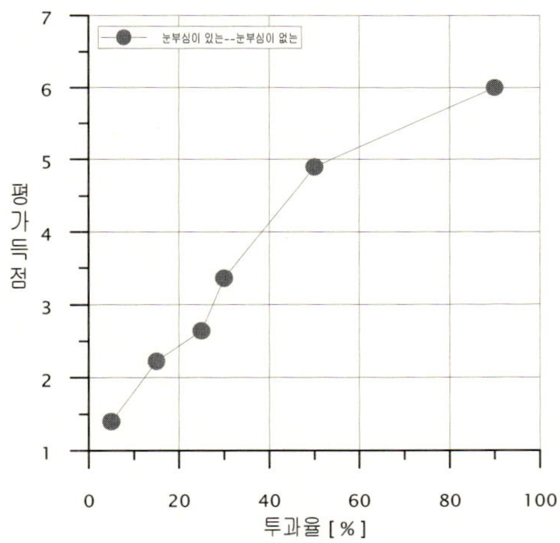


그림 11 ▍ 눈부심감에 대한 평가분석(청천공)

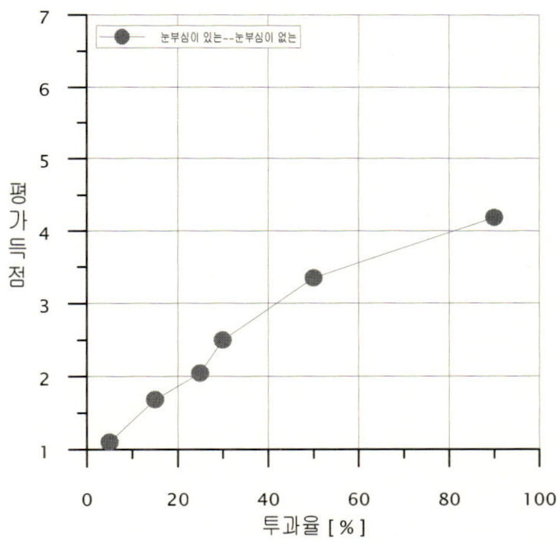


그림 12 ▍ 눈부심감에 대한 평가분석(담천공)

투과율이 90% 이상에서는 창표면 휘도가 약 8,900cd/㎡로 눈부심을 느끼는 것으로 나타났다. 담천공의 경우에는 모든 투과율이 평균득점 이하로 평가하고 있어 눈부심이 없는 것으로 나타났다.

3) 실내조명환경

청천공의 경우, 실내조명환경의 평가는「적합한」,「적절한」은 투과율이 50% 미만일 경우 득점이 증가하였지만 50% 이상일 때 급격히 감소하는 것으로 나타났다.

담천공의 경우도 청천공과 동일한 경향으로 투과율 50% 미만일 경우에는 증가하지만, 50% 이상일 경우에는 감소하고 있으며, 모든 투과율에서 평균이하의 득점을 나타내고 있다.

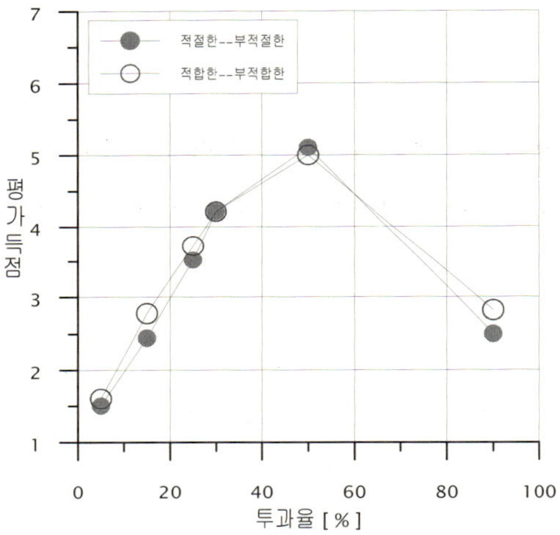


그림 13 ❙ 실내조명환경에 대한 평가분석 (청천공)

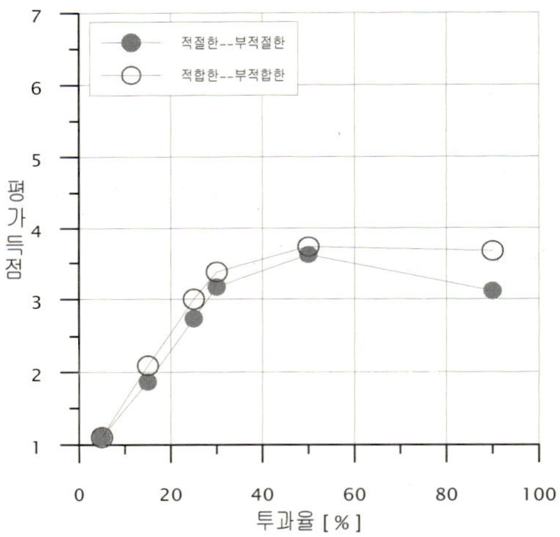


그림 14 ❙ 실내조명환경에 대한 평가분석 (담천공)

이상의 실내조명환경을 평가하는 어휘로 쾌적한, 자연스러운, 적절한, 적합한을 선정하여 평가분석을 한 결과 투과율이 50%일 때 가장 높은 값을 나타내고 있으며, 40%와 60%에서 같은 평가결과가 있는 것으로 나타났다.

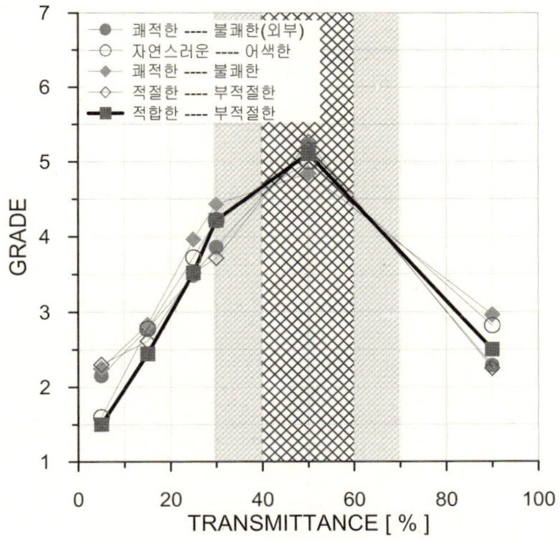


그림 15 ▎ 적정투과율 및 최소투과율(청천공)

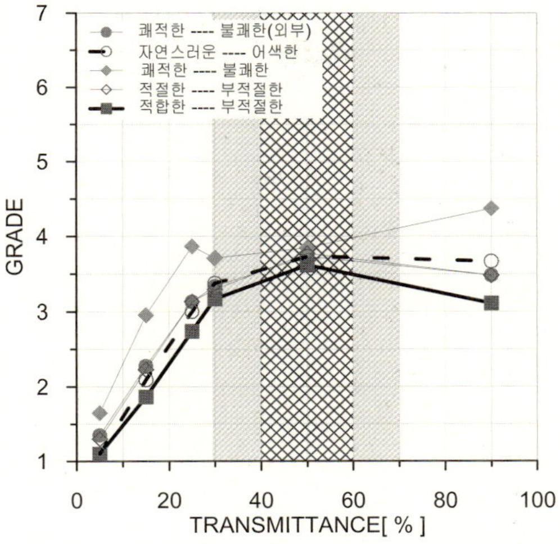


그림 16 ▎ 적정투과율 및 최소투과율(담천공)

## 04 오피스 건물의 창호 투과율별 에너지 성능분석

주광 및 열에너지 해석을 수행할 수 있는 동적 에너지 해석 프로그램인 DOE-2.1E를 이용하여 주광제어에 의한 에너지 성능분석 및 글레어 분석을 통해 시각적 쾌적성을 분석하였다. DOE-2.1E 프로그램은 공조부하계산을 수행함과 동시에 외부조도, 건물의 형상 및 조건, 개구부의 크기, 투과율 등에 의해 매 시각별 주광조도의 계산과 주광제어를 적용할 수 있어 실질적인 에너지 성능평가가 가능하다.

### 4.1 시뮬레이션 해석모델의 개요

창호의 투과율변화에 따른 에너지 성능분석을 위해 본 연구에서는 대전에 위치한 S공사 사무소 건물을 해석모델로 하였다. 해석모델은 3층으로 구성되어 있으며, 각 층의 높이는 4.23m, 장단면비는 1.83(장변 : 22m, 단변 : 12m)를 적용하였다. 건물을 구성하는 외피의 열적 성능과 인체, 기기, 조명등의 내부발열량은 실제 설문조사와 S공사 자체 보고서를 통해 분석한 데이터를 적용하였으며, 세부항목을 <표 6>에 나타내었다.

표 5 ▎ 기준모델의 입력조건

| 항목 | 구성 | 열관류율 (W/$m^2$K ) |
|---|---|---|
| 외 벽 | 콘크리트 150mm, 단열재(50m), 시멘트벽돌(50mm) | 0.5 |
| 지 붕 | 콘크리트 150mm, 단열재(70m), | 0.35 |
| 바 닥 | 기초자갈(150mm), 콘크리트 150mm, 단열재(50mm), 시멘트(30mm) | 0.38 |
| 천 정 | 석고보드(10mm) | 1.96 |
| 유리창 | Double glass | 2.60 |
| 내부 발열 | 기기 : 18W/$m^2$, 조명 : 16W/$m^2$, 인체 : 0.2명/$m^2$(현열 : 45, 잠열 40) | |
| 침기량 | 0.5회/h | |
| 창호 투과율 | 60% | |
| 방위각 | 정남향 | |
| 바닥 면적 | 231.3평(763.364$m^2$) | |
| 창면 적비 | 남측 51%, 동측 10%, 북측 25% | |

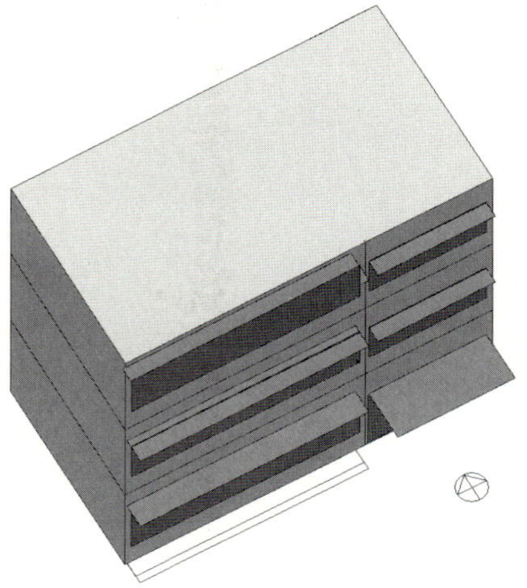

그림 17 ▎ 시뮬레이션 해석모델

## 4.2 창호의 투과율 변화에 따른 시뮬레이션 분석

1) 기준모델의 냉난방 에너지 성능분석

S공사의 사무동 건물을 기준모델로 하여 시뮬레이션분석을 실시하였다.

<그림 17>은 시뮬레이션 프로그램에 의해 재현된 시뮬레이현 해석모델의 모습을 나타내고 있다.

분석결과 <그림 18>와 같이 난방 및 냉방부하는 각각 49.52Mwh(단위면적당 64.87kWh/$m^2$yr), 56.27Mwh(단위면적당 76.33kWh/$m^2$yr)나타났다. 난방의 경우 선행연구[9]에서 제시된 값과 매우 유사하지만, 단위면적당 조명 및 기기의 사용량이 선행연구[10]에서 조사된 값보다 약 8%

9) 장재희외 3인, '사무소 건물의 냉난방에너지 소비실태조사', 대한건축학회학술발표논문집 제14권 제2호., 1994. 10.

10) 서항석외 6인, "빌딩에너지관리를 위한 첨단 에너지성능평가 기법 개발 및 적용", 한국에너지기술연구소 보고서, 1997. 11 –조명의 경우 12.9W/$m^2$ ~ 14W/$m^2$이었으며, 사무용 기기의 경우 16W/$m^2$으로 조사됨.

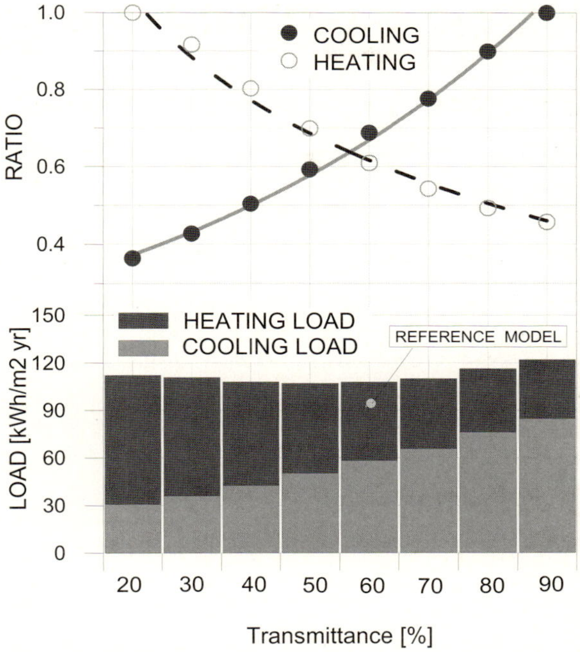


**그림 18** ❙ 창호 투과율 변화에 따른 월별 냉난방부하

정도 많기 때문에 난방부하에 비해 냉방부하가 다소 높게 나타났다. 이러한 현상은 조명 및 사무기기의 증가와 창문의 기밀화등에 의해 더욱 두드러질 것으로 예상된다.

창호의 투과율 변화에 따른 냉난방부하를 비교 분석한 결과 투과율이 40%에서 60%범위에서 냉난방부하의 합이 각각 107.79Mwh, 107.01Mwh, 107.96Mwh으로 다른 투과율에 비해 값이 작게 나타났으며 각각의 합에 대한 차이도 거의 없는 것으로 나타났다. 따라서 창호의 투과율 증감에 의한 오피스 창호의 적정 투과율의 범위는 40% ~ 60%로 나타났으며, 50%에서 냉난방부하의 합이 가장 작은 것으로 나타났다. 또한 오피스 건물의 경우 내부 발열량의 밀도가 다른 종류의 건물보다 상대적으로 높아 난방부하보다 냉방부하에 대해 민감하게 반응하기 때문에 투과율이 높을수록 냉방부하가 급격히 상승하여 투과율은 60%이하로 유지하는 것이 유리한 것으로 분석되었다. 그리고 전체 냉난방에너지 총합에 의해 40%와 60%는 거의 동일한 의미를 갖고 있지만 냉난방 부하를 분리하여 분석할 경우 냉방부하가 큰 건물에서는 창호투과율을 40%로 하는 것이 바람직하며, 난방부하가 큰 건물의 경우 창호투과율을 60%로 하는 것이 바람직할 것으로 사료된다.

2) 창호 투과율 변화에 따른 조명에너지 분석

창호의 투과율 변화에 따른 조명에너지 소비량 및 절감량을 분석하기 위해 본 절에서는 실내 조도를 700lux로 설정하였으며 바닥면적당 조명기기의 사용량을 10W/㎡로 하였으며, 비근무시간에는 조명기기의 사용률을 5%로 하였으며, 근무시간인 9시부터 18시까지는 80% 활용하는 것으로 설정하였다.

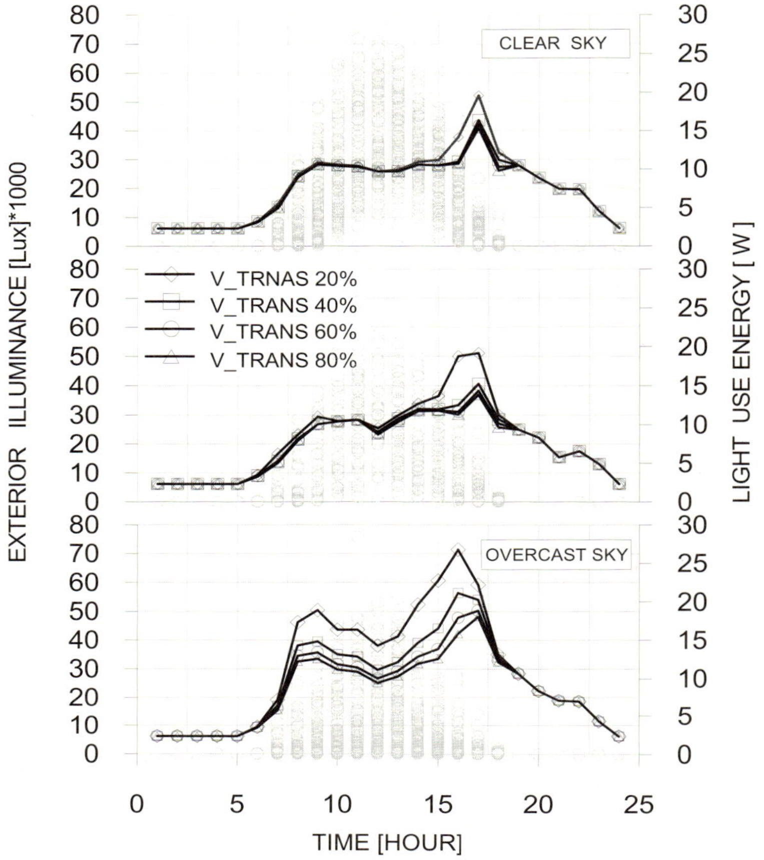


**그림 19 ❙** 천공상태별 외부수평면조도와 시간별 평균조명에너지

천공상태별로 투과율의 변화에 따른 조명용 소비전력을 시간 평균값으로 통계처리 한 후 <그림 19>에 나타내었다. 그림에 나타난 것과 같이 청천공(Clear Sky), 부분담천공 조건에서 09시부터 15시까지 실내의 조도가 700lux이상 지속적으로 유지하는 것으로 나타났으며 투과율이 80%에서는 최고 6,000lux이상 상승하는 것으로 나타났다. 16시 이후로 실내조도가 급격히 감소하기 때문에 투과율이 20%인 경우 단위면적당 조명에너지 소비량이 최고 20w/㎡까지 상승하였으며 투과율이 80%에서는 약 15w/㎡정도로 나타났다.

담천공(Overcast Sky)의 경우 투과율이 60%이상에서만 설정조도보다 높게 나타났으며 투과율이 20%에서는 조명에너지가 최고 26w/㎡까지 상승하였으며 60%에서는 최고 21w/㎡의 조명에너지를 소비하는 것으로 나타났다.

조명에너지 절감량을 분석한 결과 <표 6>에 나타난 것과 같이 창호의 투과율이 20%에서 50%까지 증가할 경우 평균 조명에너지 절감율은 약 8%정도 증가하였으며, 투과율이 50%에서 80%로 증가할 경우 조명에너지 절감율은 2.5%정도 증가하는 것으로 나타났다. 또한 투과율이 20%에서 30%로 증가할 경우 조명에너지 절감율이 4.3%로 가장 크게 증가하였다.

**표 6 ▎ 창호 투과율변화에 따른 조명에너지 절감율**

| 시간[월] \ 투과율(%) | 20 | 30 | 40 | 50 | 60 | 70 | 80 |
|---|---|---|---|---|---|---|---|
| 1 | 37 | 39.3 | 40.7 | 41.5 | 42.3 | 42.9 | 43.4 |
| 2 | 36.1 | 41.4 | 44.2 | 45.9 | 47.1 | 48 | 48.6 |
| 3 | 42.9 | 47.5 | 49.4 | 50.3 | 51.1 | 51.7 | 52.2 |
| 4 | 45.7 | 50 | 52.2 | 53.7 | 54.8 | 55.6 | 56.2 |
| 5 | 48.6 | 52.7 | 54.6 | 56.1 | 57 | 57.7 | 58.2 |
| 6 | 45.5 | 51.5 | 54.2 | 56 | 57.3 | 58.2 | 58.8 |
| 7 | 37.6 | 44.2 | 47.9 | 50.4 | 52.3 | 53.8 | 54.8 |
| 8 | 49.7 | 53.6 | 55.3 | 56.2 | 56.8 | 57.3 | 57.7 |
| 9 | 39.4 | 44.1 | 46.9 | 48.7 | 50 | 51.1 | 51.9 |
| 10 | 44.8 | 47.7 | 49.2 | 50.1 | 50.9 | 51.3 | 51.7 |
| 11 | 33.6 | 37.2 | 39.5 | 41.3 | 42.8 | 43.9 | 44.9 |
| 12 | 36.6 | 40.1 | 41.9 | 43.3 | 44.2 | 44.8 | 45.3 |
| 평 균 | 41.5 | 45.8 | 48.0 | 49.5 | 50.6 | 51.4 | 52.0 |

### 4.3 감성평가실험 및 에너지 시뮬레이션 분석결과

오피스 창호의 남측면 창호의 투과율 변화에 따른 감성평가 및 에너지 시뮬레이션을 통해 시각적 쾌적성과 에너지 절약적 층면에서 적정 투과율을 분석하였다.

분석결과 실내 쾌적성 및 남측면 창호에 의해 형성된 시환경의 쾌적성 평가결과 투과율이 40%에서 60% 범위에서 대부분 쾌적감을 느끼고 있었으며 50%일 때 가장 쾌적하게 느끼는 것으로 나타났다.

에너지 성능분석결과 투과율에 증감에 따라 냉난방부하는 서로 다른 경향을 나타내지만 냉난방부하의 합이 가장 작은 경우는 50%로 나타났다.

투과율에 따른 조명에너지 소비량을 분석한 결과 청천공일 때 투과율에 상관없이 실내의 설정조도 이상으로 유지하고 있기 때문에 조명에너지 소비는 매우 작게 나타났지만, 담천공의 경우 투과율이 60% 미만일때 실내조도가 설정조도를 만족하지 않기 때문에 조명에너지 소비가 증가하는 것으로 나타났다.

이상의 감성평가와 에너지 성능평가 분석결과 오피스 건물의 적정 투과율은 40%에서 60%가 적절한 투과율 범위로 나타났으며, 이 결과는 외국의 적정투과율인 25%~38%와 비교할 때 15%에서 20% 이상 높은 것으로 나타났다.

## 05 결언

오피스 창호의 적정투과율 선정을 위한 실물대 모형을 이용한 감성평가 실험과 시뮬레이션 프로그램에 의한 에너지 성능분석을 실시하였으며 그 결과 다음과 같은 결론을 도출하였다.

1) 감성평가 실험결과 주광을 도입한 실내환경의 쾌적성은 창호의 투과율에 의해 가장 큰 영향을 받는 것으로 나타났다.
2) 천공조건에 따라 시각적 쾌적감의 결과는 다르지만 청천공의 경우 창호의 투과율이 40%에서 60%에서 비교적 쾌적감을 느끼는 것으로 나타났으며, 50%일 때 가장 쾌적하게 느끼는 것으로 나타났다.
3) 실내환경의 쾌적성 여부를 판단하기 위해 평가실험을 실시한 결과 청천공과 담천공 모두 투과율이 50%에서 가장 높은 득점을 나타내고 있지만, 담천공의 경우 평균이하의 낮은 득점을 나타내고 있기 때문에 투과율에 상관없이 쾌적한 시환경이 조성되지 않는 것으로 나타났다.
4) 냉난방 에너지 성능분석결과 냉난방부하를 각각 개별적으로 분석할 경우 투과율에 따라서 냉난방부하의 변화가 상반되게 나타났지만 냉난방부하의 합을 이용하여 분석할 경우 감성평가에서와 같이 50%에서 가장 효과적인 것으로 나타났다.
5) 투과율 변화에 따른 조명에너지 성능분석결과 청천공, 부분담천공 조건에서 09시부터 15시까지 실내의 조도가 투과율에 상관없이 700lux이상 지속적으로 유지하기 때문에 15시 이후에 조명에너지소비가 증가하지만 투과율의 변화에 따른 조명에너지 사용량은 매우

작게 나타났다. 그러나 담천공의 경우 투과율이 60% 이상에서만 설정조도보다 높게 나타났으며 그 보다 낮은 투과율에서는 실내설정조도를 만족하지 않기 때문에 조명에너지 소비가 상대적으로 높게 나타났으며 투과율이 20%에서는 조명에너지가 최고 26w까지 상승하였으며 60%에서는 최고 21w까지 상승하는 것으로 나타났다.

## 참고문헌


1. 김종연, 이언구, 황원택, "유리창이 사무소 건물의 에너지 소비에 미치는 영향에 관한 연구", 대한건축학회학술발표논문집, 제13권 제2호, 1993. 10.
2. 신은영 외, "건축실내・외의 색채평가모델 추출 및 분석", 대한건축학회 학술발표논문집 제20권 1호, 2000. 4.
3. 심정일, 조수, 허정호, "창문의 열성능 개선에 관한 연구", 대한건축학회 학술발표논문집 제21권 제2호, 2001년 10.
4. 이진숙외., "건축 실내공간 색채평가를 위한 실험방법의 유효성 검증", 대한건축학회논문집(계획계) 18권 1호, 2002. 1.
5. 김강수, 이승언, 조동우, 홍봉재, " 사무소건물의 주광 및 조명에너지 성능평가에 관한 연구" 대한건축학회논문집, 제5권 6호, 1989. 12.
6. Acking C-A, Kuller R., The perception of an interior as a function of its colour Ergonomics 15(6), 645-654, 1972.
7. P. Boyce BSc, N. Eklund BS, "Minimum Acceptable Transmittance of Glazing", Lighting Res. Technol. 27(3), 1995.
8. FTI/DOE Engineers manual Vol1 and Supplement Vol1. 1981.

# 공간색채이미지

Space Color Image

유은미 세명대학교 교수

## 01 환경과 인간의 감정반응

일상에서 마주하는 다양한 상황, 환경마다 아름답거나 추함을 판단하고, 즐거워하거나 불쾌하게 느껴 가까이 혹은 회피하는 행동으로 이어지는 인간의 반응은 감성디자인분야의 주된 관심 영역이다. 사람들의 삶에 영향을 주는 상태나 조건을 포괄하는 뜻의 환경은 자연적 환경, 물리적 환경, 심리적 환경, 사회문화적 환경과 도시 환경, 건축 환경, 실내 환경, 의료 환경 등 사람을 둘러싼 외부 요소들의 집합 속성에 따라 이름 붙여지고 세분되거나 통합되기도 한다. 사람의 행동은 사람과 환경 사이에서 일어나는 규칙적인 함수관계가 아니라, 자석과 전기의 장(場)과 같다. 환경심리학 분야 연구들은 환경자극이 달라지면 사람들의 감정과 행동도 달라진다는 연구 결과를 발표하였다. 알버트 메라비안(Albert Mehrabian)과 제임스 러셀(James A. Russell)에 의하면 환경심리학의 기본 관심사는 크게 (1) 물리적 자극이 인간 감정에 미치는 직접적 영향과 (2) 물리적 자극이 다양한 행동(접근-회피, 작업 능률, 사회적 상호작용)에 미치는 영향의 두 가지로 볼 수 있다. 환경심리학 연구자들은 정형화된 방법을 설정하지 않고 특정 문제에 적합한 방법들을 사용하여 물리적 변수들이 인간의 감정과 행동에 미치는 인과적 영향을 고찰한다. 환경심리학의 예비과제는 자극변수 같은 유용한 환경서술어의 선정이라 할 것이며, 환경심리학의 타당성은 이들 환경 자극 차원들의 적절한 분류(주로 계량 척도)가 일반 물리환경처럼 개발될 수 있다는 확신에 달려 있다고 해도 과언은 아니다. 인간의 지각에 관한 연구에서 지금까지 제안된 가장 훌륭한 자극 요인들은 색, 온도, 음향 및 질감과 같은 감각양태변수들(sense modality variables)이라 할 수 있다. 이들은 기본적으로 자극과 반응의 관계를 형성한다. 이들 간의 관계를 그림으로 표시하면 <그림 1>과 같은데 이는 기본적으로 stimulus -organism-response (S–O–R) 모형에 근거하고 있다. <그림 1>은 환경의 물리적 혹은 사회적 자극이 인간 정서에 직접적으로 영향을 미치고 이러한 정서는 그 환경 안에 있는 사람들 행동에 영향을 미친다는 것을 의미한다. 즉, 세 가지 감정반응변수(PAD : pleasure, arousal, dominance)는 환경에 대한 감정 속성을 대표하며, 선호도 등을 포함한 다양한 접근–회피 행동을 결정하는 데에 매개변수 역할을 한다.

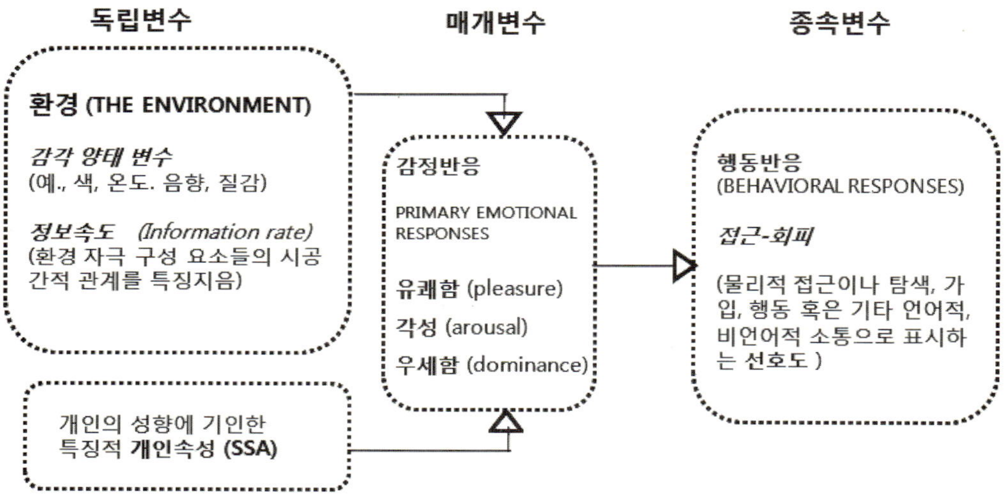


그림 1 ❙ 환경심리학의 개념적 모형[1]

1) Albert Mehrabian and James A. Russell, *An Approach to Environmental Psychology*, Messachusetts : The MIT Press, 1974, p.8.

## 02 인지적 이미지, 감정 이미지, 전체이미지

이미지란 환경에 관련된 많은 양의 정보를 단순화한 것을 의미한다. 즉, 환경에 관한 거대한 양의 자료를 처리하고 요점화하려는 마음의 소산물[2)]이며 대상에 대하여 인간이 지닌 심적 표상(mental representation)이다. 인간의 행동은 객관적인 실물 자체보다는 이미지에 의하여 좌우된다는 점에서 이미지는 매우 중요한 개념이다.[3)]

이미지는 다양한 원천으로부터 얻어진 정보들을 처리함으로써 형성된 어떤 대상에 대한 총체적 지각이라는 점에서 인지적 이미지라는 의미가 강조된다. 하지만 인지적이고 감정적인 내용을 포함한 개별 속성들에 대한 평가 결과로 형성되는 총체적 인상이라는 의미에서 보면 이미지는 인지적 이미지와 감정적 이미지뿐만 아니라 대상의 평가로부터 얻어지는 전체 이미지도 고려하여야 한다.

환경(혹은 대상)에 대한 이미지는 크게 세 가지로 구분할 수 있다.

첫째는 인지적 이미지(cognitive image)인데 이는 대상에 대한 신념이나 지식을 뜻한다. 즉, 인지적 이미지는 어떤 대상이 지니고 있는 객관적인 속성들에 대한 지식을 의미한다. 둘째는 감정적 이미지(affective image)인데 이는 특정 대상에 대하여 받는 느낌(feelings)을 의미한다. 영어에서 감정(affect)이란 정서(emotion)의 어의적 표현을 의미한다.[4)] 한국어로 감정과 정서는 거의 구분되지 않으나 연구의 전개를 위해 러셀의 논문에서와 같이 감정을 정서의 언어적 표현으로 정의한다. 셋째로 행동적 이미지(conative image)는 이미지 평가로 인한 행동을 의미한다. 이러한 행동적 이미지는 선택행동과 동일하므로 많은 연구는 행동적 이미지 대신 대상에 대한 전체 이미지(overall image)를 측정하는 방법을 사용하고 있다.

환경심리학 분야의 많은 연구(Hanyu, 1993 ; Russell & Pratt, 1980 ; Russell, et, al., 1981)에서 환경은 인지적 이미지와 감정적 이미지를 모두 지니고 있다는 사실을 지지해왔다. 다양한 연구자들의 공통된 견해는 대상에 대한 감정적 평가는 인지적 평가에 의존하므로 감정반응은 인지적 평가의 함수로 규정할 수 있다는 사실이다. 이는 두 가지 이미지가 비록 구분은 되나

---

2) Steven Pike & Chris Ryan, *Destination Positioning Analysis through a Comparison of Cognitive, Affective, and Conative Perceptions*, Journal of Travel Research, 42, 2004, pp.333-342.

3) Seyhmus Baloglu & Ken W. McCleary, *A Model of Destination Image Formation*. Annals of Tourism Research, 26,1. 1999, pp.868-897.

4) James A. Russell, Lawrence M. Ward & Geraldine Pratt, Affective Quality Attributed to Environments : A Factor Analytic Study. *Environment and Behavior*,13,3, 1981, pp.259-288.

상호 관련되어 있다는 것을 의미한다. 또한 특정 대상에 대한 전체 이미지(overall image)는 대상에 관한 최소한의 지식(인지적 이미지)이 있는 경우에만 존재한다. 인지적 이미지와 감정적 이미지는 모두 대상에 대한 전체 이미지를 형성한다. 이론적으로는 인지적 요인이 감정적 요인의 사전 단계라는 점에 대하여는 일치된 견해를 보이고 있지만 최근 실증연구에서는 인지적 이미지와 감정적 이미지가 전체 이미지에 독립적으로 영향을 미칠 뿐만 아니라 인지적 이미지가 감정적 이미지를 거쳐 전체 이미지에 간접적으로 영향을 미친다는 사실이 밝혀졌다. 이는 인지적 이미지가 전체 이미지에 미치는 영향에 감정적 이미지가 매개변수 역할(intervening role)을 한다는 것을 의미한다. 이러한 내용을 그림으로 표시하면 <그림 2>와 같다. <그림 2>에서 알 수 있듯이 감정적 이미지가 전체 이미지에 영향을 미치고 인지적 이미지는 직접 전체 이미지에 영향을 미치기도 하고 인지적 이미지가 감정적 이미지에 영향을 미치고 감정적 이미지가 다시 전체 이미지에 영향을 미친다.

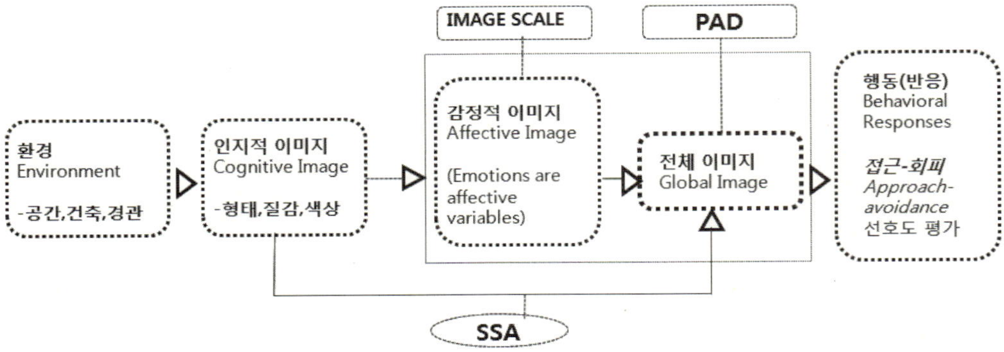


그림 2 ▎ 이미지 형성과정 흐름도

감정적 이미지는 인지적 이미지와 상관관계가 높기 때문에 이들을 독립적이고 해석 가능한 요인들로 분류하기가 어려운 경우가 많은 것이 사실이지만 이들을 구분할 필요가 있다. 예를 들면 환경과 관련한 인지적 이미지로는 "조용한-시끄러운", "따뜻한-시원한", "깨끗한-더러운"같은 형용사를 꼽을 수 있다.[5] 여기에서 "따뜻한-시원한"의 형용사는 어느 정도는 감정적 이미지의 측면도 지니고 있다.

5) 전게서, p.263

한편 색채에 관한 기존의 국내 연구들은 대부분 이러한 인지적 이미지와 감정적 이미지를 구분하지 않고 혼용하고 있으며 전체 이미지의 측정도 별도로 이루어지지 않았다. 달리 말하면 인지적 이미지와 감정적 이미지에 속하는 형용사들을 구분하여 사용하지 않고 동일한 이미지 스케일로 취급하는 경향이 있다. 단색에서의 인지적 이미지는 색상, 명도, 채도에 관한 것으로 "밝은", "어두운", "맑은", "탁한"등을 예로 들 수 있을 것이고 감정적 이미지는 이들에 대한 느낌으로 "유쾌한", "지루한", "편안한"등이다. 공간에서도 앞서 언급한 건축물에서와 마찬가지로 다양한 인지적 이미지가 존재한다. 즉, 공간의 크기, 천장, 바닥, 벽, 기둥의 공간적 구성, 조명, 재료, 색채, 가구 등 건축 공간의 모든 물리적 속성이 인지적 이미지에 해당된다. 한편, 단색 이미지와는 달리 공간의 수많은 인지적 이미지 요소는 각각 분리되어 감정적 이미지를 형성하는 것이 아니라 이들 요소들이 동시에 혹은 순차적으로 인지되면서 포괄적인 감정 이미지와 전체 이미지를 형성한다. 예를 들면 조명 조건, 가구 스타일, 창문의 유무, 벽면 색채 등의 인지적 이미지가 감정적 이미지에 영향을 미치고 이러한 감정적 이미지는 다시 전체 이미지에 영향을 미친다. 그러나 건축계획, 디자인 및 평가단계에서 공간의 이미지, 개념, 디자인의 단서로 표현하는 이미지 형용사는 대부분 이들 이지적 이미지와 감정 이미지의 속성이 혼합된 형태로 적용되고 있다. 공간에 대한 연구에서 인지적 이미지와 감정적 이미지를 구분하는 것은 쉽지 않은 작업이지만, 순수한 감정적 이미지만을 추출하여 분석하고, 전체 이미지(선호도 포함)에 미치는 연구가 이루어진다면 전문 디자이너와 일반인의 소통이 보다 수월하게 이루어질 것이다.

## 03 공간디자인과 색

건축물로 구성된 도시와 건축 내부 공간은 다양한 생활이 담긴 삶의 장(場)이며 사람들의 감정과 행동에 영향을 미치는 자극원이다. 건축가, 공간디자이너는 쾌적하고 효율적이며 심미적으로 호감이 가는 삶의 장을 제공하는 것을 목적으로 건물과 공간을 디자인한다. 음악, 미술과 같은 예술장르의 악기나 회화, 조각 작품처럼, 건축 공간을 구성하는 기본 속성이면서 심미적 감정을 표현하는 수단은 공간 조형요소인 형태, 색, 질감이다. 디자인 과정에서 조형의 위계질서를 따진다면 형태가 가장 상위에 위치하며 공간의 질을 결정하지만 거주자, 이용자인 사람들의 반응을 불러일으키고, 선호 감정을 유발하는 데 비교적 큰 비중을 차지하는 것은 색이다. 물론, 공간에서 비롯되는 감정과 반응은 조형요소뿐만 아니라 빛, 음향, 그리고 경험에 의한 심리적 환경 등 다양한 자극이 총체적 이미지를 구성한 결과이다. 공간을 구성하는 벽, 천장, 바닥, 기둥, 개구부, 가구와 조형물은 점, 선, 면의 기본 조형요소로 구조적 조건과 기능에 따라 공간의 형태를 규정짓고, 건축가, 공간디자이너의 사고 체계 속에서 독창적이거나 다양한 공간 특성을 만들어낸다. 여기에 빛과 조명, 음향, 공기 등 물리적 환경과 색, 재료에 의한 분위기가 부여되는데, 거주자와 이용자는 이들을 총체적 정보로 인지하고, 판단하며 접근-회피와 같은 행동 반응을 일으킨다. 이들 정보는 시지각에 대한 정보가 대부분인데, 총체적 정보로 인식함은 인간이 신체 주위를 에워싼 자연 환경, 인공 환경의 시각적 자극을 이미지로 받아들여 그 인지적, 감정적 반응이 행동을 좌우한다는 것이다. 비록 의견의 불일치가 있기는 하지만, 형태나 질감보다 공간 이미지 형성에 높은 비중을 차지하는 것이 색이라는 데 대부분의 건축가와 공간디자이너가 동의하며 이제까지 진행되어온 다양한 연구에서도 일반적으로 빨강, 주황, 노랑 계열의 난색이 행동을 자극하여 운동신경반응을 증진시킨다거나, 작업 능률을 저하시키며 판단과 정신운동의 조화에 다소 부정적인 영향을 미친다는 결과를 도출하였다.

또 다른 연구에서는 푸른색(한색계) 환경이 붉은색(난색계) 환경에서보다 더 좋은 감정을 야기한다고 하였다.[6] 또 난색은 한색보다 인간 반응의 더 큰 각성 효과를 유발한다고 하였다. 건축 공간에 대한 이미지를 평가하기 위해 그동안 국내 연구에서 주로 이용하는 평가방법은 의미미분법에 의한 분석이나 형용사 이미지 스케일(image scale)을 활용한 방법이었다. 그러나 그 결과 값이 다소 부정확하거나 전문가가 판단하기에 실제 상황과 정확히 일치하지 않는 문제가 꾸준히 제기되었고, 보다 정확한 이미지 척도 개발에 대한 요구가 있어왔다.

## 04 공간이미지 평가언어

### 4.1 이미지 형용사

공간디자인 속성들에 대한 인지는 형용사로 표현되는데 이 언어들은 건축가와 공간 디자이너가 환경을 평가하거나 문제점에 대한 해결방안으로 디자인을 제안할 때 소통의 기준이 될

6) Valdez Patricia & Mehrabian Albert. *Effects of Color on Emotions*. Journal of Personality and Social Psychology, 123, 1994, pp.394-409.

수 있는 도구이기도 하다. 건축, 공간, 제품, 패션, 시각 디자인 등 각 분야마다 이미지를 측정하는 형용사는 달라야 한다. 이와 관련하여 선행연구에서는 국내외 연구 및 문헌에서 선정한 약 2,000여개 언어들을 공간디자이너, 색채학자, 한국어 및 영어 전문가의 검토를 거쳐 단색과 공간 이미지 평가에 적합한 집단으로 구분하였는데, 각각 23개, 26개의 집단으로 분류할 수 있으며, 이 형용사들에 대한 요인분석을 실시하여 분석에 이용할 수 있다<표 1>. 여기에서는 감정반응을 측정하는 평가방법 중 PAD(pleasure-arousal-dominance)모형과 합리적인 과정을 거쳐서 선정된 인지적 이미지 형용사들 간의 관계를 알아보고 피에이디(PAD) 모형의 공간 이미지 평가 적용 가능성을 제안하였다. 색채 감정반응을 측정하기 위해 피에이디(PAD) 모형의 적용을 시도함은 이후 건축, 공간뿐만 아니라 색과 관련한 다양한 분야에서 디자이너와 일반인들의 용이한 소통 수단으로서 이미지 관련 감정효과를 연구하는 데 유용할 것이다.

일반적으로 건축가, 공간디자이너들이 건축 공간의 색을 고려하는 경우에 개인의 감각, 직관, 상식, 개인적인 취향과 경험에 의존하거나 때로는 색채 전문가에게 자문을 구한다. 이러한 자문이나 환경색채의 감정 영향 관련 지식이 없는 대부분의 경우, 거주자나 이용자 혹은 행정가 다수의 선호에 따라 환경색채를 선정하는 일이 빈번히 발생하고 그 결과는 바람직하지 못한 결과로 나타나곤 한다. 이는 색채 전문가와 디자이너와의 상호작용(interaction between color scientists and designers)이 그다지 긴밀하지 않다는 것을 의미한다.

디자인은 일반인보다 앞서가는 감각과 치밀하고 철저한 분석과 경험으로 신중히 제안되어야 하는, 미래 지향적이고 지속가능한 작업이어야 한다. 이러한 상호작용은 환경 및 디자인 요소에 관한 실증연구와 관련 지식의 증가를 통하여 증대될 수 있다.

공간을 대상으로 각 요인의 형용사들을 관찰해보면 요인 1은 "유쾌한–불쾌한" 혹은 "중후한–귀여운"으로 명명이 가능하다. 요인 2는 "강한–부드러운"으로 명명할 수 있지만 "매혹적인", "깨끗한"이라는 다소 다른 성격의 형용사가 포함되어 있다. 요인 3은 "현대적인"으로 해석될 수 있고, 요인 4는 "전원적인"이라는 단일 개념으로 명명할 수 있다. 단색을 대상으로 한 요인분석의 경우, 요인 1은 "강한–부드러운", 요인 2는 "무거운–가벼운", 요인 3은 "따뜻한–시원한", 요인 4는 "전원적인"으로 명명할 수 있다.

**표 1 ┃ 공간 이미지 형용사와 단색 이미지 형용사들의 요인분석**

| 공간이미지 형용사 | 요인 | | | | 공유치 |
|---|---|---|---|---|---|
| | 요인 1 | 요인 2 | 요인 3 | 요인 4 | |
| 즐거운 | 0.974 | 0.034 | 0.106 | −0.085 | 0.968 |
| 정적인 | −0.971 | −0.037 | −0.027 | 0.062 | 0.949 |
| 우울한 | −0.956 | −0.007 | −0.123 | 0.072 | 0.935 |
| 중후한 | −0.948 | 0.245 | −0.094 | 0.019 | 0.967 |
| 귀여운 | 0.917 | −0.235 | −0.199 | −0.191 | 0.972 |
| 무거운 | −0.889 | 0.397 | −0.080 | 0.016 | 0.954 |
| 사랑스런 | 0.881 | −0.062 | −0.190 | −0.381 | 0.961 |
| 권위적인 | −0.868 | 0.411 | −0.126 | −0.024 | 0.938 |
| 산뜻한 | 0.864 | −0.358 | 0.154 | 0.278 | 0.975 |
| 화려한 | 0.802 | 0.511 | 0.016 | −0.277 | 0.982 |
| 환상적인 | 0.754 | 0.409 | 0.196 | −0.361 | 0.905 |
| 불쾌한 | −0.735 | 0.581 | −0.151 | −0.213 | 0.946 |
| 강한 | −0.307 | 0.925 | 0.081 | −0.063 | 0.960 |
| 담백한 | −0.080 | −0.898 | 0.105 | 0.060 | 0.828 |
| 부드러운 | 0.474 | −0.841 | −0.099 | −0.061 | 0.945 |
| 편안한 | 0.235 | −0.828 | −0.024 | 0.477 | 0.968 |
| 소박한 | 0.060 | −0.747 | −0.018 | 0.522 | 0.835 |
| 매혹적인 | 0.308 | 0.680 | −0.053 | −0.620 | 0.946 |
| 선명한 | 0.393 | 0.664 | 0.558 | −0.014 | 0.906 |
| 깨끗한 | 0.546 | −0.596 | 0.527 | 0.164 | 0.958 |
| 첨단의 | −0.120 | 0.159 | 0.903 | −0.230 | 0.908 |
| 현대적인 | 0.186 | −0.131 | 0.894 | −0.209 | 0.895 |
| 시원한 | 0.299 | −0.251 | 0.689 | 0.427 | 0.809 |
| 날카로운 | −0.391 | 0.549 | 0.660 | −0.084 | 0.897 |
| 전원적인 | −0.201 | −0.194 | −0.319 | 0.869 | 0.934 |
| 운치 있는 | −0.619 | −0.167 | −0.112 | 0.642 | 0.837 |
| 아이겐값 | 11.943 | 7.470 | 3.248 | 1.418 | |
| % 분산 | 45.934 | 28.730 | 12.492 | 5.454 | |
| 누적분산 | 5.934 | 4.663 | 87.155 | 92.609 | |

| 단색이미지 형용사 | 요인 | | | | 공유치 |
|---|---|---|---|---|---|
| | 요인 1 | 요인 2 | 요인 3 | 요인 4 | |
| 강한 | −0.966 | −0.157 | 0.000 | 0.045 | 0.959 |
| 수수한 | 0.947 | 0.198 | −0.086 | −0.093 | 0.951 |
| 은은한 | 0.933 | 0.237 | −0.059 | 0.179 | 0.963 |
| 부드러운 | 0.921 | 0.348 | 0.046 | 0.088 | 0.979 |
| 담백한 | 0.873 | 0.261 | −0.073 | −0.150 | 0.859 |
| 정열적인 | −0.814 | 0.121 | 0.384 | 0.342 | 0.942 |
| 날카로운 | −0.800 | −0.203 | −0.312 | 0.348 | 0.899 |
| 그윽한 | 0.766 | −0.567 | 0.147 | 0.032 | 0.932 |
| 매혹적인 | −0.705 | −0.069 | 0.327 | 0.571 | 0.934 |
| 풍부한 | −0.704 | −0.032 | 0.298 | −0.417 | 0.759 |
| 탁한 | −0.140 | −0.972 | 0.027 | −0.055 | 0.968 |
| 화사한 | 0.131 | 0.961 | 0.169 | 0.142 | 0.989 |
| 경쾌한 | −0.246 | 0.946 | −0.071 | −0.099 | 0.970 |
| 산뜻한 | 0.264 | 0.896 | −0.206 | −0.210 | 0.960 |
| 귀여운 | 0.318 | 0.890 | 0.179 | 0.033 | 0.927 |
| 무거운 | −0.506 | −0.840 | −0.035 | −0.022 | 0.964 |
| 깨끗한 | 0.397 | 0.725 | −0.526 | −0.053 | 0.963 |
| 가벼운 | 0.660 | 0.724 | −0.145 | 0.039 | 0.983 |
| 화려한 | −0.528 | 0.671 | 0.368 | 0.341 | 0.980 |
| 따뜻한 | −0.028 | 0.293 | 0.917 | −0.024 | 0.928 |
| 시원한 | 0.082 | 0.335 | −0.878 | −0.178 | 0.921 |
| 전원적인 | 0.337 | −0.036 | 0.124 | −0.872 | 0.892 |
| 우아한 | 0.285 | 0.009 | 0.309 | 0.793 | 0.805 |
| 아이겐값 | 8.792 | 7.456 | 2.745 | 2.433 | |
| % 분산 | 38.227 | 32.417 | 11.936 | 10.576 | |
| 누적분산 | 38.227 | 70.644 | 82.579 | 93.156 | |

## 4.2 피에이디(PAD) 모형

알버트 메라비안(Albert Mehrabian)과 제임스 러셀(James A. Russell)은 인간의 환경에 대한 반응을 측정할 수 있는 세 가지 감정반응변수(PAD : pleasure-arousal-dominance)를 제안하였다.

**표 2 ❙** PAD의 유형별 형용사

| 유쾌함-불쾌함 (pleasure-displeasure) | | 각성-비각성 (arousal-nonarousal) | | 우세-순종 (dominance-submissiveness) | |
|---|---|---|---|---|---|
| 행복한 (happy) | 불행한 (unhappy) | 자극적인 (stimulated) | 긴장 풀린 (relaxed) | 통제적인 (controlling) | 통제받는 (controlled) |
| 기쁜 (pleased) | 괴로운 (annoyed) | 흥분된 (excited) | 차분한 (calm) | 영향을 미치는 (influential) | 영향을 받는 (influenced) |
| 만족한 (satisfied) | 불만족한 (unsatisfied) | 열광적인 (frenzied) | 완만한 (sluggish) | 관리하는 (in control) | 보호받는 (cared-for) |
| 느긋한 (contented) | 우울한 (melancholic) | 신경과민의 (jittery) | 둔감한 (dull) | 자신만만한 (important) | 두려운 (awed) |
| 희망적인 (hopeful) | 절망적인 (despairing) | 또렷한 (wide-awake) | 졸리는 (sleepy) | 우세적인 (dominant) | 순종적인 (submissive) |
| 편안한 (relaxed) | 지루한 (bored) | 각성된 (aroused) | 각성되지 않은 (unaroused) | 자율적인 (autonomous) | 이끌리는 (guided) |

"유쾌함-불쾌함"은 의미미분법과 같은 자기보고 측정치 혹은 웃음, 좀 더 일반적으로는 긍정적이거나 부정적인 얼굴 표정과 같은 행동반응을 이용하여 측정할 수 있는 감정 상태를 말한다. "각성-비각성"은 자극적인 정도, 주위가 환기되는 효과, 놀라는 상태를 의미하며, "우세-순종"은 안락함의 정도 등으로 측정할 수 있다.

박물관이나 연회장, 회사의 중역실, 법원과 같은 공간에서는 행동의 제한을 느끼게 되며, 이런 경우 그 공간에 대한 감정은 순종감이다. 전통적으로 심리학자들은 자극이 영향을 미치는 감각 양태(온도, 빛의 밝기 등)를 기준으로 자극을 분류해왔다. 그러나 다차원성과 이러한 차원의 공간 변동 때문에 일상 환경을 정확히 묘사하기는 매우 어려운 점이 있다. 그러나 예를 들어 놀이공원을 이용하는 사람은 PAD를 이용하여 높은 각성과 유쾌하고 우세한 환경이라고 묘사할 수 있을 것이다. 즉, PAD 형용사들은 대상에 관계없이 사람들의 감정을 측정하는 객관적인 기준으로 활용할 수 있다는 것이다.

## 05 공간의 인지적 이미지와 감정이미지 비교

공간색채 이미지 평가방법에 대한 이해를 돕기 위해 선행 연구 결과 중 단색과 공간 이미지에 대한 언어평가 결과를 정리하면 다음과 같다.

색상과 색조별 30개 색편과 연구자의 선행 연구 및 전문가의 자문을 거쳐 선정한 30개 공간 이미지를 대상으로 각각 23개, 26개 형용사에 대한 정도를 표시하도록 하는 리커트척도법을 이용하였다. 평가를 위해 추출한 30개 색상은 한국 관용색의 기본 12색과 무채색, 각 색에 대한 whitish, light, deep 색조 중 아주 유사한 색을 제외하고 두 명의 색채전문가가 동의한 색들이다. 한 가지 예로, Red에 대한 인지적 이미지 평가는 어느 피험자는 '경쾌하다'고 느끼는 반면 또 다른 피험자는 '무겁다'고 평가할 수 있다. 30개 공간에 대해서도 피험자의 인지적 평가가 모두 일치하지는 않는다.

따라서 다음 표에 정리한 결과는 60명 피험자가 30개 색상 및 30개 공간에 대해 평가한 결과를 종합하여 평균적으로 많은 수의 사람이 느끼는 인지적 이미지를 해당 색의 이미지 언어로 정리한 것이며, 동일한 방법으로 감정이미지(PAD)평가 결과도 기록하였다.

앞서 연구들에서도 언급했듯이 인지적 이미지를 표현한 형용사에는 감정 형용사와 구분이 모호하거나 감정 이미지에 속하는 형용사가 포함되어 있다. 이는 건축 및 디자인 분야의 기획, 제안, 평가과정에서 인지적 이미지와 감정 이미지의 구분 없이 사용하는 중간단계 언어이며 편의상 인지적 이미지라 이름 붙인 것이다. 그러나 이 연구에서 감정 이미지(PAD)라 분류한 형용사(서술어)는 인지적 이미지 반응 이후 일어나는 순수 감정적 느낌만을 측정하기 위해 선별된 18개 항목만을 의미한다.

**표 3 ❙ 공간 30개의 인지적 이미지와 감정 이미지**

| | 인지적 이미지 / 감정적 이미지 | | 인지적 이미지 / 감정적 이미지 |
|---|---|---|---|
|  | 정적인, 운치 있는, 편안한, 중후한, 전원적인, 무거운 |  | 즐거운, 현대적인, 산뜻한, 편안한, 선명한, 귀여운, 부드러운, 시원한, 깨끗한 |
| | 좋다. 답답하다. 차분하다. 날 쉬게 한다. 졸리다. 순해 보인다. 억압하지 않는다. 여유롭다. 부드럽다. | | 유쾌하다. 희망적이다. 좋다. 사랑스럽다. |
|  | 정적인, 편안한 | 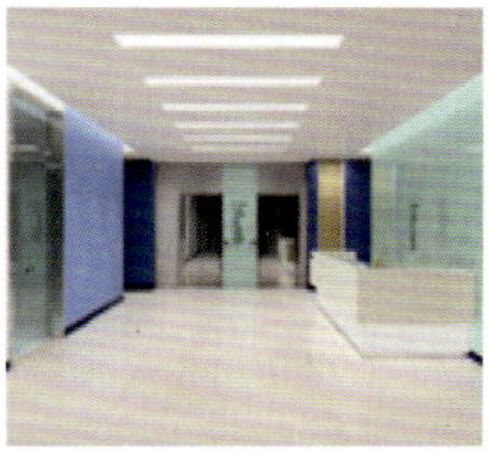 | 정적인, 현대적인, 선명한, 첨단의, 시원한 |
| | 답답하다. 차분하다. 졸리다. | | 차분하다. 조용하다. |
|  | 정적인, 우울한, 시원한, 강한, 현대적인, 환상적인, 매혹적인, 날카로운, 첨단의, 무거운 |  | 즐거운, 현대적인, 산뜻한, 환상적인, 선명한, 귀여운, 화려한, 깨끗한 |
| | 지루하다. 졸리다. 자신만만하다. 우울하다. 겁쟁이 같다. | | 유쾌하다. 희망적이다. 편안하다. 사랑스럽다. 억압하지 않는다. 자극적이다. 정신이 번쩍 든다. 시끌시끌하다. 요란하다. |
|  | 즐거운, 강한, 첨단의, 화려한 현대적인, 환상적인, 선명한, 매혹적인, 날카로운 |  | 현대적인, 환상적인, 담백한, 깨끗한 |
| | 유쾌하다. 정신이 번쩍 든다. 자극적이다. 사랑스럽다. 자신만만하다. 시끌시끌하다. 열정적이다. 요란하다. | | 차분하다. 졸리다. |
|  | 즐거운, 산뜻한, 편안한, 선명한, 담백한, 귀여운, 부드러운, 깨끗한, 사랑스런 |  | 즐거운, 강한, 현대적인, 권위적인, 환상적인, 매혹적인, 날카로운, 첨단의, 무거운 |
| | 유쾌하다. 희망적이다. 편안하다. 사랑스럽다. 유쾌하다. 억압하지 않는다. 여유롭다. 순해 보인다. | | 요란하다. 자신만만하다. 겁쟁이 같다. |

(표 계속)

| | 인지적 이미지<br>감정적 이미지 | | 인지적 이미지<br>감정적 이미지 |
|---|---|---|---|
|  | 정적인, 운치 있는, 권위적인, 중후한 |  | 정적인, 현대적인 |
| | 차분하다. 졸리다. 무난하다. | | 조용하다. 차분하다. 졸리다. |
|  | 즐거운, 강한, 현대적인, 환상적인, 선명한, 매혹적인 |  | 정적인, 현대적인, 권위적인, 중후한 |
| | 유쾌하다. 사랑스럽다. 유쾌하다. 시끌시끌하다. 열정적이다. 자극적이다. 정신이 번쩍 든다. 요란하다. 자신만만하다. | | 차분하다. 졸리다. |
|  | 정적인, 강한, 운치 있는, 편안한, 담백한, 중후한, 부드러운 |  | 즐거운, 강한, 현대적인, 환상적인, 매혹적인 |
| | 좋다. 차분하다. 날 쉬게한다. 졸리다. 순해 보인다. 힘이없다. 억압하지 않는다. 여유롭다. 부드럽다. | | 강해 보인다. 확고하다. |
|  | 즐거운, 산뜻한, 편안한, 귀여운, 부드러운 |  | 즐거운, 강한, 현대적인, 선명한, 매혹적인 |
| | 유쾌하다. 좋다. 차분하다. 순해 보인다. 힘이 없다. 억압하지 않는다. 여유롭다. 부드럽다. | | 사랑스럽다. 시끌시끌하다. 열정적이다. 자극적이다. 정신이 번쩍 든다. 요란하다. 신경질적이다. 자신만만하다. |
|  | 정적인 |  | 즐거운, 산뜻한, 선명한, 귀여운, 매혹적인 |
| | 우울하다. 졸리다. | | 유쾌하다. 사랑스럽다. 시끌시끌하다. 요란하다. 정신이 번쩍 든다. |

(표 계속)

| | 인지적 이미지<br>감정적 이미지 | | 인지적 이미지<br>감정적 이미지 |
|---|---|---|---|
|  | 즐거운, 산뜻한, 편안한, 선명한, 귀여운 |  | 강한, 중후한 |
| | 유쾌하다. 좋다. 사랑스럽다. 유쾌하다. 순해 보인다. 힘이 없다. 억압하지 않는다. | | 짜증난다. 답답하다. 차분하다. 졸리다. 무난하다. |
|  | 강한, 현대적인, 선명한 |  | 즐거운, 산뜻한, 편안한, 귀여운, 부드러운 |
| | 자신만만하다. | | 유쾌하다. 좋다. 차분하다. 순해 보인다. 힘이 없다. 억압하지 않는다. 여유롭다. 부드럽다. |
|  | 현대적인, 산뜻한, 편안한, 부드러운 |  | 강한, 중후한 |
| | 유쾌하다. 좋다. 차분하다. 날 쉬게한다. 순해 보인다. 힘이 없다. 억압하지 않는다. 여유롭다. 부드럽다. | | 짜증난다. 우울하다. 차분하다. 졸리다. 자신만만하다. |
|  | 현대적인, 편안한, 담백한, 부드러운, |  | 중후한 |
| | 좋다. 차분하다. 졸리다. 순해 보인다. 힘이 없다. 억압하지 않는다. 여유롭다. 부드럽다. | | 우울하다. 차분하다. 졸리다. 순해 보인다. 부드럽다. |
|  | 즐거운, 산뜻한, 편안한, 귀여운, 부드러운 |  | 강한, 환상적인, 선명한, 매혹적인 |
| | 유쾌하다. 좋다. 사랑스럽다. 유쾌하다. 순해 보인다. 힘이 없다. 억압하지 않는다. 여유롭다. | | 시끌시끌하다. 요란하다. 강해 보인다. 자신만만하다. 위압적이다. |

표 4 ❙ 단색 30개의 인지적 이미지와 감정 이미지

| | 인지적 이미지 | 감정 이미지 | | 인지적 이미지 | 감정 이미지 |
|---|---|---|---|---|---|
| Blue | 경쾌한,<br>강한,<br>시원한,<br>깨끗한 | 힘이 느껴진다. | Red | 경쾌한,<br>강한,<br>정열적인,<br>매혹적인,<br>날카로운,<br>화려한 | 시끌시끌하다.<br>자신만만하다.<br>열정적이다.<br>유쾌하다.<br>요란하다.<br>자극적이다.<br>신경질적이다.<br>정신이 번쩍 든다.<br>힘이 느껴진다. |
| Black | 강한,<br>무거운,<br>탁한 | 답답하다.<br>근심스럽다.<br>조용하다. | Green | 경쾌한,<br>산뜻한,<br>시원한,<br>깨끗한,<br>풍부한 | 유쾌하다.<br>여유롭다.<br>편안하다.<br>유쾌하다.<br>희망적이다.<br>억압하지 않는다. |
| light Blue | 은은한,<br>부드러운,<br>그윽한,<br>시원한 | 순해 보인다.<br>억압하지 않는다.<br>여유롭다.<br>부드럽다.<br>조용하다.<br>날 쉬게 한다. | whitish Blue | 은은한,<br>산뜻한,<br>부드러운,<br>수수한,<br>시원한,<br>깨끗한,<br>가벼운 | 순해 보인다.<br>힘이 없다.<br>억압하지 않는다.<br>여유롭다.<br>부드럽다.<br>겁쟁이 같다.<br>조용하다. |
| deep Purple | 강한,<br>매혹적인,<br>무거운,<br>탁한,<br>우아한 | 지루하다.<br>근심스럽다.<br>강해 보인다. | deep Green | 무거운,<br>전원적인,<br>탁한 | 편안하다. |
| light Yellow | 따뜻한,<br>그윽한 | 순해 보인다.<br>억압하지 않는다.<br>겁쟁이 같다.<br>답답하다.<br>근심스럽다.<br>차분하다.<br>졸리다.<br>조용하다. | deep Red | 강한,<br>정열적인,<br>매혹적인,<br>무거운,<br>탁한,<br>따듯한 | 열정적이다.<br>강해 보인다.<br>힘이 느껴진다. |

(표 계속)

| | 인지적 이미지 | 감정 이미지 | | 인지적 이미지 | 감정 이미지 |
|---|---|---|---|---|---|
| light Gray | 은은한,<br>부드러운,<br>그윽한,<br>탁한 | 순해 보인다.<br>겁쟁이 같다.<br>부드럽다.<br>여유롭다.<br>힘이 없다.<br>졸리다.<br>억압하지 않는다.<br>답답하다.<br>근심스럽다.<br>조용하다. | whitish Purple | 은은한,<br>산뜻한,<br>부드러운,<br>귀여운,<br>수수한,<br>화사한,<br>깨끗한,<br>가벼운 | 사랑스럽다.<br>편안하다.<br>여유롭다.<br>순해 보인다.<br>힘이 없다.<br>억압하지 않는다.<br>부드럽다.<br>겁쟁이 같다. |
| deep Yellow | 무거운,<br>탁한 | 싫다.<br>답답하다.<br>근심스럽다.<br>차분하다.<br>조용하다. | whitish Red | 은은한,<br>경쾌한,<br>산뜻한,<br>귀여운,<br>부드러운,<br>수수한,<br>화사한,<br>깨끗한,<br>가벼운 | 유쾌하다.<br>순해 보인다.<br>좋다.<br>편안하다.<br>억압하지 않는다.<br>여유롭다.<br>부드럽다. |
| Red Purple | 강한,<br>정열적인,<br>매혹적인,<br>화려한 | 열정적이다.<br>정신이 번쩍 든다.<br>자신만만하다.<br>강해 보인다.<br>힘이 느껴진다.<br>날 억압한다.<br>위압적이다.<br>확고하다. | Blue Green | 강한,<br>무거운 | 자신만만하다.<br>강해 보인다. |
| Purple | 강한,<br>매혹적인,<br>무거운, | 강해 보인다.<br>힘이 느껴진다.<br>위압적이다.<br>확고하다. | White | 은은한,<br>산뜻한,<br>부드러운,<br>수수한,<br>담백한,<br>시원한,<br>화사한,<br>깨끗한,<br>가벼운 | 편안하다.<br>순해 보인다.<br>억압하지 않는다.<br>여유롭다.<br>부드럽다.<br>겁쟁이 같다.<br>조용하다. |
| Yellow Red | 경쾌한,<br>강한,<br>정열적인,<br>화사한,<br>화려한,<br>따뜻한 | 유쾌하다.<br>강해 보인다.<br>유쾌하다.<br>열정적이다.<br>정신이 번쩍 든다.<br>시끌시끌하다.<br>힘이 느껴진다. | Green Yellow | 경쾌한,<br>산뜻한,<br>귀여운,<br>시원한,<br>화사한,<br>깨끗한,<br>가벼운 | 유쾌하다.<br>여유롭다.<br>시끌시끌하다.<br>좋다.<br>편안하다.<br>유쾌하다.<br>희망적이다.<br>순해 보인다.<br>억압하지 않는다. |

(표 계속)

| | 인지적 이미지 | 감정 이미지 | | 인지적 이미지 | 감정 이미지 |
|---|---|---|---|---|---|
| deep Blue | 강한,<br>무거운,<br>탁한 | 짜증난다.<br>답답하다.<br>근심스럽다.<br>조용하다.<br>힘이 느껴진다. | whitish Green | 은은한,<br>산뜻한,<br>부드러운,<br>시원한,<br>깨끗한,<br>가벼운 | 유쾌하다.<br>여유롭다.<br>부드럽다.<br>편안하다.<br>순해 보인다.<br>억압하지 않는다. |
| Brown | 무거운,<br>그윽한,<br>전원적인,<br>탁한,<br>따뜻한 | 짜증난다.<br>답답하다.<br>우울하다.<br>근심스럽다.<br>차분하다.<br>졸리다.<br>조용하다. | Yellow | 경쾌한,<br>강한,<br>산뜻한,<br>귀여운,<br>화사한,<br>화려한,<br>깨끗한,<br>가벼운,<br>따뜻한 | 유쾌하다.<br>여유롭다.<br>시끌시끌하다.<br>유쾌하다.<br>희망적이다.<br>정신이 번쩍 든다.<br>억압하지 않는다.<br>힘이 느껴진다. |
| whitish Yellow | 은은한,<br>부드러운,<br>수수한,<br>담백한,<br>깨끗한,<br>가벼운 | 순해 보인다.<br>억압하지 않는다.<br>여유롭다.<br>겁쟁이 같다.<br>차분하다.<br>졸리다.<br>조용하다.<br>날 쉬게 한다. | light Red | 부드러운,<br>따뜻한 | 요란하다.<br>부드럽다. |
| Purple Blue | 강한,<br>무거운,<br>시원한 | 강해 보인다.<br>힘이 느껴진다.<br>위압적이다.<br>확고하다. | Pink | 경쾌한,<br>산뜻한,<br>귀여운,<br>화사한,<br>화려한 | 유쾌하다.<br>시끌시끌하다.<br>유쾌하다. |
| light Green | 전원적인 | 차분하다.<br>날 쉬게 한다. | light Purple | 부드러운 | 우울하다.<br>차분하다.<br>졸리다. |

건축가와 공간디자이너들은 거주자와 이용자를 위해 그들의 창의적인 조형능력과 학습 및 누적된 경험을 바탕으로 '쾌적하고 아름다운' 공간을 디자인한다. 건축가와 공간디자이너가 제안하는 아름다운 공간이 일반인에게도 같은 의미와 의도한 감동을 주는지에 관한 문제는 오래전부터 전문 디자이너들에게 남겨진 과제이다.

사람들은 저마다 좋아하는 색을 이야기한다. 선호색을 기준 삼아 어떠한 대상을 평가하기도 한다. 도시 환경, 건축 환경, 실내 환경을 그렇게 평가한다. 전문 디자이너들은 건축, 공간뿐 아니라 다양한 디자인 작업 진행 시작부터 결과물 평가에 이르기까지 목표를 위해 구체적 개념을 설정하고 전달하며 실행하는 데 공통 언어를 사용한다. 인지되는 속성을 평가하고 그 느낌을 표현하는 형용사들이 그것이다. 환경을 대하는 순간 정보로서 전달되는 다양한 속성은 인지형용사로, 감정형용사로 구분 없이 기록되며 분류되고 작업으로, 행동으로 이어졌다.

선행연구에서는 단색과 공간 이미지에 대한 평가언어를 전문가의 자문과 검토를 거쳐 추출하고 요인 분석한 결과, 각 요인에 속하는 형용사들의 공통 속성을 찾기 모호하거나 중복되는 어의를 지니고 있어 집단화가 용이하지 않았다. 이들은 대부분 인지형용사이며 디자인의 기획 및 진행, 평가 시 적용기준이 되는데 이는 사람이 환경을 인지하고 반응하는 과정 중 디자인 분야에서 간과할 수 없는 특징적 단계이다. 이들 형용사와 환경심리학 분야에서 인간의 감정만을 표현하는 언어로 개발된 피에이디(PAD)와의 관계를 비교하면 PAD에 속한 18개 형용사는 정확하고 독자적인 pleasure(유쾌함), arousal(각성), dominance(우세함) 세 개 감정집단으로 구분된다. 즉, 공간 환경에 관련한 선호도와 적절성, 인지적 평가는 주어진 대상에 따라, 상황에 따라 다양하게 달라지지만, 그와 동시에 혹은 연속적으로 발생하는 감정반응 요인은 PAD 세 개 집단으로 압축될 수 있으며 이는 환경상황에 따라 변하지 않는 감정 척도라 할 수 있다.

※ 위 글은 유은미 교수의 2009년 홍익대학교 박사학위 논문 "건축 공간의 색채 이미지평가모형 연구"중 일부를 재정리한 내용입니다.

# 감성공간디자인 해외사례

Overseas Examples of Emotional Space Design

김정욱 (주)유토플랜 소장

## 01 사례 1-감성공학을 접목한 항공기 인테리어 디자인[1)]

- 항공기 인테리어 컨셉 평가 연구에 감성공학 프로세스를 사용함.
- 60명이 참여하여 의미분별법(Semantic Differential)으로 평가함.
- SAS 소프트웨어로 통계분석함.
- 실험은 180도 projection dome을 사용함.

페이로즈 컨셉 센터 (Payloads Concept Center)는 보잉사의 제품 개발팀으로, 보잉사의 최신 모델인 7E7 "드림 라이너(Dreamliner)"의 인테리어 디자인(항공기는 오랜 기간 사용하므로 시간과 유행에 유연한) 컨셉을 최종적으로 선정하는 과정에 감성공학 프로세스를 적용하였다.

이 프로젝트에는 다양한 분야에서의 전문가 (7E7 인테리어 팀장, 심리학자, 제품 디자이너, 인간공학 전문가, 엔지니어, 통계학 전문가)들이 함께 참여 하였으며, 최초 워크샵에서 최종 보고까지 6개월 동안 진행되었다.

1) Jeanne Guérin, Human Factor Specialist, The Boeing Company, USA ; Glenn Mazur, Japan Business Consultants, USA, Kansei Engineering for Commercial Airplane Interior Architecture, 16th Symposium on QFD, Lombard, Illinois, USA, July 2004 의 논문내용을 요약하여 정리함.

## 1.1 방법론

- 감성영역(Kansei Domain) : 감성어휘들은 북미 마켓 대상층에 관한 연구에서 추출되었다. 팀원들은 추출된 어휘들을 친화도법(affinity diagram)에 의해 분류하여 <표 1>과 같이 감성영역에 어휘 구조를 작성하였다.
- 물리적 영역(Physical Domain) : 물리적 영역은 항공기 인테리어 디자인 선행 연구들에서 가장 중요한 공통요소로서 지목되었던 디자인 요소들을 기준으로 전문가 팀에 의해 작성되었다. 여러 번의 회의를 거쳐 항공기 인테리어 디자인을 정의하는데 가장 의미 있는 디자인 요소들을 추출하였으며, 이들 디자인 요소들을 감성어휘와 연결하여 실험평가의 기초 안을 만들었다.

**표 1** ▎ 감성어휘와 디자인 요소간 매핑 과정의 예

| 감성 영역(Kansei Domain) | | | | 감각 영역 (Sensory Domain) | 물리적 영역(Physical domain) | | | |
|---|---|---|---|---|---|---|---|---|
| 감성 레벨 0 | 감성 레벨 1 | 감성 레벨 2 | 감성 레벨 n | 언어공간 청각 시각 후각 촉각 미각 심리 운동감각 | 시스템 요소들 | 디자인 요소들 (변인요소/ 고정요소) | 품질요소 특성 (레벨들) | Specs |
| | | | | | 비행기 객실 | 천장 조명 | 레벨 1&2 | |
| | | | | | | 수납박스 | 레벨 1&2 | |
| | | | | | | 공간구조 | 레벨 1&2 | |
| | | | | | | 승무원 좌석 | | |
| | | | | | | 바닥 | | |
| | | | | | | 색 | | |
| 메타-은유 | | | | | | 기념물들 | | |

- 다음 단계는 아래의 표 2를 작성하는 것이었다. 차별성과 일관성의 적정 수준을 얻기 위해 각 디자인 요소들과 그들 단계의 상세한 설명이 필요했다. 컨셉의 타당성을 구하기 위해 팀원들의 동의를 얻었고 디자인요소들과 레벨들이 명백히 확인될 수 있는지를 실험

참여자를 대상으로 타당성 평가를 하였다.

- <표 2>는 공간구조, 수납박스, 천장은 변인 요소로 구성된 컨셉들을 보여준다. 그 외 색채, 좌석, 창문, 통로, 바닥은 공통적인 요소로 선택되었다.

**표 2 ❙ 변인 요소와 컨셉**

| 공간구조와 레벨 | 수납박스와 레벨 | 천장과 레벨 | 컨셉 | 스케치 |
|---|---|---|---|---|
| 1 | 1 | 1 | 767-400<br>연습용 |  |
| 1 | 2 | 1 | 컨셉 1 |  |
| 1 | 1 | 2 | 컨셉 2 |  |
| 2 | 2 | 2 | 컨셉 3 |  |
| 2 | 1 | 1 | 컨셉 4 |  |
| 2 | 1 | 2 | 컨셉 5 |  |

- 질문지는 5개의 이미지를 보여주는 순서에 따른 영향에서 오는 발생할 수 있는 오류를 피하기 위해 <표 3>과 같이 출현 순서 다르게 하여 A ~ J의 10가지 타입을 구성하였다.

표 3 ❙ 이미지 순서에 따른 질문지 구성

| | 실 험 | | | | | | | | | |
|---|---|---|---|---|---|---|---|---|---|---|
| | A | B | C | D | E | F | G | H | I | J |
| | Demo | Demo | Demo | Demo | Demo | Demo | Demo | Demo | Demo | Demo |
| 이미지 1 | 1 | 2 | 3 | 4 | 5 | 4 | 5 | 1 | 2 | 3 |
| 이미지 2 | 2 | 3 | 4 | 5 | 1 | 3 | 4 | 5 | 1 | 2 |
| 이미지 3 | 5 | 1 | 2 | 3 | 4 | 5 | 1 | 2 | 3 | 4 |
| 이미지 4 | 3 | 4 | 5 | 1 | 2 | 2 | 3 | 4 | 5 | 1 |
| 이미지 5 | 4 | 5 | 1 | 2 | 3 | 1 | 2 | 3 | 4 | 5 |

- 실험은 7점 척도 의미 분별법을 사용하여 15개의 감성 어휘쌍에 대해 평가하였다<표 4>.

표 4 ❙ 7점 척도 의미 분별법

| 감성 어휘 | 7-6-5-4-3-2-1 | 감성 어휘 (반대어휘 ) |
|---|---|---|

- 사전 실험(pre-test)을 실행하여 질문지의 문제점이나 논리적으로 실험이 진행되는가를 검토하였다. 통계 소프트웨어와 분석방법이 실험에 적합한지 실험 결과 자료를 입력하여 사전 검토하였다.
- 최종 실험은 프로젝션 돔(projection dome)을 사용하여 진행되었다. 이 도구는 180도 시야를 제공하여 3차원 공간에 있다는 느낌을 시각적 효과를 준다.
- 60명의 실험참여자들은 특별한 기준에 의해 고용되었다. 즉, 감성어휘를 규정하기 위해 고용되었던 사람들과 유사한 인구 표본을 얻는 것이 중요한 부분이었다.
- 3명의 참가자는 동시에 프로젝션 영역에 안내되었으며, 제시되는 컨셉들 5종을 보고 감성어휘에 따른 점수를 주었다. 통계적 타당성을 감안하여 컨셉들을 <표 3>과 같이 다른 순서로 제시하였다. 참여자들은 왜곡된 영상을 피하기 위해 사전에 결정한 지정된 위치에서 평가하였다. 이미지는 각 컨셉당 3분 동안 제시되었다. 1분 동안 점수를 기록하고 다음 컨셉으로 옮겨 갔다.

그림 1 ❙ 프로젝션 돔 실험장면

## 1.2 연구결과 및 의의

- 실험은 성공적이었다. 사후 실험 조사를 작성한 참여자 중 90%가 실험이 잘 구성되었다고 느꼈으며 또한, 그들 중 95%가 영상 돔이 항공기 인테리어에 있는 느낌을 적절하게 표현했다고 생각했다.
- 통계전문가 그룹은 SAS 소프트웨어를 사용하여 의미분석, 요인 분석, 회전된 성분행렬, 이변량 상관분석으로 실험결과를 분석했다.
- 두 요인 중 어떤 것이 더 중요하며 디자인에 포함되어야 하는지 알기 어려운 경우 디자인에 도입되는 감성어휘를 사용하는 것은 매우 중요하다.
- 이 디자인에서 매우 흥미로운 점은 감각 인식을 감성어휘와 디자인 요소에 연결하는 것이다. 향후 이러한 방법을 연구하는 것은 대단히 흥미로운 일일 것이다.

## 02 사례 2-감성공학을 접목한 기차 인테리어 디자인[2)]

**[기차 인테리어디자인에 관한 사례 연구]**

이탈리아의 철도 회사인, 피레마 트라스포티 (FIREMA Trasporti S.p.A.)와 협력하여, 기차 인테리어디자인에 대한 승객의 선호도를 조사하는 연구를 시행하였다. 전통적인 컨셉 디자인 접근방법이 사용되었고, VR(Virtual Reality) 실험실에서 CdCRC 실험(운송시스템 품질 자격 센터)이 이루어졌다.

- 소비자의 요구가 다양해지고 있는 시점에서 성공적인 제품을 위해 컨셉 디자인 단계가 매우 중요하다. 소비자 요구의 두 가지 본질 (기능적이고 감성적인)모두를 추구해야 하기 때문에, 제품의 컨셉 디자인은 제품의 물리적 품질과 감성적 품질을 모두 전달해야 한다.
- "종합적 품질 제품(Total Quality Product)"을 기능적이고 감성적인 소비자의 요구 사항을 만족시키는 제품, "종합적인 품질 요소들(Total Quality Elements)"은 그러한 요구에 대응하는 제품속성들이라 정의한다.
- 이 연구는 제품 컨셉 개발 단계에서 감성공학 접근의 타당성과 유용성을 증명하고, 미래 제품의 "종합적인 품질(Total Quality)" 을 개선시키는데 있어서 감성공학의 장점을 밝히고자 하는데 있다. 이 연구는 이탈리아의 철도 회사인, 피레마 트라스포티(FIREMA Trasporti S.p.A.)와 협력하여 진행하였다.

### 2.1 감성 품질요소 확립 (감성공학 분석)

#### 1) 감성어휘 추출

- 승객과 기차 인테리어의 감성적 연결을 묘사하는 39개 어휘를 조사함.
- 요인분석(Factor Analysis)과 친화도법(Affinity Diagram)을 사용하여 수집된 어휘를 좀 더 처리하기 쉬운 수로 축소함.

---

2) Antonio Lanzotti and Pietro Tarantino, Kansei Engineering Approach for Identifying "Total Quality" Elements, 10th QMOD Conference. Helsingborg, Sweden, 18-20 June, 2007의 논문내용을 요약하여 정리함.

- 요인분석의 데이터는 40명의 승객이 기존의 13개 기차 인테리어에 대해 평가한 5점 리커트 척도(Likert scale) 응답을 사용하여 수집되어다.
- 친화도법은 작가, 피레마 트라스포티 CEO 임원, 나폴리 페데리코 II 대학의 연구자와 박사과정 학생들에 의해 수행되었다.
- 양쪽 방법 모두에서 유사한 결과가 나타났다. 최종적으로 선정된 감성 어휘는 편안함(Comfort), 독창성(Originality), 이동성(Mobility), 융통성(Versatile), 단순함(Simple)이다.

### 2) 인테리어 감성 품질요소 추출

- 다음 단계는 기차 인테리어의 감성 품질 요소의 수집이다.
- 파레토 다이아그램(Pareto diagram)에 의해 5개 요소가 도출되었다. 각각의 요소에 대해서, 두 가지의 대안을 이탈리아의 철도 산업 기준을 고려하여 선정하였다<표 5>.

**표 5 ❙ 감성 품질 요소의 설명과 레벨 정의**

| 요소들 | 설 명 | 레 벨 | |
|---|---|---|---|
| | | 0 | 1 |
| A | 비디오 감시 시스템 | 없음 | 있음 |
| B | 넓은 공간 | 최소 : 650mm | 최대 : 800mm |
| C | 의자용 / 레일형 손잡이 | 의자용 손잡이 | 의자용 / 레일형 손잡이 |
| D | 넓은 창 | 최소 : 1㎡ | 최대 : 1.5㎡ |
| E | 재활용 물질 | 재활용 45% | 재활용 80% |

### 3) Supersaturated design

Supersaturated design[3)]은 수많은 요인들이 조사되어져야 할 경우 또는 비용이나 시간소비가 많은 경우에 소수의 인자들을 선별하기 위한 통계기법이다. 이 방법에 의해 감성품질 요소가 배정된 6가지 조합이 만들어졌다<표 6>.

3) Lin, D.K., A new class of Supersaturated Designs, Technometrics, 35:28-31 (1), 1993

표 6 ▍ 감성품질 요소가 배정된 saturated design 결과

| 실행 | A | E | C | B | | D | | | | |
|---|---|---|---|---|---|---|---|---|---|---|
| 1 | 1 | 1 | 1 | 1 | 1 | 1 | 1 | 1 | 1 | 1 |
| 2 | 0 | 0 | 1 | 0 | 1 | 1 | 1 | 0 | 0 | 0 |
| 3 | 0 | 0 | 0 | 1 | 0 | 0 | 1 | 0 | 1 | 1 |
| 4 | 1 | 0 | 0 | 0 | 1 | 0 | 0 | 1 | 0 | 1 |
| 5 | 1 | 1 | 0 | 0 | 0 | 1 | 0 | 0 | 1 | 0 |
| 6 | 0 | 1 | 1 | 1 | 0 | 0 | 0 | 1 | 0 | 0 |

### 4) 무드보드 기법(mood board technique)

- 무드보드 기법은 컨셉을 제시하는 방법으로 사용된다. <그림 2>는 의자손잡이와 레일용 손잡이 요소가 반영된 이미지 대안이다.

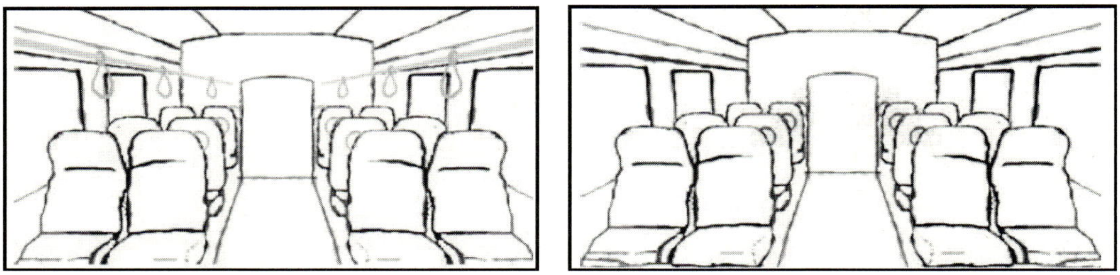

그림 2 ▍ 레일용 손잡이와 의자 손잡이가 적용된 스케치 대안의 예

### 5) 대표감성어휘 추출

산업 디자인 전공자 30 명을 대상으로 각각의 제품 컨셉에 대한 인상을 5점 리커트 척도에 체크하도록 하였다. 첫 인상은 매우 중요한 것으로 시간적 제한은 두지 않았다. 수집된 데이터는 서수형 로지스틱 회귀 분석(ordinal logistic regression) 통계기법으로 분석되었으며 통계패키지는 미니텝(MINITAB) 소프트웨어[4]이다. <표 7>은 미니텝에서 출력한 예로 감성어휘 "편안함(Comfort)"에 대한 분석결과이다.

4) 미니텝 소프트웨어는 식스시그마 및 품질개선을 위한 통계분석용 패키지다.

**표 7 | 감성어휘 "편안함"에 대한 서수형 로지스틱 회귀분석 분석결과**

| Comfort | | | | | | |
|---|---|---|---|---|---|---|
| Goodness of fit tests | *χ2* | Df | *p-value* | | | |
| Pearson | 22.852 | 15 | 0.087 | | | |
| Deviance | 23.451 | 15 | 0.075 | | 95% Confidence interval | |
| Log-likelihood (G) | 47.861 | 5 | 1.000 | | | |
| Quality Elements | Coeff. | *SE* Coeff. | *p-value* | *Odds Ratio* | *Lower* | *Upper* |
| A | 1.012 | 0.434 | 0.020 | 2.75 | 1.17 | 6.44 |
| B | 1.258 | 0.436 | 0.004 | 3.52 | 1.49 | 8.28 |
| C | 1.488 | 0.425 | 0.000 | 4.43 | 1.93 | 10.18 |
| D | −0.347 | 0.418 | 0.407 | 0.71 | 0.31 | 1.60 |
| E | 0.310 | 0.418 | 0.462 | 1.36 | 0.60 | 3.09 |

<표 7>의 결과를 보면, 품질 요소 중 A (비디오 감시 시스템), B (넓은 공간), C (의자용 / 레일형 손잡이과 손잡이)가 감성어휘 "편안함"에 통계적인 영향력을 가진다. 또한, 오즈 비율(Odds Ratio)계수에 의하면, 품질 요소 C가 다른 요소와 비교했을 때, 감성 단어의 "편안함"에 좀 더 영향을 미쳤다는 결론지을 수 있다.

## 2.2 컨셉 도출

최적의 컨셉 도출은 예비 연구에서 정의된 컨셉 기반으로 고려하여 감성공학 분석의 결과와 통합하는 것이다. 이 접근 방법을 제시하기 위해, 감성어휘 "편안함"과 가장 높은 관련이 있는 요소(의자용 / 레일형 손잡이과 손잡이)만을 고려했다. 유용성(usability)의 원칙을 사용하여, 기차 안에 있는 손잡이의 위치와 형태를 연구했다. 각 각의 디자인 요소(형태와 위치)에 대해서 3가지 대안이 CAD로 제안되었으며, $3^2$의 요인설계(factorial design)에 따라 개발되었다. 이러한 디자인 대안들은 컨셉 베이스로 추가되었으며, 총 9개의 기차인테리어 컨셉이 도출되었다.

## 2.3 컨셉 평가

도출된 기차 인테리어 컨셉들은 몰입형 가상현실 환경(virtual reality environment)에서 평가되었다. 재현가능성을 확보하기 위해 필요한 모든 실험 조건이 충족되었다. 특히, 충분한 시각적 리얼리즘과 가상 개념은 실제의 것과 동형으로 되어 이루어졌다. 20명이 CRdC 실험에서 수행하는 평가에 참여했다. 평가는 두 개의 세션으로 처음에는, 응답자에게 9점 리커트 척도로 컨셉들에 대한 만족도를 표현하도록 요청했다. 운영자가 참여자에게 가상공간을 안내해 주었다. 몰입형 가상현실 환경은 상호작용(interaction)이 자연스럽게 이루어질 수 있었기 때문에 제안된 컨셉을 효과적으로 분석할 수 있었다. 이러한 평가 장면의 이미지는 <그림 3>과 같다.

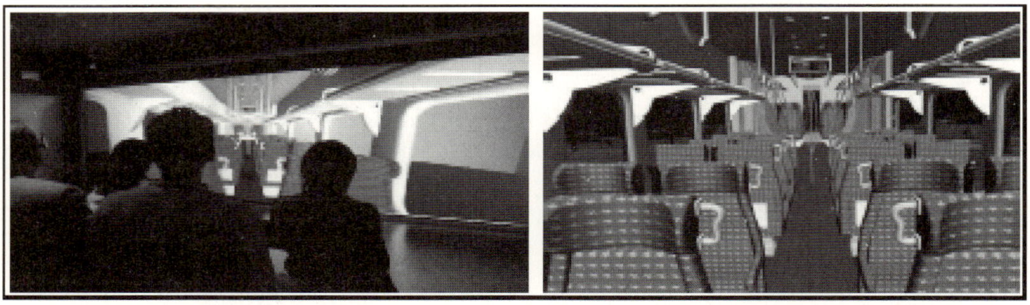

그림 3 ❙ CRdC시험의 VR-실험실에서 하는 컨셉평가 장면과 정의된 최적의 컨셉

## 2.4 연구결과 및 의의

본 연구에서는 컨셉 디자인의 통합된 접근 방법을 제시한다. 이 방법은, 제품 개념의 "종합적인 품질"을 향상할 목적으로, 전통적인 컨셉디자인 방법과 감성 공학 방법론이 통합하여 구성된다. 이 방법은 3개의 통계학적 방법과 품질 방법을 통합한다. 바로 감성 공학 단계의 컨셉 구성에서 사용한 Supersaturated design, 데이터 분석에 유용한 서수 로지스틱 회귀 분석(ordinal logistic regression), 품질 측정에 사용되는 EVA 방법이다. 이러한 통계학적 방법들은, 컨셉 제시와 VR 사용의 새로운 방법들과 병행되어 디자이너가 주관적인 느낌과 감성에 대하여 객관화된 정보를 가지고 디자인 행위를 할 수 있도록 지원한다.

## 03 사례 3-건물 감성정보 검색시스템 개발[5)]

이 연구의 목적은 건물이 주는 인상을 바탕으로 건물 이름을 검색하기 위한 방법을 개발하는 것이다. 첫째, 건물이 주는 이미지를 설문조사 하여 DB(DataBase)에 등록한다. 그 다음, 찾고자 하는 건물의 이미지들을 이 이미지 DB와 연결하여 일치하는 정도를 비교하고, 종합적으로 일치정도가 높은 건물을 검색한다. 이 시스템에서 훌륭한 검색 결과를 얻을 수 있었다. 이와 더불어, 이미지 프로세싱이 진행되며, 이미지 DB는 신경 회로망(Neural network)에 의해 축척되고, 이미지 프로세싱에 의하여 건물 감성정보 검색시스템은 작동된다.

### 3.1 건물의 이미지 DB

기차 안에서 창밖으로 눈길을 끄는 건물을 발견했다고 상상해 보자. 그 건물에 관한 정보를 즉시 얻고자 할 경우, 빌딩 이름을 알고 있을 경우엔, 인터넷을 통해 쉽게 건물 정보를 얻을 수 있다. 그러나 빌딩 이름을 모를 경우에는, 건물 정보를 찾기란 그렇게 쉽지가 않다. 현존하는 정보 검색 시스템은 건물 이름을 알아야 건물을 찾을 수 있다. 그러나 건물 이름은 모르지만, 현재 그 건물을 바라보고 있기 때문에, 건물의 이미지는 알고 있다. 이 논문의 목적은 건물 이미지로부터 건물 감성정보 검색 시스템을 개발하고 타당성을 입증하는 것이다.

### 3.2 감성정보 시스템 흐름도

#### 1) 건물의 이미지 DB

감성정보 검색은 모든 건물에 대해 이미지 DB의 구축을 필요로 한다. 첫째, 건물 이미지를 나타내는 형용사를 선정하고. 대상 건물들에 대한 설문조사를 진행한다. SD법에 의해 이미지 단계별 데이터가 수집된다.

---

5) Kazutoshi Tsutsumi, A Development of the Building Kansei Information Retrieval System, Shibaura Institute of Technology, 9th Ifsa World Congress and 20th Nafips International Conference : Vancouver, British Columbia, Canada, July 25-28, 2002의 논문내용을 요약하여 정리함.

### 2) 감성정보 검색 시스템의 개발 및 검증

첫째, 찾고자 하는 건물 이미지들이 SD법으로 시스템에 입력된다. 그 다음, 입력된 이미지들과 일치하는 건물들을 이미지 DB에서 검색한다. 정확한 정보검색은 설문조사 데이터를 이용한다. 즉, 설문조사에서 조사 대상자가 특정 건물에 대해 응답했던 이미지 값을 이 시스템에 정보 검색의 건물 이미지로 입력한다. 그 다음, 검색이 진행될 때, 이 시스템의 정확성 검증은 그 건물의 검색 순서로 조사된다.

### 3) 이미지 프로세싱에 의한 이미지 DB를 재구축

설문조사를 통해 얻은 이미지 데이터를 구축하는 것은 필요하나 대상 건물들이 증가할 때마다 설문조사를 하는 것은 비실용적이다. 이제, 이미지 처리를 통해 건물 사진에서 많은 양의 건물의 특징들을 산출한다. 이러한 많은 양의 특징들과 일치하는 단계의 관계를 생성하여 신경 회로망 분석을 통해 이미지 DB를 재구축할 수 있다.

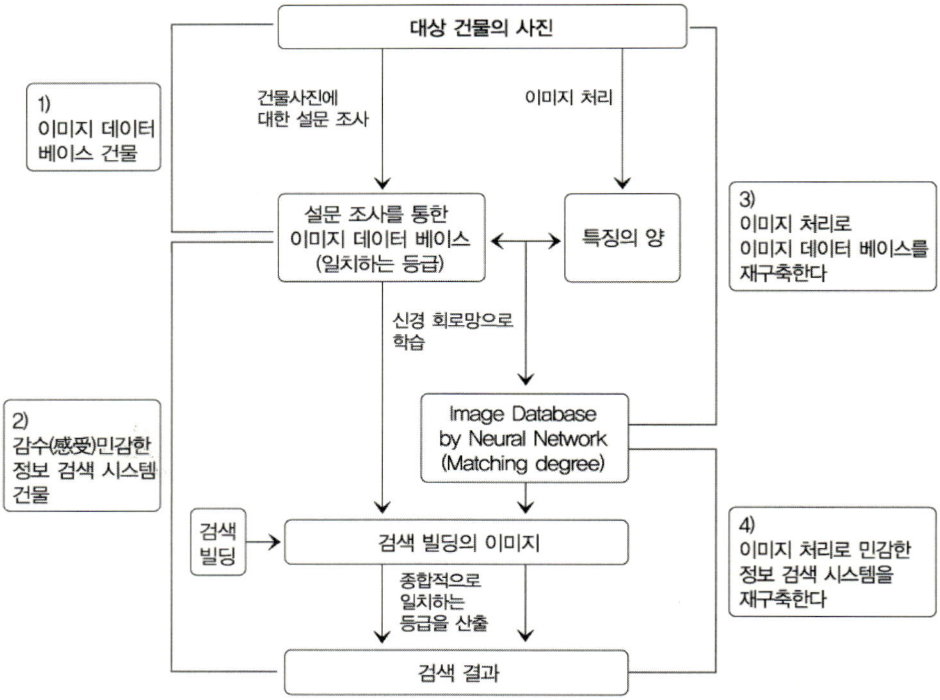


그림 4 ‖ 시스템의 흐름 관계도

#### 4) 이미지 처리에 의한 감성정보검색 시스템의 재구축

감성 정보 시스템은 이미지 DB를 사용하여 수행되며, 이미지처리에 의해 재구축된다. 실험 대상자가 설문 조사에서 특정 건물에 대해 응답하는 이미지 값이 정보 검색 건물의 이미지로 시스템에 입력된다. 그런 다음, 정보 검색이 이루어졌을 때, 그 건물을 검색한 순위대로 이 시스템의 정확도 검증을 조사한다.

### 3.3 이미지 DB의 구축

건물 이미지를 평가하기 위해서는, 건물 이미지를 정확하게 표현하는 형용사들을 선정하는 것이 중요하다. 형용사들은 사전 설문조사의 결과로 선정한다. 우선, 몇몇 건물들의 사진들을 제시하고 그 사진들의 이미지들을 목록화 한다. 사전 설문조사에서 많은 답변을 받은 형용사들을 평가 형용사들로 사용한다. 형용사들은 다음의 7개이다.

| | | |
|---|---|---|
| 1) 대규모-소규모 | 2) 수직 직사각형-수평 직사각형 | |
| 3) 직선-곡선 | 4) 단순한-복잡한 | |
| 5) 현대적-전통적 | 6) 신선한-평범한 | 7) 따뜻한-차가운 |

다음, 설문 조사를 진행할 경우, 상기의 형용사 쌍의 이미지 단계를 각 건물마다 7 단계로 표현한다. 조사대상 건물은 총 28개이다. 설문지가 수집되었고 각 건물마다 일치하는 정도가 산출되었다. 그 다음, 이미지 DB가 구축된다. <그림 2>의 건물에 대한 이미지 DB는 표 8에서 나타낸다.

그림 5 ▎ 대상 건물(도쿄 돔)

표 8 ❙ 〈그림 2〉의 이미지 DB

| 형용사 | 우수하다 (0) | 많다 (1) | 상당하다 (2) | 동일하다 (3) | 상당하다 (4) | 많다 (5) | 우수하다 (6) | 형용사 |
|---|---|---|---|---|---|---|---|---|
| 대규모 | 0.682 | 0.273 | 0 | 0.045 | 0 | 0 | 0 | 소규모 |
| 수직 직사각형 | 0 | 0 | 0 | 0.727 | 0.091 | 0.182 | 0 | 수평 직사각형 |
| 직선 | 0 | 0 | 0 | 0.136 | 0.227 | 0.227 | 0.409 | 곡선 |
| 단순하다 | 0.136 | 0.409 | 0.182 | 0.136 | 0.091 | 0.045 | 0 | 복잡하다 |
| 현대적 | 0.318 | 0.136 | 0.409 | 0.091 | 0.045 | 0 | 0 | 전통적 |
| 신선하다 | 0.182 | 0.182 | 0.136 | 0.409 | 0.091 | 0 | 0 | 평범하다 |
| 따뜻하다 | 0.045 | 0.091 | 0.045 | 0.455 | 0.136 | 0.091 | 0.136 | 차갑다 |

### 3.4 감성 정보검색 시스템

1) **검색처리과정은 다음과 같다.**

- 검색용 건물 이미지에 대한 형용사 등급을 입력한다.
- DB에서 입력된 등급에서 모든 건물에 대해 일치하는 등급을 읽는다.
- 2에서, 읽은 형용사 중 일치하는 등급을 7로 곱하여 모든 건물에 대하여 종합적으로 일치하는 등급을 산출한다.
- 종합적으로 일치하는 수치를 비교하고 큰 순위대로 검색된 건물을 나타낸다. 시스템의 입력 화면은 <그림 6>, 시스템의 출력 화면은 <그림 7>에서 나타낸다.

2) **이 시스템의 검증처리과정은 다음과 같다.**

- 항목 3.3에 있는 설문 조사에서 10개의 건물을 무작위로 선정한다.
- 설문지에서 건물에 제공한 이미지 등급을 입력하여 건물을 검색한다.
- 입력된 건물 이미지와 종합적으로 일치하는 등급 순위를 조사한다. 대상 건물 중 75%가 첫 번째 순위에서 검색되고, 5번째 순위 내에서 98%가 검색된다. 건물의 수가 적을 경우, 문제가 되기는 하지만, 이 시스템은 효과가 있을 것이다.

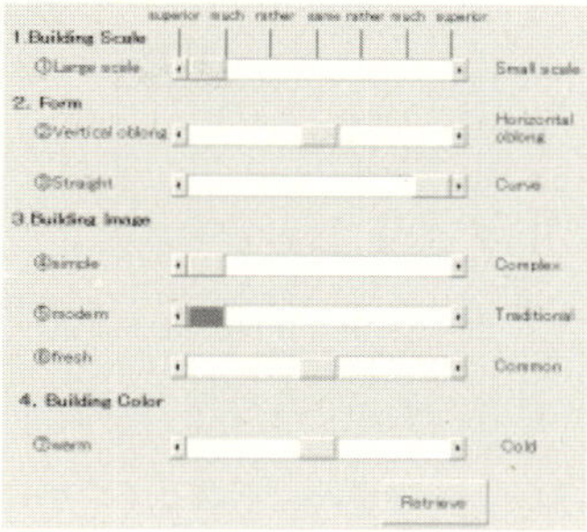


**그림 6 ❙** 입력 화면

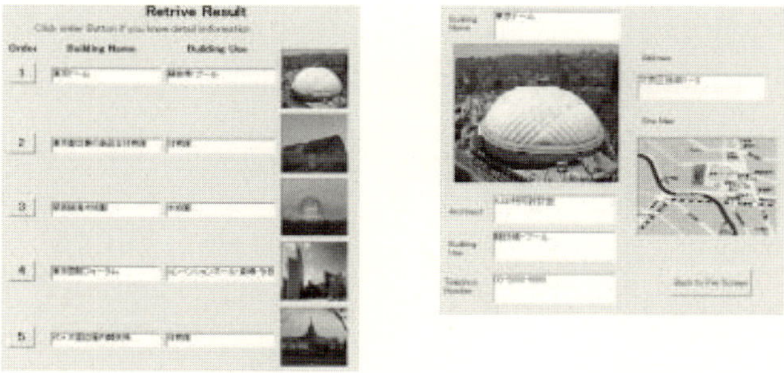


(a) (b)

**그림 7 ❙** 출력 화면 : (a)는 검색 건물 목록을 나타내며, (b)는 대상 건물에 대한 상세한 정보를 나타낸다.

## 3.5 이미지 처리로 이미지 DB를 재구성

### 1) 이미지의 전처리

원형(原形) 이미지가 여러 가지 다양한 이미지를 지니고 있기 때문에, 이 시스템에서 원형(原形) 이미지를 다루는 것은 효과적이지 않다. <그림 8(a) 참조> 그러므로 건물 이미지를 망치지 않으면서 이미지 데이터의 축소가 매우 중요하다. 첫째, 검색 대상 이외의 이미지를 제거한다. <그림 8(b) 참조> 그 다음, 윤곽선을 추출하고 무의미한 정보를 제거한다. <그림 8(c) 참조>

### 2) 특징 추출

첫째, 형용사의 수를 다시 조사한다. 클러스터 분석을 통해, 높은 독립성을 지니는 형용사 군을 항목 3.3에 있는 7개의 형용사 군에서 선정한다. 선정한 형용사 군은 4개이다. 즉, "대규모 VS 소규모", "수직 직사각형 VS 수평 직사각형", "신선하다 VS 평범하다", "따뜻한 색깔 VS 차가운 색깔"이 된다. 이러한 형용사를 평가하기 위해, 이미지에서 중요한 특징을 추출한다. 예를 들어, 건물의 세장비(slenderness ratio), 건물의 주변부에 대한 곡선 비율, 중심, 색 분포 등의 사례가 있다. <그림 8(c)>는 특징을 추출하기 위해 화소 정보로 변환하였다. 그 다음, 화소(pixel) 정보와 알고리즘으로 특징의 양을 추출한다. 세장비는 건물의 고도율(y방향의 화소 위치에 있는 최대치 - 최소치)와 너비율 (x방향의 화소 위치에 있는 최대치 - 최소치)로 산출한다. 다른 한편으로는, 직선 율을 다음과 같이 얻을 수 있다. 인접한 화소 방향이 동일한 경우, 직선으로 계산한다. 인접한 화소 방향이 변할 경우, 곡선으로 계산한다. 직선은 직선의 수를 전체 선의 수로 나누어 계산한다. <그림 8(c)>에서 특징의 양을 <표 9>에서 나타낸다.

(a) (b) (c)

그림 8 ▎ 이미지의 전처리 과정의 흐름도 : (a)는 원형 사진을 나타내며, (b)는 대상 건물 이외의 이미지를 삭제한 이미지를 나타내고 (c)는 이미지의 전처리 과정 후의 이미지를 나타낸다.

표 9 ❙ 특징 사항의 양

| 직선 비율 | 74.082 | 세장비 | 2.009 | 면적율 | 0.716 | 복잡성 | 0.288 |
|---|---|---|---|---|---|---|---|
| 곡선 비율 | 18.98 | 거리율 | 0.861 | 평균 색 파랑 | 16.955 | 다른 색 빨강 | 15.245 |
| 직선 등급 | 0.613 | 중심 X | 1.011 | 평균 색 빨강 | 22.894 | 다른 색 녹색 | 15.252 |
| 직선 등급2 | 0.621 | 중심 Y | 1.196 | 평균 색 녹색 | 20.862 | 다른 색 파랑 | 14.689 |

## 3.6 이미지 DB를 재구축한다

### 1) 일치도의 등급의 학습

클러스터 분석을 통해, 위 특징 추출에 있는 이미지에 대한 특징의 양에서 높은 독립성을 지니는 특징의 5개 조항을 선정한다. 학습에 있는 입력 항목은 특징의 5개 조항이다. 즉, 곡선율, 직진도, 거리율, x축의 중심, 복잡성이 된다. 다른 한편으로, 각 형용사의 교사 신호는 설문조사에서 구축되어 일치하는 DB에서 발견하는 두 개의 평균과 표준 편차이다. 설문지 수가 적기 때문에 일치하는 등급보다 정규 분포를 평가하기가 더 쉬울 수 있다. 단위 간의 가중치인 입력하고 출력하는 규칙은 신경 회로망이 학습한 결과로 구축된다. 4개의 신경 회로망이 4개의 형용사를 구축한다. 이러한 신경 회로망의 구조는 <그림 9>에서 나타낸다.

### 2) 일치도의 추정

이미지 특징의 수량을 입력 층에 입력한다. 학습으로 구축한 단위 간의 가중치인 규칙을 사용하고 평균과 표준 편차인 출력을 계산한다. 정규 분포를 이러한 출력 값에서 산출하고 DB를 구축한다.

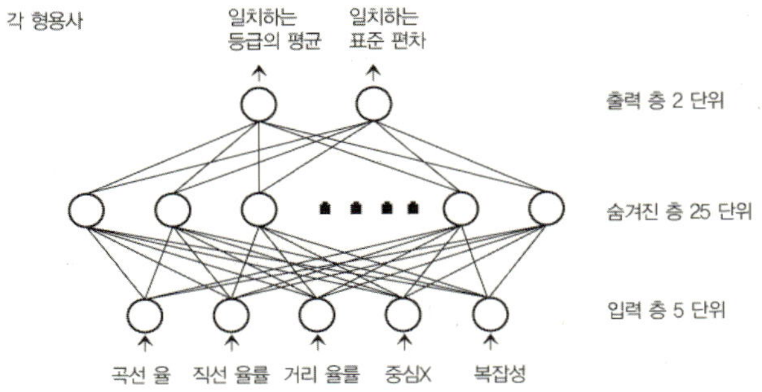


**그림 9 ❙** 신경 회로망의 구조.

### 3.7 이미지 처리로 감성정보 검색 시스템을 재구축

4개의 건물 이미지가 주는 감성정보 검색 시스템의 이미지 DB는 이미지 처리를 통해 개산(이미지 처리로 추측)된 이미지 DB로 대체되었다. 다섯 사람의 설문지 결과를 입력했고 이 시스템의 효율성은 28개의 건물 내에 있는 대상 건물로 검색된 순서대로 검증했다. 개산(이미지 처리로 추측)된 순위는 잘 나타났고 검색 결과는 <표 10>에서 나타난다. 14개의 검증된 건물 중 평균 검색 순위는 13번째이다. 평균 검색 순위가 낮은 이유는, 신경 회로망이 모든 검색 대상의 일치하는 등급을 정확히 재구성하지 못했기 때문이다. 현 상태에서 정확하게 모

**표 10 ❙** 특징 사항의 양

| 건물의 패턴 | | 패턴 1 | 패턴 2 | 패턴 3 | 패턴 4 | 패턴 5 |
|---|---|---|---|---|---|---|
| 형용사 | 대규모 - 소규모 | 2 | 4 | 5 | 4 | 5 |
| | 수직 직사각형 - 수평직사각형 | 3 | 2 | 3 | 3 | 3 |
| | 신선하다 - 평범하다 | 2 | 2 | 5 | 3 | 4 |
| | 따뜻하다 - 차갑다 | 4 | 4 | 1 | 3 | 3 |
| 검색 순위 | 설문조사 사용 | 3 | 2 | 6 | 3 | 1 |
| | 추정치 사용 | 16 | 7 | 9 | 4 | 7 |

든 사진의 일치하는 등급을 추정할 수 없다. 이 시스템에서 순위를 선정할 때, 일치하는 등급은 28 개의 검색 대상까지 산출한다. 그리고 각각 일치하는 등급이 높은 대상을 선정한다. 그러므로 모든 검색 대상에 대해 일치하는 등급을 정확하게 추측할 필요가 있다.

### 3.8 연구결과 및 의의

- 건물 이름을 모르지만, 건물의 이미지로 건물 검색을 할 수 있었다. 대상 건물은 적지만, 이 시스템은 거의 5번째 순위 내에서 대상 건물을 검색할 수 있다.
- 건물 이미지에서 이미지 DB를 구축하는 기술이 훨씬 더 중요하다. 왜냐하면 대상이 증가할 때마다 설문 조사를 하는 것은 비실용적이기 때문이다.
- 이 논문에서 이미지 처리과정에 발견한 이미지 특징의 양과 신경 회로망작업에 의한 건물이미지 간의 관계를 학습하는 기술을 제안 하였지만 완벽한 정밀도는 획득하지 못하였다. 그러므로 추가적인 연구가 필요하다.

## 04 해외사례 분석 결과

위의 사례들을 검토하여 볼 때 감성공간디자인은 인간의 선험 되어진, 또는 경험되어진 의식을 통해, 대상물에 대한 사용자의 반응을 언어를 통하여 구체화고 통계적 분석으로 정량화하는 과정이라는 것을 알 수 있었다. 첫 번째 연구는 항공기 인테리어를 디자인 하기위해 감각인식을 감성어휘와 디자인 요소에 연결하는 감성 공학적 접근을 사용하여 공간을 계획 하는 것이었고, 두 번째 연구는 기차의 컨셉 개발 단계에서 미래 제품의 품질을 개선시키는데 있어 감성공학의 접근으로 품질 요소들을 도출시켜 컨셉 개발 단계에서 디자이너가 주관적인 느낌과 감성에 대해 객관화된 정보를 가지고 디자인 행위를 할 수 있도록 지원하는 과정을 설명한 것이다. 세 번째 연구는 건물의 감성 정보 검색 시스템을 구축하는 과정을 기술한 내용으로 감성공학적 접근 방법의 한 예라고 말할 수 있겠다. 위의 사례를 살펴본 결과 감성을 정량화하는 과정에는 언어와 통계의 많은 방법이 있다는 것을 알 수 있었다. 또한 감성공간디자인을 함에 있어서 감성을 정량화하는 과정에는 반드시 언어의 사용이 필수적이라는 것도 알 수 있었다. 이는 위의 해외사례뿐만 아니라 선행 되어진 많은 감성 연구들에서도 감성 어휘로서 형용사의 사용은 중요한 도구로 나타나고 있다. 어휘에 대한 연구는 감성공간디자인의 기초학문으로서 심도 있게 다루어져야 하겠다. 감성언어의 연구가 심화되면 형용사 이외의 다른 품사의 활용도 다양해 질수 있다고 추측된다. 이는 감성이 시각적 정보에만 의한 것이라고 할 수 없고 오감의 상호작용에 의해서 작용되기 때문이다. 페르디낭 드 소쉬르(Ferdinand de Saussure)는 그의 저서 "일반 언어학 강의"에서 생각의 표현인 언어를 관념(Idea), 마음, 이해(Mind)로 분리하여 분석하였다. 이렇듯 감성을 표현하는 요소로서의 언어(인문학)의 연구는 감성기초 자료로서 매우 중요한 요소임을 본 사례조사를 통하여 알 수 있었다. 감성 디자인에 대한 우리의 시각은 인문학과 디자인, 공학, 생물학 등 다 학제적 관계성 속에서 계속 검토, 진행되어야 할 것이다.

## 참고문헌


1. Jeanne Guérin, Human Factor Specialist, The Boeing Company, USA ; Glenn Mazur, Japan Business Consultants, USA, Kansei Engineering for Commercial Airplane Interior Architecture, 16th Symposium on QFD, Lombard, Illinois, USA, July 2004
2. Antonio Lanzotti and Pietro Tarantino, Kansei Engineering Approach for Identifying "Total Quality" Elements, 10th QMOD Conference. Helsingborg, Sweden, 18-20 June,
3. Kazutoshi Tsutsumi, A Development of the Building Kansei Information Retrieval System, Shibaura Institute of Technology, 9th Ifsa World Congress and 20th Nafips International Conference : Vancouver, British Columbia, Canada, July 25-28, 2002
4. Lin, D.K. A new class of Supersaturated Designs, Technometrics, 1993, 35:28-31 (1)

## 약 력

**오영근**

호서대학교 교수, 건축공학박사
(사)한국실내디자인학회 회장
저서 : 인간척도론, 건축스케치여행 등
**Oh, Young-Keun**
Ph. D. in Architecture / Professor, Hoseo University
President, Korean Institute of Interior Design
Publication / Human Dimension, Oh Sketch in Architecture, etc
e-mail : ygo@hoseo.edu

**이한석**

한국해양대학교 교수, (사)한국실내디자인학회 이사, (사)한국해양디자인협회 부회장
부산광역시 도시디자인위원회 위원
**Lee, Han-Seok**
Professor, Korea Maritime University
Director, Korea Institute of Interior Design / Vice-chairman, Korea Marine Design Association
Member, Urban Design Committee, Busan Metropolitan City
e-mail : hansk@hhu.ac.kr

**정아영**

일본 국립치바대학교 공학연구과 디자인과학 박사과정
연변과학기술대학 건축예술공학부 겸직교수
논문 : 감성에 의한 환경디자인요소의 평가수법에 관한 분석 등
**Jung, A-Young**
Present, Course of Ph.D. Dept. of Design Science. CHIBA Univ.(Japan)
Present, Adjunct Professor, Dept. of Architecture Design, YANBIAN Univ.(China) M.F.A. Dept. of Art and Design, TSUKUBA Univ.(Japan)
Thesis : "Research the Evaluation Method for the Environment Design Factor through the Sensibility"
e-mail : jungayoung@graduate.chiba-u.jp

정현원

김포대학 실내디자인과 부교수, 홍익대학교 디자인학 박사
주요논문 : 감성의 개념 및 어휘체계 정립을 통한 공감각 디자인 평가방법에 관한 연구 등
**Jung, Hyun-Won**
Associate Professor, Kimpo College / Ph.D. in Design, Univ. of Hongik
MS. in Housing & Interior Design, Univ. of Yonsei
Thesis : "A Study on the Evaluation Method for the Synesthetic Design through the meaning of Sensibility and Vocabulary System"
e-mail : hwjung@kimpo.ac.kr

서동연

시립인천전문대학 조교수
연세대학교 건축공학과 박사
**Seo, Dong-Yoen**
Assistant Professor, Department of Architecture, Incheon City College
Ph. D. & M.S, in engineering, Department of Architectural Engineering, Yonsei University
e-mail : solid71@korea.com

김소희

동명대학교 건축대학 실내건축학과 부교수, 홍익대학교 건축학과 박사, Parsons School of Design, Interior Design 수료
논문 : 건축 재료의 물성 표현을 통한 디자인에 관한 연구 등
주요작품 : Sohn Oriental Medical Museum, Red-Glass House, Phonograph Museum 등
**Kim, So-Hee**
Associate Professor, Dept. of Interior Architecture, Tongmyong University
Thesis : A Stiudy on the Design Expression of Architectural Materials
Design Works : Sohn Oriental Medical Museum, Red-Glass House, Phonograph Museum
e-mail : sohiki@tu.ac.kr

임오연

건양대학교 인테리어학과 교수, 충남대학교 건축공학과 박사
주요논문 : LED램프를 적용한 사무소 건물의 실내조명환경 및 에너지성능분석 / 광원의 색온도에 따른 고령자의 실내색채 지각특성에 관한 연구
**Yim, Oh-Yon**
Professor, Dept. of Interior Architecture, Konyang University / M.S & Ph.D. in Architecture Engineering from Chungnam National University
Theses : Analysis of Light Environment and Building Energy Performance of LED Lamp Installed in Office Building / A Study of Indoor Color Perception Characteristics of Senior People according to Color Temperature of the Lamp
e-mail : yoyim@konyang.ac.kr

**김병수**

(주)BEMS 컨설팅 소장, 충남대학교 건축공학과 공학박사, 건축기계설비기술사
논문 : LED램프를 적용한 사무소 건물의 실내조명환경 및 에너지성능분석 / Development of the nomo-graph for evaluation on discomfort glare of windows, 2007(SCI)

**Kim, Byoung-Soo**

BEMS Consulting CO., LTD a representative director / Ph. D. in Architecture Engineering from Chungnam National University / Professional Engineer Building Mechanical Facilities
Theses : "Analysis of Light Environment and Building Energy Performance of LED Lamp Installed in Office Building", "Development of the nomograph for evaluation on discomfort glare of windows"
e-mail : ibems@naver.com

**유은미**

세명대학교 실내디자인학과 조교수
홍익대학교 미술학 박사(환경색채전공)
논문 : 건축공간의 색채이미지 평가모형 연구 등

**Yu, Eun-Mi**

Professor, Dept. of Interior Design, Semyung University
Ph.D. in Art, Hongik University / MS in Art, Ehwa University
Thesis : A Study on the Evaluation Model of Color Image in Architectural Space
e-mail : aninolka@daum.net

**김정욱**

(주)유토플랜 소장
홍익대학교 대학원 박사과정
주요작품 : 김해민속박물관, 여수 자연생태공원, 아시아나 역사박물관

**Kim, Jung-Wook**

UTOPLAN CO., LTD a representative director / Ph,D Course, Univ of Hongik MS. Interior Design, Univ. of Hongik / Design Works : Gimhae National Folk Museum, Yeosu Ecological Park, Asiana History Museum
e-mail : grtugi7@hotmail.com

## 감성공간디자인

2009년 11월 25일 1판 1쇄 인쇄
2009년 11월 30일 1판 1쇄 발행

| | |
|---|---|
| 저 자 | (사)한국실내디자인학회 |
| 발 행 인 | 강 해 작 |
| 발 행 처 | 기 문 당 |
| 주 소 | 서울시 성동구 공명길 39<br>(서울시 성동구 왕십리2동 966-22) |
| 전 화 | 02)2295-6171(代)~5 |
| 팩 스 | 02)2296-8188 |
| 출 판 등 록 | 1976. 10. 7(1-44) |
| 홈 페 이 지 | www.kimoondang.com |
| I S B N | 978-89-6225-187-6 93540 |
| 가 격 | 17,000원 |